【博客藏经阁丛书】

深入理解 Altera FPGA 应用设计

王敏志 编著
至芯科技 审校

北京航空航天大学出版社
BEIHANG UNIVERSITY PRESS

内容简介

本书结合作者多年工作实践，以开发流程为主线，通过大量实例详细介绍了 FPGA 开发、调试方面的一些基本方法和独特技巧；提出了一种"自动化"开发设计的理念，即通过批处理加脚本的方式自动完成 FPGA 设计工程的建立、编译和转移，以及在使用 ModelSim 设计仿真时，一键式完成整个仿真流程的方法。对于 FPGA 设计调试和测试方面，则详细介绍了 SignalTap II 的使用，并重点介绍了 Virtual JTAG（虚拟 JTAG）。

本书可作为高等院校通信工程、电子工程、计算机、微电子等专业有一定 FPGA 开发基础的学生的参考用书，也可作为硬件工程师、FPGA 工程师的工具书。

图书在版编目(CIP)数据

深入理解 Altera FPGA 应用设计 / 王敏志编著. -- 北京：北京航空航天大学出版社，2014.1
ISBN 978-7-5124-1338-2

Ⅰ. ①深… Ⅱ. ①王… Ⅲ. ①可编程序逻辑器件—系统设计 Ⅳ. ①TP332.1

中国版本图书馆 CIP 数据核字(2013)第 301450 号

版权所有，侵权必究。

深入理解 Altera FPGA 应用设计
王敏志　编著
至芯科技　审校
责任编辑　董立娟
*
北京航空航天大学出版社出版发行
北京市海淀区学院路 37 号（邮编 100191）　http://www.buaapress.com.cn
发行部电话：(010)82317024　传真：(010)82328026
读者信箱：emsbook@buaacm.com.cn　邮购电话：(010)82316936
涿州市新华印刷有限公司印装　各地书店经销
*
开本：710×1000　1/16　印张：21.75　字数：464 千字
2014 年 1 月第 1 版　2015 年 8 月第 2 次印刷　印数：3 001～5 000 册
ISBN 978-7-5124-1338-2　定价：49.00 元

若本书有倒页、脱页、缺页等印装质量问题，请与本社发行部联系调换。联系电话：(010)82317024

序

2013年11月我受Altera公司大学计划负责人陈卫中博士邀请，出席在南京召开的全国教师会议，巧遇北京航空航天大学出版社的董编辑，交谈后才知晓有这么一本书即将出版。她请求我浏览一下书稿，并对该书做一个客观的评价。两周前，北京至芯科技的雷总从北航出版社把书稿取来，我才有机会通读了书稿。

我没有时间反复品读书稿的全部内容，也不认识书的作者王敏志，对他的人品和技术水平一无所知。尽管如此，仅从书稿的质量我就能明显地感觉到作者的写作态度是很认真的，书中的许多内容的确是作者本人工作经验的累积，我能体会到作者想与读者交流分享经验的真诚愿望。本书文字简洁，内容通俗易懂，介绍了FPGA应用设计常用的综合和仿真工具中能显著提高工作效率的几个重要方法。因此这本书对于已进入FPGA设计行业，但还不太熟练的年轻工程师很有参考价值。

当然，任何人都不能期望只读几本书后就能掌握FPGA复杂应用设计的全部诀窍。完成FPGA复杂应用设计没有捷径可走，只能凭借设计者不屈不饶的顽强意志、科学严密的工作作风，并且在长期实践中坚持不断地学习，积累经验。

希望北航出版社的"博客藏经阁"系列图书，能为从事应用设计的工程师和学生提供互相交流设计经验的平台，使得我国的电子设计水平更上一层楼。

夏宇闻
北京航空航天大学电子信息工程学院退休教授
北京至芯科技公司FPGA培训顾问
2013－12－17

前言

FPGA 的规模越来越大，FPGA 的设计也越来越复杂，我们看到，FPGA 不但部分代替了 DSP 的功能，同时加速了和 CPU 的融合速度，FPGA 设计工程师面临既要充当硬件工程师又要充当软件工程师的要求。随着工艺的进步，FPGA 除了向更加高端的方向发展，同时也扩展了其在低端的应用市场，掌握 FPGA 开发技术可以提高电子工程师的竞争能力，同时也能扩展工程师岗位适应空间。

本书特点

EDA 本身就是指电子自动化设计，在本书中，笔者根据多年的实际工作经验总结了一个自动化设计开发理念：设计开发过程中存在许多需要重复操作的流程，而这些的操作都有相关的指令，所以我们可以将这些操作的指令组织在一个脚本文件里，然后通过批处理的方式达到"自动化"地跑这些需要重复操作的流程。这种"批处理加脚本"的开发、仿真和调试方法，是本书介绍的一大重点。而且实践证明，实际工作中也大大提高了笔者的效率。

合理地使用批处理可以提高设计的效率。开发后期占用读者更多时间的是设计的调试和测试，本书在介绍了常规的调试工具（SignalTap II）之后，介绍了虚拟 JTAG 这个调试测试利器，这是因为在项目设计完成后进行系统测试的时候，虚拟 JTAG 可以让读者摆脱额外的测试接口，直接利用 FPGA 现成的 JTAG 口完成系统的测试工作。笔者借助虚拟 JTAG 完成了多通道 TDC、多通道 ADC 以及 PMT 能谱等测试，大大提高了测试效率和效果。

正是这些可以提高我们设计效率的技巧和组件，构成了本书的一大特色，也是笔者特别希望介绍给广大读者的。FPGA 的设计开发是一种应用工程，本书更多是在告诉大家"怎么做"和"怎么做会更好"；当然如果可能，也会尽量给出"为什么"要这样做，但这并不是我们工程应用的重点。

本书主要内容

本书以 Altera 的 FPGA 开发流程为基础，详细介绍 Altera FPGA 开发过程以及一些开发技巧，分为 9 章：

➢ 第 1 章 在介绍 FPGA 设计基本要求的基础上，主要介绍 FPGA 开发前的准备事项。
- 第 2 章 介绍如何快速建立自己的第一个 Quartus II 工程,重点介绍应用 TCL 脚本来操作 Quartus II 工程。
- 第 3 章 重点介绍 Altera 推荐的 FPGA 开发技巧。
- 第 4 章 介绍了使用 ModelSim 仿真 Altera FPGA 设计,重点推荐自动化仿真的概念和方法。
- 第 5 章 介绍了时序分析,并使用 TimeQuest 对 Altera FPGA 设计进行时序分析。
- 第 6 章 介绍了如何对 FPGA 进行优化,重点介绍了 Altera 的增量式编译方法。
- 第 7 章 介绍了如何对 FPGA 设计进行调试和测试,在 SignalTap II 工具的基础上,推荐使用 Virtual JTAG 对 Altera FPGA 设计进行测试。
- 第 8 章 介绍了几个笔者项目实践中用到的实例,其中包括 FIFO 和 SDRAM 的特殊应用、高速串行接口(GXB)的仿真(特别是 Byte Ordering 模块的仿真)以及 FPGA TDC 设计实例。
- 第 9 章 介绍了 Altera FPGA 设计开发的一些比较高级的技巧,在了解 FPGA 器件结构的基础上使用一些优化手段,还可以了解到如何使用物理综合以及 DSE 工具对 Altera FPGA 设计工程进行优化。

本书读者对象

本书可作为高等院校通信工程、电子工程、计算机、微电子等专业有一定 FPGA 开发基础的学生的参考用书,也可作为硬件工程师、FPGA 工程师的工具书。

配套资料

本书提供各章实例完整工程文件、设计源文件,读者可以从北京航空航天大学出版社网站(www.buaapress.com.cn)的"下载专区"免费下载。

致　谢

在此需要特别感谢北京航空航天大学出版社工作人员对本书的关心和支持,尤其是编辑的大力支持。

最后感谢您选择了这本书,如果对书里的内容有什么批评、建议或者对书中的内容有任何的困惑都欢迎大家和我联系。

电子邮件:keyou123@sina.com

博客:http://bbs.ednchina.com/BLOG_coyoo_41415.HTM

王敏志

2014 年 1 月

目 录

第 1 章 好好准备你的 FPGA 设计 ... 1
- 1.1 FPGA 设计要求"软硬兼施"吗 ... 1
- 1.2 如何选择一个合适的 FPGA ... 3
- 1.3 教你如何从顶层规划你的设计 ... 7
- 1.4 进行早期功耗估算避免 FPGA 动力不足 ... 9
  - 1.4.1 早期功耗估算 ... 9
  - 1.4.2 精确功耗估算 ... 13
- 1.5 规划并选择片内调试工具 ... 16
- 1.6 小 结 ... 17

第 2 章 快速建立你的第一个 FPGA 工程 ... 18
- 2.1 FPGA 设计基本流程 ... 18
- 2.2 手把手教你用 Quartus II 建立 FPGA 工程 ... 20
- 2.3 教你如何利用脚本创建工程 ... 24
  - 2.3.1 Quartus II 各个设计流程对应的脚本命令 ... 24
  - 2.3.2 Quartus II TCL 包（Package） ... 25
  - 2.3.3 执行与 Quartus II 有关脚本的入口 ... 26
  - 2.3.4 利用脚本创建工程 ... 27
- 2.4 利用脚本约束你的工程 ... 28
- 2.5 利用脚本自动化完成 FPGA 设计 ... 29
- 2.6 实例分析 ... 31
- 2.7 小 结 ... 37

第 3 章 采用 Altera 的建议进行 FPGA 设计 ... 38
- 3.1 利用 Quartus II 模板开始逻辑设计 ... 38
- 3.2 同步 FPGA 设计方法及指导 ... 39
  - 3.2.1 同步设计的基本原则 ... 39
  - 3.2.2 异步设计的危害 ... 40
- 3.3 使用 Altera 的宏函数 ... 41
- 3.4 在 FPGA 中实现除法功能 ... 41

3.4.1　二进制快速除法 ·· 41
　　3.4.2　使用 Altera 除法函数 ··· 43
3.5　Altera 推荐的代码风格 ·· 45
3.6　在代码中使用寄存器而不是锁存器 ··· 53
　　3.6.1　锁存器电路结构 ·· 53
　　3.6.2　逻辑设计中哪些情况会产生锁存器 ··· 54
　　3.6.3　锁存器分析实例 ·· 56
3.7　使用 Altera "原语"模块 ··· 59
　　3.7.1　如何让设计中的 LCELL 不被软件优化 ······································ 60
　　3.7.2　进位链以及如何应用在自己的设计中 ··· 62
3.8　小　结 ··· 65

第 4 章　使用 ModelSim 进行仿真 ·· 66
4.1　ModelSim 仿真工具介绍 ·· 66
4.2　使用 ModelSim 软件进行仿真 ··· 68
　　4.2.1　仿真基础——利用 GUI 完成仿真 ·· 68
　　4.2.2　通过创建仿真工程来设计仿真 ··· 72
4.3　为 ModelSim 独立版本提取 Altera 仿真库 ······································· 75
　　4.3.1　提取 Altera 仿真库的步骤 ·· 75
　　4.3.2　仿真 Altera 器件到底需要提取哪些库 ······································· 77
4.4　教你如何用脚本完成 ModelSim 的自动化仿真流程 ·························· 81
4.5　ModelSim 使用问题实例 ·· 82
4.6　教你如何写 TestBench ·· 86
4.7　实例练习 ··· 88
　　4.7.1　练习前准备 ·· 88
　　4.7.2　GUI 方式仿真实例 ·· 91
　　4.7.2　自动化创建工程仿真实例 ··· 92
4.8　小　结 ··· 93

第 5 章　教你如何用 TiemQuest 来分析你的设计 ·· 94
5.1　10 分钟学会使用 TimeQuest ·· 94
　　5.1.1　时序分析的基本概念 ··· 94
　　5.1.2　教你使用 TimeQuest ·· 95
5.2　时序分析的基础 ·· 98
5.3　了解什么是时序约束 ··· 104
　　5.3.1　时钟约束 ·· 104
　　5.3.2　I/O 约束 ··· 105

5.4 约束例外 ·· 111
　5.4.1 多周期路径约束 ·· 111
　5.4.2 假路径约束 ·· 114
5.5 TimeQuest 使用实例 ·· 116
5.6 小　结 ·· 124

第6章　对你的 FPGA 设计进行优化

6.1 增量编译使设计加速 ·· 125
　6.1.1 什么是增量编译 ·· 125
　6.1.2 认识什么是逻辑锁 ··· 128
　6.1.3 开始使用增量编译 ··· 132
6.2 选择使用合适的设置和约束来优化设计 ··· 144
　6.2.1 优化之前 ·· 145
　6.2.2 时序优化 ·· 146
　6.2.3 面积优化 ·· 151
6.3 小　结 ·· 152

第7章　对你的 FPGA 设计进行调试和测试

7.1 SignalTap II ··· 153
　7.1.1 教你快速认识 SignalTap II 调试模块 ·· 153
　7.1.2 教你快速创建第一个 SignalTap II 调试模块并调试 ··································· 154
　7.1.3 教你使用 SignalTap II 高级功能——Storage Qualification ····················· 161
　7.1.4 教你使用 SignalTap II 高级功能——Power-up Trigger ·························· 165
7.2 FPGA 测试利器 Virtual JTAG ·· 168
　7.2.1 你所要了解的 JTAG ·· 168
　7.2.2 告诉你什么是 Virtual JTAG ··· 172
　7.2.3 教你如何在设计中使用 Virtual JTAG Interface（VJI）····························· 175
　7.2.4 教你用脚本创建自己的 GUI 虚拟 JTAG 测试平台 ··································· 180
　7.2.5 单个 JTAG 连接多条电缆、多 FPGA 在虚拟 JTAG 中的应用 ··················· 185
7.3 工程更改管理（ECO）·· 187
　7.3.1 ECO 及其基本操作流程 ··· 187
　7.3.2 ECO 那些事儿之属性编辑器 ··· 189
　7.3.3 ECO 那些事儿之 LE 与 ALM ·· 194
　7.3.4 ECO 那些事儿之 ALM 的 DATAF 端口 ·· 200
7.4 对你的 FPGA 进行正确配置 ·· 204
7.5 小　结 ·· 216

第8章 设计实例应用分析 · · · · · · 217
8.1 如何设计应用Altera的FIFO · · · · · · 217
8.1.1 教你如何设计自己的同步FIFO · · · · · · 218
8.1.2 教你如何使用Altera的同步FIFO · · · · · · 222
8.1.3 教你如何使用Altera的异步FIFO · · · · · · 227
8.2 教你如何向他人转移设计时保护自己的知识产权 · · · · · · 228
8.2.1 FPGA安全性设计——Altera方案 · · · · · · 229
8.2.2 如何加密转移自己的设计 · · · · · · 233
8.3 FPGA外挂接口之SDRAM · · · · · · 235
8.3.1 SDRAM芯片 · · · · · · 235
8.3.2 SDRAM控制器逻辑设计 · · · · · · 239
8.4 高速串行接口设计没有看上去那么难 · · · · · · 259
8.4.1 GXB模块介绍 · · · · · · 259
8.4.2 GXB应用实例 · · · · · · 265
8.5 教你如何在FPGA中设计TDC · · · · · · 272
8.5.1 告诉你到底什么是TDC · · · · · · 273
8.5.2 基于FPGA的TDC那些事儿之3大难题 · · · · · · 277
8.5.3 基于FPGA的TDC那些事儿之设计资源LAB · · · · · · 280
8.5.4 基于FPGA的TDC那些事儿之粗细时间 · · · · · · 285
8.5.5 基于FPGA的TDC那些事儿之自动校准及测量精度 · · · · · · 292
8.6 利用FPGA TDC测量PLL核抖动实例 · · · · · · 295
8.7 小结 · · · · · · 300

第9章 Altera FPGA高级设计技巧 · · · · · · 301
9.1 器件结构对代码风格的影响 · · · · · · 301
9.2 基本逻辑结构分析 · · · · · · 302
9.3 可采用的设计技巧 · · · · · · 309
9.4 专有资源利用以及优化关键路径 · · · · · · 318
9.5 使用Quartus II的物理综合对设计进行优化 · · · · · · 319
9.5.1 针对性能的物理综合优化选项 · · · · · · 323
9.5.2 布线的物理综合优化 · · · · · · 325
9.6 了解什么是寄存器打包 · · · · · · 325
9.7 探索设计的高级手段——DSE · · · · · · 332
9.8 小结 · · · · · · 336

参考文献 · · · · · · 337

第 1 章 好好准备你的 FPGA 设计

开始 FPGA 设计之前必须进行相关的准备工作，至少要有一个目标，即器件选型。也许有人会说，我是逻辑工程师，不关心器件选型，那么同事或队友是否需要关注呢？硬件工程师在设计电路板之前都需要与 FPGA 工程师讨论商定基本的引脚分配，或者逻辑工程师至少要从硬件工程师那里获取最终的引脚分配才能开始逻辑设计。诸如此类的准备工作在开始 FPGA 设计之前，你做好了吗？

本章教你如何进行 FPGA 设计的前期准备工作，主要内容如下：
- FPGA 设计要求"软硬兼施"吗；
- 如何帮助项目选择一个合适的 FPGA；
- 教你如何从顶层规划你的设计；
- 早期功耗估算避免 FPGA 动力不足；
- 规划并选择片内调试工具。

1.1 FPGA 设计要求"软硬兼施"吗

通常来说，从事 FPGA 开发的都是在大学里学通信、电子或者计算机等相关专业的学生，所以笔者觉得从事 FPGA 开发的人员应该定义为硬件工程师。许多大型公司（比如中兴和华为）会分得更细一些，比如有专门的 FPGA 工程师、甚至逻辑工程师，电路板设计也分为原理图设计和 PCB 设计等。那么 FPGA 设计要不要"软硬兼施"呢？笔者的回答是肯定的，除非刚毕业就能找到提供逻辑工程师岗位的公司。

笔者曾经任职过的一家国有企业的总工（同时兼任某大学博士生导师）总结过一句话，大致意思是："以后的趋势看来是硬件软件化了"。那时候只是做 IC 原型设计，FPGA 只是一个验证芯片，工作的重点是逻辑设计。他那句话其实包含两层意思，第一层是通过逻辑设计来实现各种各样的电路，第二层是通过在 FPGA 中实现软硬核来实现基于 FPGA 的嵌入式设计。

笔者的经历应该和大部分工程师相似,从设计电路板开始。研究所的设计流程一般是电路板"个人负责制",即谁设计的电路板谁负责到底,所以设计FPGA就必然要求软硬件都要兼顾。

系统定下来之后就是分配单板任务,这个时候就需要开始进行项目规划并撰写规划书。下面就以笔者目前正在维护的一个板子为例来说明如何做到"软硬兼施"。

如图1-1所示,这其实是一块TDC板,在笔者还未掌握设计基于FPGA的TDC之前是采用这种架构。板子主要包括一片FPGA和6片TDC芯片,当然还有其他(如供电、ARM接口等)模块。

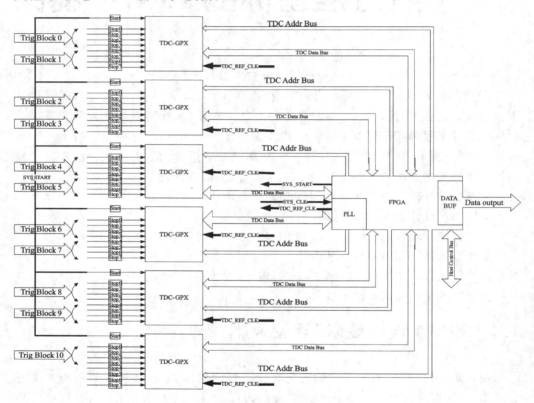

图1-1 电路板主要结构框图

拿到分配的任务,首先根据系统要求分析本板的需求,比如系统中需要测量的trigger信号有44个,而我们选择的TDC芯片最多只有8个测量通道,所以需要至少6片TDC芯片。TDC芯片确定下来之后,那么就要分析每一片TDC芯片需要连接到FPGA的I/O,这样得出FPGA总共需要多少I/O才能承受这些TDC芯片引脚,再加上FPGA其他对外接口,那么FPGA所需I/O数量就出来了,这是FPGA选型的基础。FPGA型号以及其他事项确定以后,就可以开始设计电路板了。如果只是硬件工程师这应该是没错的,但是同时笔者还是FPGA工程师,那么就必须还要

第1章 好好准备你的 FPGA 设计

撰写 FPGA 设计规划书；至少在电路板设计之前，将 FPGA 所有用到的 I/O 引脚进行分配并在 Quartus II 软件里分析验证无误后提交下一步电路设计，否则电路设计好以后因为 I/O 分配不合理再去修改电路设计就太麻烦了。

虽然 FPGA 逻辑设计看起来只占图 1-1 所示电路设计的一小部分，但更重要的是逻辑设计（其实质就各种各样"电路"的实现过程），这其中就要求设计者具有一定的硬件电路基础。

1.2 如何选择一个合适的 FPGA

FPGA 的灵活性方便了很多电子设计，那么项目中使用 FPGA 到底要使用它的什么呢？回答了这个问题就解决了 FPGA 选型的问题。从一开始为项目选择一个合适的 FPGA 是不太容易的，所以必须在系统设计的时候将任务分析得非常详细，细化到不能再细化，这样虽然电路板还未设计，但是 FPGA 中要实现的电路已了然于胸。尽管如此，笔者还是建议大家在选型的时候尽量考虑一点裕量，好在各家 FPGA 供应商的各个系列都基本支持相同封装器件的上下兼容，Altera 称为器件的 Migration。

这里还是以图 1-1 的板子为例，当时规划这个板子的时候我们希望用到 FPGA 如下资源：

- ➢ 340 个左右的 I/O 引脚；
- ➢ 500 kbit 左右的片内 RAM；
- ➢ 至少一个发送的 GXB 通道，即 Transmitter。

根据以上主要要求，我们确定选择 Arria GX 系列的 EP1AGX60EF1152C6 型号，而且其可以向上兼容到 EP1AGX90EF1152C6，考虑了设计裕量。器件选择除了上述已知的需求以外，还要考虑器件规模越大、I/O 越多意味着可以实现更大、更复杂的设计，成本付出也更多。留出裕量同时也是为了将来产品升级或者功能扩展的需要；另外，裕量的另外一个重要考虑是要保留足够的逻辑和存储器资源给片内调试工具，因为 SignalTap II 需要消耗片内 RAM 来缓存、抓取用于观测的信号。

如果是已经存在的 FPGA 设计，而只改变了电路板的设计，比如从其他厂家的 FPGA 转到 Altera 的 FPGA，那么可以先在 Quartus II 软件中编译之前的工程，编译的时候在 Setting 里设置使能 Auto device selected by the Fitter 选项，那么就可以通过编译结束报告的资源消耗量从而较快速地选择到合适的器件。

器件基本选定以后就需要将 FPGA 的 I/O 分配给外围的各个接口，比如 TDC、CAN 总线以及 SDRAM 等。记录下分配的 I/O 列表（强烈建议这时候开始使用 TCL 脚本记录引脚分配），记录格式如下：

```
#FPGA 主时钟
set_location_assignment PIN_D19 -to clkin
```

```
set_instance_assignment - name IO_STANDARD "DIFFERENTIAL LVPECL" - to clkin
```

其实上述格式语法和 QSF 文件是一样的,建立这样一个以 tcl 为后缀的文件非常有利于管理引脚的分配。引脚分配完且进行电路设计之前务必要在 Quartus II 软件里分析该 I/O 分配的合理性。这是因为某些特殊情况下 I/O 的应用是相互排斥的。曾经遇到一个案例:选用的器件是 Stratix 系列,FPGA 工程中使用了 LVDS 高速差分通道进行数据传输,但是工程编译在综合的时候报告引脚分配错误,检查发现是 LVDS 差分引脚附近有 I/O 被用作了单端(Single-ended)引脚。仔细看手册可以看到,其中明确提出差分引脚附近必须间隔几个 pad 的 I/O 引脚才能用在单端 I/O。现在也知道其实可以通过在 Quartus II 修改 Toggle Rates 约束,从而在不改版的情况下解决这个问题。当然,最好还是能避免这个错误,方法是早期分析 I/O 分配。

这个所谓的 I/O 分析器位于 Quartus II 软件 Assignment 菜单下的 PinPlanner 工具中,一般可以在 Quartus II 的工具栏里直接找到这个工具的启动按钮,如图 1-2 所示。

图 1-2 PinPlanner 按钮

启动后 PinPlanner 界面如图 1-3 所示。Process 菜单下有两个命令分别是 Enable live I/O Check 和 Start I/O Assignment Analysis,也可以在图 1-3 的左下方直接启动这两个命令。根据名称可以知道第一个是实时检查 I/O,一般是客户在利用 PinPlanner 进行 I/O 分配的时候一边分配,一边实时检查,一旦遇到非法分配即时报告错误。而第二个是当设计者已经完成了 I/O 分配后进行分析时,分析结果以报告的形式提交给客户,与普通编译一样。

前面提到差分引脚和单端引脚分配有些情况存在互斥限制,比如差分引脚周围就有至少隔多少个 pad 行(注:pad 是 pin 对应与 FPGA die 中的"引脚")才能配置单端引脚的限制等。不能依据图 1-3 所示的引脚(pin)物理位置关系来确定内部 die 中 pad 之间的物理位置关系,查看 pin 对应的 pad"物理位置"关系可以通过图 1-4 所示的 View→Pad View 菜单项查看。

注意观察图 1-5 所示局部放大的 Pad View 界面,虚线分隔开了不同的 pad 行和列。如果已经分配好了差分引脚,那么一般相邻两个 pad 行或者 pad 列中的 pad 对应的 pin(I/O)就不能再被分配为单端引脚使用了。

下面举一个实际的例子来说明。如果 FPGA 外挂有 DDR SDRAM,那么已经使用到的 DDR 的 VREF 引脚附近必须间隔两个 pad 才能分配普通的 pin(普通的 pin 就是非 DQ、DM 以及 DQS 等 pin),如图 1-6 所示。

第1章 好好准备你的FPGA设计

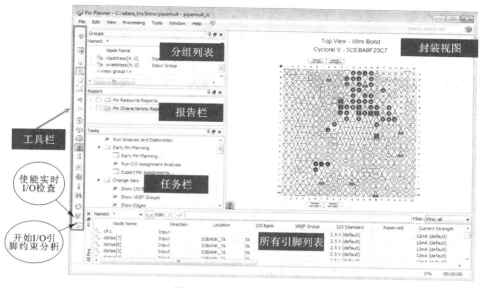

图1-3 PinPlanner界面

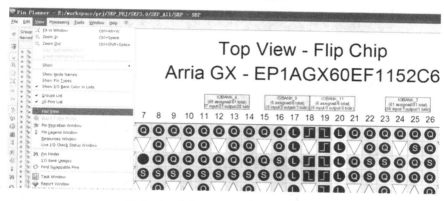

图1-4 在PinPlanner打开Pad View

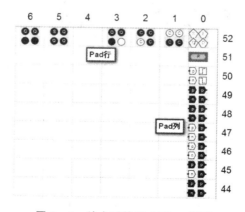

图1-5 放大后的Pad View界面

图1-6显示的是正确分配,led[3](N9,即最右边的"红球")与 VREF(T6,即最左边的三角形)引脚中间隔了两个 pad(分别为 DQS 和 DQ),而实际 FPGA 封装中它们对应的位置怎样呢,如图1-7所示。

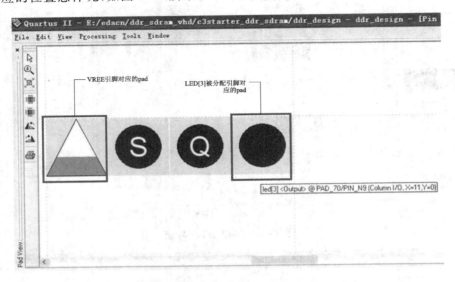

图1-6 DDR 设计中正确的分配

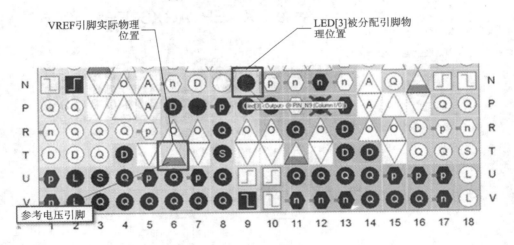

图1-7 实际被分配的 pin 位置

从图1-7其实很难看出 led[3]和左边 VREF(T6)对应的 pad 位置关系。另外,图1-7同时显示了另一个错误的分配,即 P12 位置分配了 led[1],其与另一个 VREF(T11)对应的 pad 靠得太近,所以被检测为错误的 assignment,它们的 pad 对应图如图1-8所示。

所以进行 I/O 分配分析非常重要。如果个人负责单板设计,则一般都会进行这

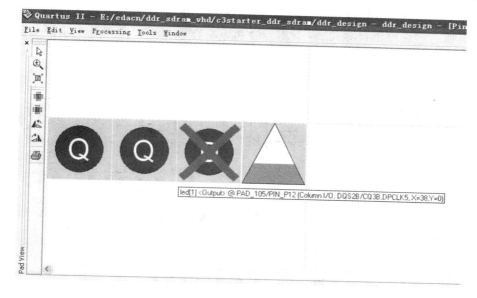

图1-8 错误的I/O分配被实时检测出来

个分析;如果团队合作,I/O由电路设计工程师分配,那么FPGA设计工程师一定要在进行电路设计(至少是在Layout)之前将其分配的I/O列表拿到并分析确认。如果是FPGA工程师分配的,一定要经过分析才能提交给电路设计工程师。

1.3 教你如何从顶层规划你的设计

前面提到了系统设计,系统设计完成以后就是系统任务分配,之后是单板设计。在单板电路设计过程中,可以并行地进行FPGA的逻辑设计。与系统设计对应,开始进行逻辑之前一般需要进行任务划分,使整个设计形成比较合理的层次结构。

建议从顶层开始规划设计,而且顶层只进行I/O引脚定义,然后自顶向下划分并定义相对独立、功能单一各种子模块。那么应该依据什么样的原则来划分子模块呢?以下的原则可以参考:

➢ 按照功能划分;
➢ 按数据流方向划分;
➢ 按通信划分;
➢ 按逻辑划分。

一般以不同功能划分不同模块为主要原则,然而有时候设计中有些模块与好几个功能模块关系紧密,所以需要按照数据流方向来划分,同时可以结合逻辑关系、通信方式来综合考虑。总之,最终目的是要将模块划分得越独立越好,所以子模块下还可以再向下划分子模块。

图1-9是笔者设计的一个项目的逻辑功能划分简图,涵盖了除PLL和控制模块以外所有逻辑模块划分,是一个典型的功能结合数据流方向划分子模块的例子。图1-9是Top-Level下一级,即第二级划分,图中的每个方框表示的逻辑模块中还包括有若干个下一级子模块。

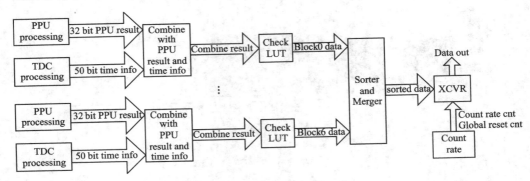

图1-9 逻辑功能框图划分简图

好的模块划分可以使得设计优化更容易,调试的时候也更加有利于问题的定位。而在Team-base模式下的设计方式中,更加有利于分配不同的设计任务。特别是复杂设计必然要用到增量式编译,好的层次结构非常有利于进行增量编译的分区划分以及逻辑锁定。

笔者记得自己最开始参与的逻辑设计是设计一片CPLD的代码,CPLD要完成的主要功能是参与各种控制以及简单的低速串行数据接收转并行等,整个设计就一个文件,而且代码也不是很长。很多人经历过这样的设计,FPGA虽然也可以只用一个源文件完成所有的设计,但是这样不利于设计的管理、阅读以及调试。

其实模块的划分还是有一些技巧的,上述原则只是为了使读者在开始设计前简单列出自己设计的主要功能模块,同时也是一个了解自己设计的过程。Altera支持增量编译,而增量编译之前就是要进行分区划分,我们在设计一开始就不妨按照Altera要求的分区划分原则进行模块划分。

- 划分分区的时候每个分区的输出都是被寄存器打一拍(即被寄存一下),然后输出的,比如图1-9中PPU模块到Combine模块之间就是通过FIFO来交换数据。
- 减少跨分区之间的路径,即各个分区尽量独立。
- 尽量将同一条关键路径划分在一个分区中。
- 一个分区不要太小,尽量不要小于1 000个逻辑单元。这点似乎与前述的"越独立越好"冲突,其实不是的,独立是指功能模块化设计,而且这里主要指分区划分。所以这里希望以分区区别与模块。
- 分区边界不要使用三态和双向端口,直接和FPGA引脚相连的除外。
- 将不同优化目标分开。比如图1-9中的TDC就不能和其他任何模块划分在一块,因为基于 FPGA 的 TDC 设计无法进行常规的 FPGA 优化,具体还可以参考后面实例中有关 TDC 的设计。
- 相同的功能模块或者可以复用的模块划分在一个分区,这点可以有助于理解功能模块和分区的区别。比如图 1-9 中间有多个 LUT 查表模块,这些模块的功能类似,只是因为系统中有多个这样的通道(比如多 ADC 通道),所以可以将这些一样的模块划归一个分区里。
- 一般来说要将存储器独立划分一个分区,但是图 1-9 所示的例子并未这么做,这是因为图 1-9 中的存储器多为一些小 FIFO,所起的作用主要是模块间数据缓冲器,有点"承上启下"的作用。比如图 1-9 最后一级(最右侧)需要将数据通过 Transceiver 发送到其他板子,数据在给 Transmitter 之前必须经过一个跨时钟域处理,所以在 XCVR 模块中有一个异步 FIFO,其读/写时钟同频不同相,因为写时钟为系统时钟,读时钟为 Transmitter 的 tx_clkout。

1.4 进行早期功耗估算避免 FPGA 动力不足

前面提到过 FPGA 设计需要"软硬兼施",如果 FPGA 的选型是你完成的,那么最好在电路设计之前完成 FPGA 的早期功耗估算,因为这涉及 FPGA 的供电方案设计。电路设计工程师在进行电路设计之前是需要从 FPGA 设计工程师获取这些信息,否则,无法开始 FPGA 硬件电路设计。另外,如果 FPGA 规模比较大,意味着总功耗就较大,同时使器件温度升高,这时候就需要考虑器件本身是否需要散热,进行系统的冷却模块设计了。如果不经过相对精确的估算,这些都是无法提前计划好的。

FPGA 的功耗取决于具体的逻辑设计,似乎在具体逻辑设计完成前来计划 FPGA 的功耗几乎不太可能。幸运的是,Altera 在设计不同阶段提供不同的工具或方法来估算设计的功耗。比如在设计之初,可以用早期功耗估算工具来估算甚至没有进行任何源代码设计的项目功耗;而在设计基本完成阶段,又可以通过 PowerPlay 功耗分析工具来比较精确地估算设计的功耗。下面分别介绍这两种功耗估算方法。

1.4.1 早期功耗估算

Altera 提供了一个早期功耗估算的工具——PowerPlay Early Power Estimator (EPE),可以从 Altera 官方网站对应器件系列下载到相应的版本。下载完成后,打开这个工具,其实就是一个 Excel 开发出来的工具,用户可以通过输入不同的参数大概估算出自己项目 FPGA 设计的功耗。其实这个工具可以在设计的任何阶段来估算设计的功耗,设计者可以产生一个叫 PowerPlay Early Power Estimator file 的文件并导入到部分设计完成的 Quartus II 工程中,这个工程经过编译以后可以给客户报告当前设计的大概功耗。这个功能笔者这里不再进行介绍,我们的目的是要在设计开始前及时给电路设计工程师提供相关信息帮助其进行电路设计,除非电路设计前 FPGA 的逻辑设计已经结束了。

图 1-10 是 EPE 的主界面,可以看到这个工具分为很多页,需要设计者输入参数的分别是 Main、Logic、RAM、DSP、IO、HSDI、PLL、Clock 以及 XCVR 这几页。其实使用这个工具非常简单,按照下面列出的步骤进行即可:

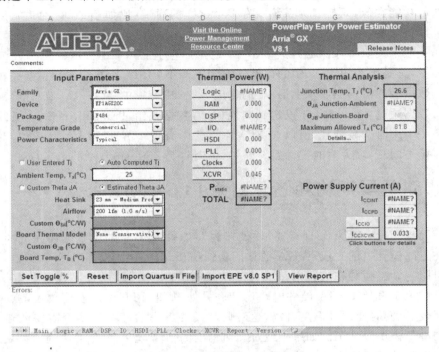

图 1-10 EPE 主界面

- 在图 1-10 所示主页中 Input Parameters 栏的 Family、Device、Package 等下拉列表框中选择指定的 FPGA 型号、设置环境温度、散热风冷等条件。
- 在其他页中输入相应的资源使用,比如在 PLL 页输入使用 PLL 的数量以及各个 PLL 的基本配置。
- 所有参数设置好以后,在 Main 页(即图 1-10 下面)自动显示估算的结果。

下面分别介绍各个分页以及如何设置,主页的设置基本按照上述设置即可,具体各项含义可以参考 EPE 的用户手册,这里不赘述,重点介绍如何使用。

图 1-11 是 Logic 分页界面,用于估算 FPGA 逻辑(寄存器和查找表)产生的功耗。笔者推荐从选择的器件手册查到总的 LUT 以及 FF 数量填入图 1-11 的表中,因为必须估算所有逻辑资源都被使用情况下的总功耗。Toggle 可以不修改,默认即可,除非读者精确知道自己模块的翻转率。另一个关键因素是时钟频率,一定要按照实际系统来,如果有多个时钟域,那么需要在不同的行分别列出。最后是 Module 列,这个必须设置,如果不设置就等于设计中没有使用任何逻辑资源。可以按照 1.3 节划分好模块或分区来分别填入不同的行,后面的资源量需要设计者自己估计。总

之，最后所有模块要将 FPGA 的所有逻辑资源消耗。User Comments 项可以不设置。

Logic　Return to Main

Total Thermal Power (W)	#NAME?
Estimated LUT Utilization	0.0%
FF Utilization	0.0%

Module	Clock Frequency (MHz)	# Combinational ALUTs	# FFs	Toggle %	Thermal Power (W) Routing	Block	Total	User Comments
	0.0	0	0	12.5%	#NAME?	#NAME?	#NAME?	
	0.0	0	0	12.5%	#NAME?	#NAME?	#NAME?	
	0.0	0	0	12.5%	#NAME?	#NAME?	#NAME?	
	0.0	0	0	12.5%	#NAME?	#NAME?	#NAME?	
	0.0	0	0	12.5%	#NAME?	#NAME?	#NAME?	

图 1－11　Logic 分页界面

图 1－12 是 RAM 分页界面，用于估算 FPGA 内部存储器的功耗。设计中大概会使用到几个 FIFO、RAM、ROM 等，都要事先有个计划，另外 FPGA 的片内 RAM 又分为 M4K、M512 以及 MRAM（新的器件可能没有 M4K 了，出现了 M144K）等不同的类型，不同的器件会在图 1－12 中 RAM 类型下拉列表中体现出来。所以估算的时候要尽量估算各个不同 RAM 类型全部的功耗。同 Logic 一样，可以分为不同的 Module 来设置，这样可能使用不同的 RAM 类型、不同的时钟频率甚至不同的深度或位宽。

RAM　Return to Main

Total Thermal Power (W)	0.000
M512 Utilization	0.0%
M4K Utilization	0.0%
MRAM Utilization	0.0%

Module	RAM Type	# RAM Blocks	Data Width	RAM Mode	Port A Clock Freq (MHz)	Port A Enable %	Port A Write %	Port B Clock Freq (MHz)	Port B Enable %	Port B R/W %	Toggle %	Valid Width/Mode	Thermal Power (W) Routing	Block	Total	User Comments
	M4K	0	1	Simple Dual-P	0.0	25%	50%	0.0	25%	50%	50.0%	Yes	0.000	0.000	0.000	
	M4K	0	1	Simple Dual-P	0.0	25%	50%	0.0	25%	50%	50.0%	Yes	0.000	0.000	0.000	
	M4K	0	1	Simple Dual-P	0.0	25%	50%	0.0	25%	50%	50.0%	Yes	0.000	0.000	0.000	

图 1－12　RAM 分页界面

图 1－13 是 DSP 分页设置界面，可以采用和前面两页一样的方法来设置，乘法器的配置方式没必要进行设置，毕竟这时候设计还没有完成。

DSP　Return to Main

Total Thermal Power (W)	0.000
DSP Utilization	0.0%

Module	Configuration	Clock Freq (MHz)	# of Instances	Toggle %	Reg Inputs?	Reg Outputs?	Pipe-lined?	Thermal Power (W) Routing	Block	Total	User Comments
	9x9 Simple Mult	0.0	0	12.5%	Yes	Yes	No	0.000	0.000	0.000	
	9x9 Simple Mult	0.0	0	12.5%	Yes	Yes	No	0.000	0.000	0.000	
	9x9 Simple Mult	0.0	0	12.5%	Yes	Yes	No	0.000	0.000	0.000	

图 1－13　DSP 分页界面

图 1-14 是 I/O 设置分页界面。前面在进行引脚分配的时候相当于已经知道 I/O 的使用情况，这里最好根据前面的引脚分配并按照 FPGA 的不同 Bank 分别设置，另外不同的 I/O 标准也要分别设置，图中还提供了输入、输出以及双向等参数进行区分设置的情况。

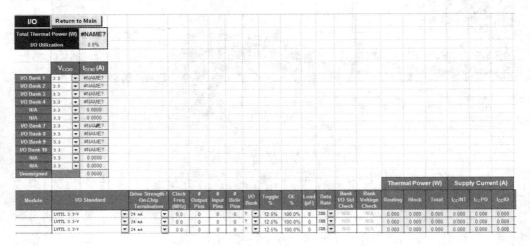

图 1-14　I/O 分页界面

图 1-15 是 HSDI 设置分页界面，用来设置高速差分接口，主要是指 LVDS 接口。注意，这里不是要设置 GXB。

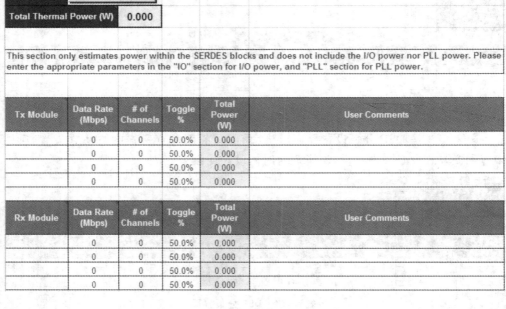

图 1-15　HSDI 分页界面

图 1-16 是 PLL 设置分页界面。这一页也比较简单,选择 PLL 的类型,如果能具体到哪一个 PLL 当然更好。输出时钟的频率也好确定,只是 VCO 的频率需要大致计算一下(后面关于 PLL 的实例中介绍了 VCO 频率的产生),或者干脆启动 MegaWizard 工具设置一下就知道了。

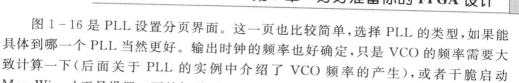

图 1-16　PLL 分页界面

后面两个分页就不介绍了,只要把时钟的频率、GXB 的速率等设置好即可。所有参数页设置好之后就可以在 Main 页查看到 Total 功耗了,每个分页也可以即时显示各个分页的功耗估算值。有了这个估算结果,系统工程师和电路设计工程师就大概知道怎么来为 FPGA 设计散热和供电硬件电路了。

1.4.2　精确功耗估算

EPE 可以完成 FPGA 功耗的大致估算,如果设计已经基本完成,那么就可以使用 PowerPlay Power Analyzer 工具来评估设计的功耗了。PowerPlay Power Analyzer 是 Quratus II 软件中集成的一个工具,是以门级仿真的输出作为 PowerPlay Power Analyzer 输入来分析估算功耗的,所以精度比 EPE 更高。

这一小节的内容虽然不是进行 FPGA 设计的准备工作,由于笔者在这里介绍了功耗的估算,所以把这种估算方法放在一起介绍。另外,这个工具的输入是门级仿真结果,所以这里同时涉及仿真的方法,详细的仿真方法请参看后续仿真的相关章节。

下面开始详细介绍使用 PowerPlay Power Analyzer 进行功耗估算的方法,首先需要介绍如何进行门级仿真。这里介绍 Quartus II 如何通过 Simulink 后台调用 ModelSim 进行门级仿真的方法以及流程(后面仿真章节与这里类似,就不再一一介绍这种方法了):

> 安装好可以使用的 ModelSim。
> 在 Quartus II 软件中设置 Nativelink 启动 ModelSim 的路径,具体设置方法是在 Quartus II 软件选择 Tool→Option 菜单项,在 EDA Tool Options 项设置

ModelSim 软件的执行路径。
- 将画好的波形文件(vwf 文件)转换成仿真需要的 testbench 文件(.vht 文件)，方法是在 Quartus II 软件中打开波形文件，选择 File→Export 菜单项即可将波形文件(vwf 文件)转换成所需的 vht 文件了。
- 在 Quartus II 软件的 Settings 中进行仿真设置，如图 1-17 所示。首先选择仿真工具(这里选择 ModelSim 了，也有人用的是 ModelSim - Altera)，在 Netlist Writer Setting 中必须要选择 Generate Value Change Dump (VCD) File Script，这将生成一个 VCD 文件，用于 PowerPlay Power Analyzer 的输入；指定 Design instance name，而且要与后面 Testbench 中的 Instance 命名一致。最后在 Nativelink settings 中选择 Compile Testbench，单击 Testbench 按钮进入指定 Testbench 界面，单击 New 进入创建新 Testbench 设置，设置界面如图 1-18 所示。Testbench name 和 Top level module in testbench 设置要一致(在 Testbench 文件中可以查到)；Design instance name in testbench 名字也要与 Testbench 文件一致(其实就是模块调用或者例化的时候的用名，一般用 u1、u2 等表示)；在 Testbench files 中指定 Testbench 文件。

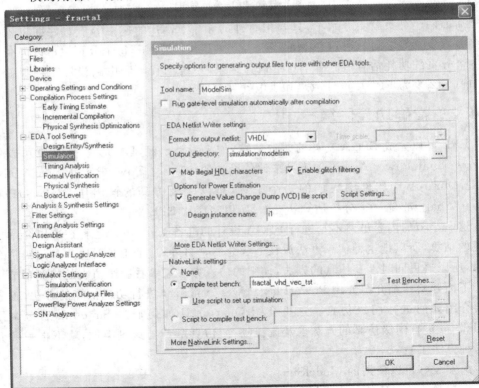

图 1-17　门级仿真参数设计界面

第1章 好好准备你的 FPGA 设计

- 工程全编译后运行 EDA Netlist Writer。
- 执行门级仿真,具体执行方法是在 Quartus II 软件选择 Tool→Run EDA Simulation Tool→EDA Gate Level Simulation 命令。

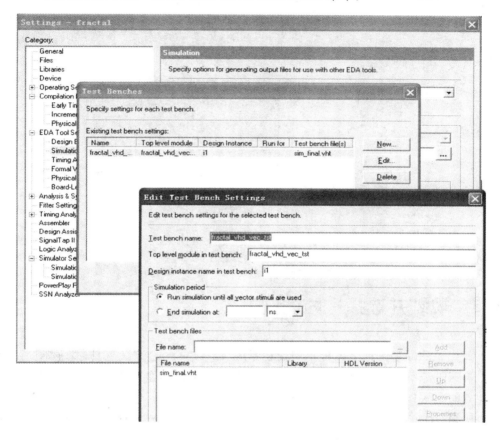

图 1-18 Testbench 相关设置

上述门级仿真完成以后会生成一个 VCD 文件,有了这个文件就可以用 PowerPlay Power Analyzer 工具进行更精确的功耗估算了。具体操作方法是在 Quartus II 软件选择 Processing→PowerPlay Power Analyzer 菜单项,执行结果如图 1-19 所示。

选中图 1-19 最上方 Input File 栏中的复选项,然后单击 Add Power Input File 按钮,指定刚才门级仿真生成的 VCD 文件作为 Power Play Power Analyzer 的输入文件,当然指定 PowerPlay 的输入也可以在 Settings 里设置。最后单击 Start 按钮完成分析,分析完成后单击 Report 查看详细的报告。

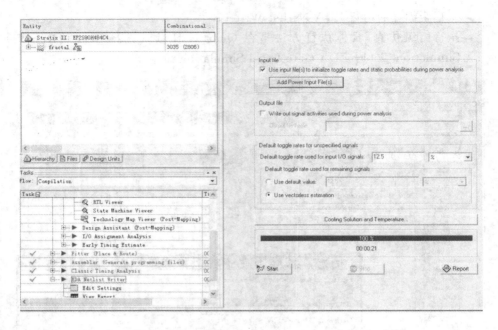

图 1-19 PowerPlay Power Analyzer 运行界面

1.5 规划并选择片内调试工具

　　Altera 提供给设计者各种不同的在系统（In-System）调试工具，其在不同的设计中可能带来不同的好处，也就是根据设计的不同来规划在系统调试工具，甚至不同设计者的个人喜好也会决定项目的在系统调试工具，比如笔者就喜欢使用 SignalTap II 和 Virtual JTAG 这两个工具。曾经在研究所听到一位资深硬件工程师（研究所的硬件工程师必须兼具电路设计和 FPGA 设计工程师的角色）抱怨 FPGA 片内 RAM 的不足，因为他需要大量的片内 RAM 来例化 SignalTap II。所以在进行 FPGA 设计之前一定要选择好片内调试工具，如果 RAM 不够则无法很好例化 SignalTap II。SignalTap II 一定程度上是在"浪费"FPGA 的 RAM 资源，因为很多时候你无法将 SignalTap II 占用的 RAM 资源用于项目设计，所以只能认为 SignalTap II 也是设计的一部分。

　　有些时候在调试结束以后可以将 SignalTap II 从设计中移除，从而腾出其占用的资源用于其他设计，关键是这部分资源最后实现的设计又如何来进行调试或者验证成为了问题，所以笔者说大部分时候设计无法释放这部分资源而将其作为整个设计的一部分。既然无法从设计中移除，那么在设计之初就需要设计者进行取舍，如果选择 SignalTap II 进行调试那么就必须给其预留足够的 RAM 资源。

　　相对来说，Virtual JTAG 需要占用的资源就少很多，而且设计的最后也可以将其移除。不过，笔者认为 Virtual JTAG 更适合于测试而非调试。关于 SignalTap II 和 Virtual JTAG 后续章节会有非常详细的介绍和实例。

以上重点推荐了 SignalTap II 和 Virtual JTAG，其实 Altera 同时还提供了其他几种在系统调试测试工具，分别是：

- System Console；
- In – System Memory Content Editor；
- Logic Analyzer Interface(LAI)；
- Signal Probe；
- In – System Source and Probles。

读者可以根据不同的设计以及个人的爱好来选用，这里就不做进一步介绍了。只是不管设计者选用上面哪一种在系统工具，设计之初都要根据下面几点以及调试需求来规划自己的设计：

- JTAG 接口：这些在系统工具都需要 JTAG 接口的支撑。笔者有个同事曾经设计过一块 FPGA 板子，预留了大量的测试 I/O，他认为配置没有必要预留 JTAG 这种方式，AS 模式足够了，所以就把 JTAG 口"干"掉了，结果在板子调试的时候非常不方便。其实我们知道，AS 模式下的配置芯片 EPCS 系列是可以通过 JTAG 口烧写的。
- 更多的逻辑资源需求：这些在系统调试工具需要例化一个叫 JTAG Hub 的逻辑模块。
- 预留足够的存储器资源：正如前述有关 SignalTap II 那样。
- 预留 I/O 引脚：在 LAI 中需要预留外部 I/O 并且和示波器配合来完成测试。
- 在 HDL 代码中例化相关的宏函数，比如 Virtual JTAG 函数。

1.6 小　结

真正开始 FPGA 设计以后，前期准备工作还是非常重要的。如果只是要学习如何开发 FPGA，那么可以跳过这一章。FPGA 开发不只是写代码这么简单，作为工程师最好的设计态度是要积极介入 FPGA 设计的各个阶段。

第 2 章
快速建立你的第一个 FPGA 工程

如果你只是听说过FPGA,并没有设计过FPGA,那么你可以关注本章的所有内容。如果你开发过FPGA,那么可以略过前面两节,直接到后面一节,那里或许有你喜欢的内容。最后一节介绍了如何通过TCL脚本快速地创建自己的FPGA设计工程,而且可以进一步利用TCL脚本来完成编译的整个过程。

2.1 FPGA 设计基本流程

找工作的时候,如果应聘的是有关FPGA设计工程师,一道必答题就是要你描述一下FPGA设计基本流程。作为一个有一定基础的学生或工程师,对于这么一个开发流程确实应该了然于胸。笔者也不清楚这里介绍这个流程的必要性有多大,但是至少要达到的目的有两个,一个是本书行文的主线就是基于这个基本流程,另外一个目的是希望看到这本书的读者先不管你能从本书获取多少营养,至少应该明白FPGA开发基本流程原来是这样的。

FPGA设计的完整流程大致包括设计输入、功能仿真、设计综合、综合后仿真、布局布线、布局布线后仿真、上板调试及验证等主要步骤。

1. 逻辑设计及输入

FPGA的设计主要是逻辑设计,其实就是电路设计。逻辑工程师到一定程度要做到手头无代码,心中有电路。这也是逻辑设计工程师和一般普通软件工程师最大、最本质的区别所在。

第1章中介绍过要对设计进行先期规划,建议先把设计的功能框图画出来。这样在进行逻辑设计之前,就基本已经知道你将要设计的电路主要完成哪些功能了。当然,更多的时候逻辑工程师不负责电路功能设计,项目负责人已经规划好了大体电路功能,逻辑工程师只负责具体实现。

第 2 章　快速建立你的第一个 FPGA 工程

至于设计的输入，Altera 对于语言和原理图都有很好的支持，特别值得一提的是，原理图设计输入一直是 Altera 的强项而且一直在提供强有力的支持，据笔者了解，其他厂家似乎逐渐放弃对原理图输入的支持了。原理图的设计输入方法早期各厂家都有很好的支持，其优点是直观、便于理解，但是在大型设计中，这种方法的可维护性比较差，非常不利于模块的移植复用，更主要的缺点是当项目的器件需要升级换代的时候（现在 FPGA 的更新换代速度也比较快），所有的原理图面临相应改动的局面，这也是现在大型设计多采用 HDL 设计输入的原因。尽管如此，笔者还是一直采用原理图和 HDL 混合输入的方法，就是想充分利用这两种设计输入的优点，这在后续章节会介绍到。

HDL 设计输入不是笔者介绍的重点，公开的资料书籍很多，读者可以自己参考。

2. 功能仿真

电路设计完成意味着编程基本结束，在进行设计综合之前最好进行功能仿真。Quartus II 软件里自带仿真工具，但是从最新的 Quartus II 软件（比如 12.1 版本）开始就看不到 Altera 对以前其自带仿真工具的支持了，所以现在的安装软件都会自动提供一个 ModelSim AE 版本给客户，也就是说以后仿真 Altera 是建议使用 ModelSim 来进行的。笔者在第 4 章会对使用 ModelSim 仿真进行详细介绍。

笔者向来提倡进行模块化设计，所以在进行功能仿真的时候也建议读者针对不同的功能模块进行仿真。

3. 设计综合

做过单片机开发的都知道，早期的单片机开发都使用汇编语言完成，当然现在也支持汇编，而且汇编、C 可以混合开发。汇编语言其实是一种更接近机器语言的编程语言，或者其本身就是机器语言；而如果使用 C 开发单片机，由于 C 是具有更高层级的抽象语言，机器无法直接识别，所以需要编译工具先将 C 代码翻译成汇编等机器语言。同样的道理，前面所述的原理图、HDL 设计输入其实就是电路设计的抽象输入，编译工具的综合就是将这些设计输入翻译成由与、或、非门以及 RAM、触发器、寄存器等基本逻辑单元组成的逻辑连接，即网表。这些网表文件作为厂家布局布线工具的输入。

对于综合工具，笔者的选择是厂家的综合工具；如果需要经常跨厂家开发器件，Synplicity 公司的 Synplify/Synplify Pro 是个不错的选择。

4. 综合后仿真

综合后仿真是指为了检查综合后的结果是否与原设计一致所做的仿真，仿真时将综合生成的标准延时文件反标注到综合仿真模型里，从而估计门延时带来的影响。综合后仿真虽然比功能仿真精确一些，但是只估计门延时，而不估计线延时，仿真结果与布局布线以后的实际情况还可能有一些差异，并不是十分精确。所以笔者一般很少做综合后仿真,读者只须了解FPGA开发流程有这么一个过程即可。

5. 适配(Fit)与布线

综合结果的本质还是由一些与、或、非门以及触发器、寄存器、RAM等基本逻辑单元组成的网表,与芯片的实际配置情况还有较大的差异。适配和布线的作用就是拿这些网表文件适配到具体的FPGA/CPLD器件上去,一般器件的结构只有开发厂家最了解,也是其最核心的机密,无法向外开放,所以布线工具只能用厂家的工具来完成。

适配的过程一般分为布局(place)和布线(route)。在笔者的开发过程中曾经遇到过布线失效的情况,这就告诉读者综合通过并不表示布线也能通过。最简单的布线失效是因为设计者添加的约束和实际选择的器件不匹配,这些都很容易发现并改正。更复杂的布线失效的情况是明明器件资源还足够,也没有其他物理约束上的冲突,但是工具就是Fit(布局布线)通不过。不过,后面在介绍设计优化的时候笔者将重现这个例子并给出解决方法。

6. 时序仿真

将布线后的延时信息反标注到设计网表中所进行的仿真就叫时序仿真或布线后仿真,有人干脆叫后仿真。布线之后生成的仿真时延文件包含的延时信息最全,不仅包含门延时,还包含实际布线延时,所以布线后仿真最准确,能较好反映芯片的实际工作情况。尽管如此,笔者也还是很少进行时序仿真,这是因为布线之后基本已经到FPGA开发的"最后"一步了,笔者还是比较喜欢直接上板调试,除非此时板子还未制作完成。而且,现在Altera提供了非常丰富的调试和验证工具,第7章会有详细介绍。

7. 板级仿真与验证

这一般是在一些高速设计情况下需要对信号完整性、电磁干扰(EMI)等电路特性进行的分析。

8. 调试和加载配置

设计开发的最后一步就是在线调试或者将生成的配置文件写入芯片进行测试,这些将在第7章详细介绍。

2.2 手把手教你用 Quartus II 建立 FPGA 工程

如果你还没有开发过FPGA,那么接下来笔者打算花10分钟时间手把手教你如何使用Quartus II软件创建你的第一个工程。

首先花一分钟时间来认识一下Quartus II软件,如图2-1和图2-2所示。图2-1是打开Quartus II后展现给设计者的主界面,而图2-2展现了主界面中各种工具按

第 2 章　快速建立你的第一个 FPGA 工程

钮,了解这些工具在进行 FPGA 开发过程中会给设计者带来很大的方便。

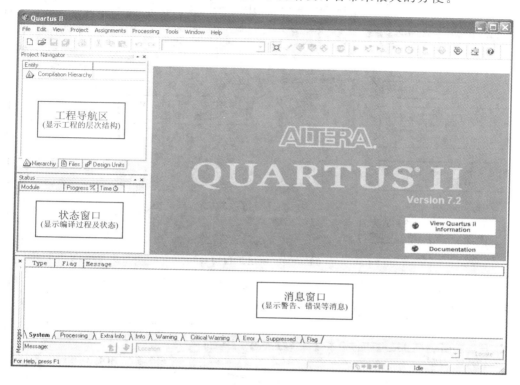

图 2-1　Quartus II 软件运行界面

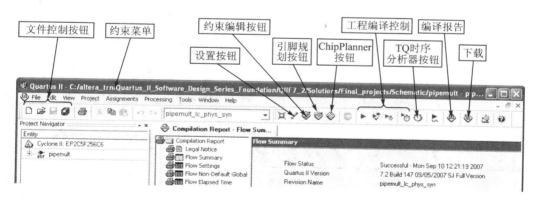

图 2-2　主要工具栏

大概认识完 Quartus II 开发环境,接下来花几分钟时间一步一步建立完成一个工程:

① 新建工程向导,如图 2-3 所示,从 File 菜单里启动新建工程向导。

深入理解 Altera FPGA 应用设计

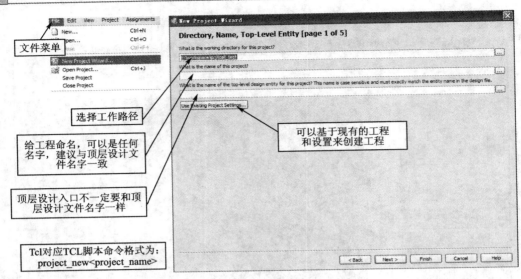

图 2-3　新建工程向导

② 添加设计文件，如图 2-4 所示。建议在工程目录下建立一个名字为 src 的目录存放设计文件，然后将所有设计文件添加到工程。

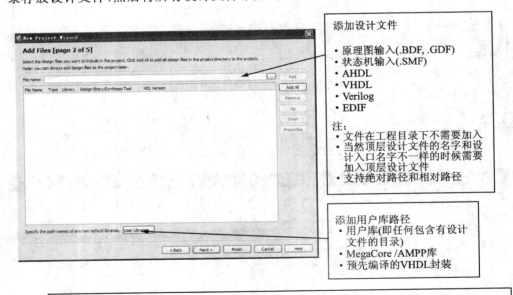

图 2-4　添加设计文件

③ 器件选择,指定型号如图 2-5 所示。

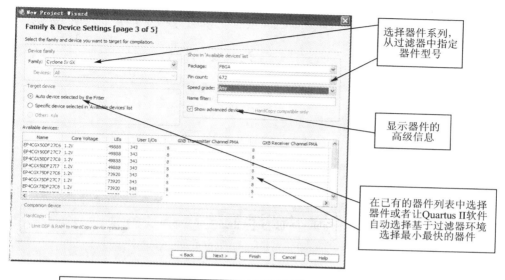

图 2-5 选择器件

④ EDA 工具设定,默认,不修改,直接单击"下一步"。

⑤ 单击 Finish 完成第一个工程的创建。

最后花点时间介绍建立 Quartus II 工程后所产生的各种文件的含义:

① Quartus II 工程文件(.QPF):如图 2-6 所示,双击这个文件就可以打开刚才创建的工程,进入如图 2-1 和图 2-2 所示的界面。这个文件包含有:

> Quartus II 版本信息;

> 时间戳(Time Stamp);

> 活动版本(一个工程文件可以包含多个工程版本)。

如果右击图 2-6 这个文件并选择使用 Ultraedit 打开,就可以看到文件里的上述 3 项信息,如图 2-7 所示。

② Quartus II 默认文件(QDF):保存了 Quartus II 工程的默认设置和约束

③ Quartus II 设置文件(QSF):熟悉 Altera 的人都应该熟悉这个文件,对应 Xilinx 的 UCF 文件。保存所有的设置和约束,采用 TCL 语法,用户可以手动编辑该文件。前面创建工程的各个步骤中进行的设置都自动保存在这个文件中。

图 2-6 Quartus II 工程文件

深入理解 Altera FPGA 应用设计

```
PrjTest.qpf
       0      1.0     2.0     3.0     4.0     5.0     6.0     7.0
16 #
17 # ----------------------------------------------------------------- #
18 #
19 # Quartus II 32-bit
20 # Version 11.1 Build 259 01/25/2012 Service Pack 2 SJ Full Version
21 # Date created = 17:46:24  October 22, 2012
22 #
23 # ----------------------------------------------------------------- #
24
25 QUARTUS_VERSION = "11.1"
26 DATE = "17:46:24  October 22, 2012"
27
28 # Revisions
29
30 PROJECT_REVISION = "PrjTest"
```

图 2-7　Quartus II 工程文件

2.3　教你如何利用脚本创建工程

2.2 节介绍的建立 Quartus II 工程是通过图形用户界面(GUI)来操作的，可以看到每一步都指出了相应的 TCL 脚本命令，如图 2-2～图 2-4 所示。也就是说，可以通过脚本命令行完成同样的功能，只是一个一个命令执行显得太麻烦，这里介绍一种相对自动化的方式来创建 Quartus II 工程。

Quartus II 手册里也有相关的介绍，就是先创建一个 Tcl 脚本文件，文件包含创建工程的各种命令，最后在 Quartus II 软件中"source"该 TCL 文件。如果能采用批处理方式，那么就可以在此方式的基础上无须打开 Quartus II 软件的情况下自动完成创建工程甚至全编译的整个过程。

其实，EDA 的原本含义就是电子设计自动化，在设计、仿真以及验证的各个阶段，采用脚本方式是一种比较流行的方法。所谓脚本(Script)，就是指用纯文本方式记录并运行设计流程中的各种设置和操作。它的优点很多，只是对于初学者来说手动执行一条条命令实在是太枯燥了，想想以前的 DOS 操作系统和现在的 Windows 视窗操作系统的区别就能体会到了。

Quartus II 里面的很多工具其实就是采用脚本语言设计嵌进去的，或者说通过 Quartus II 软件可以调用各种 TCL 实现的软件工具。关于脚本，在第 8 章介绍调试的时候笔者再进一步介绍并给出实例。

2.3.1　Quartus II 各个设计流程对应的脚本命令

前面创建的工程全编译完成之后，状态窗口如图 2-8 所示，编译可以分解为综合(Analysis&Synthesis)、布线(Fitter)、生成编程文件(Assembler)、TimeQuest 时序分析(Time Analyzer)和输出 EDA 网表(EDA Netlist Writer)等操作。可以双击图 2-8 的其中一项完成其中一步编译，也可以选择 Process→Start 菜单项里的选项来执行不同的编译命令。

图 2-8 全编译流程

上述分解动作可以通过命令行方式单独执行,也可以通过脚本文件记录一起执行,而且命令行提供了更多可独立执行的命令。FPGA 的各个设计步骤都有相应模块化的执行命令,详细查看 Quartus II 手册,这里不详细说明,只列出 Quartus II 提供的可以独立执行的命令;这些命令在后面介绍 Virtual JTAG 的时候还会用到,这里有个大概印象即可,这一节掌握工程建立的命令就行了。经常用到的命令如下:
- quartus_map:分析、综合和映射(Analysis & Synthesis);
- quartus_fit:布线(Fitter);
- quartus_tan:时序分析(Timing Analyzer);
- quartus_sim:仿真(Simulator);
- quartus_asm:装配,生成配置文件(Assembler);
- quartus_pgm:运行配置工具,对器件进行配置(Programmer);
- quartus_drc:设计规则检查(Deign Assistant),尤其如设计 HardCopy 时;
- quartus_cdb:编译器的数据库接口(Compiler Database Interface);
- quartus_eda:输出网表给其他 EDA 工具(EDA Netlist Writer);
- quartus_cpf:转换编程文件类型(Convert Programming file);
- quartus_sh:Quartus 命令行解析器(Quartus Shell),用于 Quartus 解析 TCL 命令。

2.3.2 Quartus II TCL 包(Package)

2.3.1 小节介绍了什么是脚本,Altera 的 Quartus II 软件支持 TCL 脚本,并且定义了一系列 TCL 包。在利用脚本开发 Altera 器件之前有必要认识一下这些 Altera 定义的 TCL 包,如表 2-1 所列。

需要注意的是,表 2-1 中的包在默认情况下不是所有都被加载的,读者编写 TCL 代码开发 Altera 器件的时候一定记得先加载相应的 TCL 包。本章将分别介绍和用到 project package 和 flow package,即分别为工程创建管理和工程的编译。后续有关调试的章节还会介绍 stp package,因为在 Virtual JTAG 应用中会用到。

表 2-1 Altera 定义的 TCL 包

名称	描述
backannotate	反标配置
chip_planner	用 Chip Editor 指定和修改使用资源和布线
database_manager	数据库文件版本兼容管理
device	从器件库获取器件和系列信息
flow	编译工程及流程
incremental compilation	操作分区和逻辑锁,以及与增量编译相关的设置
insystem_memory_edit	读取和编辑 Altera 器件内存储器内容
insystem_source_probe	用 In-System Source and Probe 工具和 Altera 器件交互
jtag	JTAG 链控制
logic_analyzer_interface	请求和修改 LAI 输出引脚状态
misc	执行其他任务
project	创建和管理工程版本,包括时序约束在内任何约束
rapid_recompile	操作 Quartus II 快速编译特性
report	从报告表格获取信息并形成客户报告
rtl	转换并请求设计的 RTL 网表
sdc	为 TimeQuest 时序分析器指定约束
sdc_ext	Altera 规定的 SDC 命令
simulator	配置和运行仿真
sta	一组从 TimeQuest 获取高级信息的 TCL 函数
stp	运行 SignalTap II 逻辑分析器

2.3.3 执行与 Quartus II 有关脚本的入口

2.3.1 小节介绍了 Quartus II 支持的各种脚本命令,其中 Quartus Shell 可以用于解析各种与 Quartus II 有关的 TCL 命令。那么执行与 Quartus II 有关脚本的入口一般有以下几种:

➢ cmd 命令行中启动 quartus_sh 命令,然后 source 写好的 TCL 脚本文件。
➢ 使用 Quartus II TCL 控制台窗口,如图 2-9 所示。
➢ 从 Quartus II 图形界面直接执行,这将在 2.4 节详细介绍。

设计者可以直接在 Quartus II 的 TCL 控制台窗口里执行 TCL 命令。从 Quartus II 软件选择 View→Utility Windows 菜单项就可以启动 TCL 控制窗口,在此输入的任何信息都会与 Quartus II TCL Shell 进行交互。

第 2 章 快速建立你的第一个 FPGA 工程

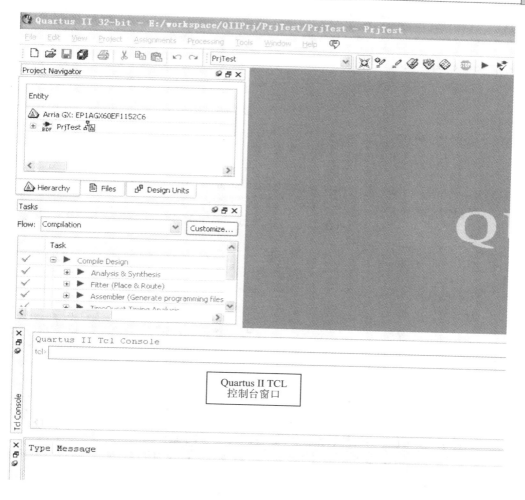

图 2-9 Quartus II TCL 控制台窗口

2.3.4 利用脚本创建工程

2.3.1 小节详细介绍了各种脚本命令,创建工程的命令必须利用 Quartus Shell 来解析,而 2.3.2 小节详细列举了 Altera 定义的各种 TCL Package。这一小节将使用 TCL 脚本调用 Quartus II 工程创建本包(package),原因是脚本很容易编写并且可以一次性给工程分配所有的约束,而且可以重复利用。同时设计者也可以从现有的工程重建一个 TCL 脚本,这就提供了一个很好的方法来快速地创建自己的第一个脚本文件。具体做法是选择 Project→Generate Tcl File for Project 菜单项,这样就自动产生一个.tcl 脚本文件,该文件包含了当前工程的所有设置和约束。建议读者可以先从自己一个现有工程创建脚本文件,重新编辑以后用于新工程设计。

下面给出一个具体事例来说明如何利用脚本创建一个工程，并进行简单的设置和约束。

```
load_package flow
# Create the project and overwrite any settings
# files that exist
project_new fir_filter - revision filtref - overwrite
# Set the device, the name of the top-level BDF,
# and the name of the top level entity
set_global_assignment - name FAMILY Cyclone
set_global_assignment - name DEVICE EP1C6F256C6
set_global_assignment - name BDF_FILE filtref.bdf
set_global_assignment - name TOP_LEVEL_ENTITY filtref
# Add other pin assignments here
set_location_assignment - to clk Pin_G1
# compile the project
execute_flow - compile
project_close
```

这个例子可以从 Quartus II 手册里找到。其中，# 在 TCL 脚本中起注释作用，第一句即加载 flow 包，这里没有加载 project 包，说明默认情况下这个包在 Quartus II Shell 中是处于加载状态的。第二句是创建一个新的工程，工程名字叫"fir_filter"，使用版本"filtref"覆盖之前版本。接下来的几句"set_global"为约束，打开 2.2 节创建的工程的 qsf 文件会看见类似的配置。后面一句引脚约束很好理解，倒数第二句执行了 flow 包里工程编译命令，最后一句是关闭工程。

把上面的例子保存成一个 .tcl 文件，然后在 Quartus II 软件里的 TCL 控制窗口里 source 这个文件即可创建这个工程，并进行相应的设置和约束。2.5 节将介绍一种全"自动化"的创建、编译工程的方法，并且介绍一些其他创建编译工程的命令，比如如何加入设计源文件给新创建的工程。

2.4 利用脚本约束你的工程

上述介绍 TCL 脚本在 Quartus II 软件里执行入口的时候介绍了一种直接在 Quartus II 软件里执行脚本的方法，具体操作步骤是在 Quartus II 软件选择 Tool→TCL Scripts 菜单项即可进入如图 2-10 所示的界面。

选择工程目录下对应的 TCL 脚本文件，或者浏览到脚本存放目录并选择，然后单击 Run 即可执行此脚本，这样就不需要在命令行里进行 source。

建议使用图 2-10 所示界面来对 Quartus II 工程进行引脚等设置约束，笔者为每个工程建立并管理了一个有关 Pin Configuration 的 TCL 脚本文件，这个文件在设

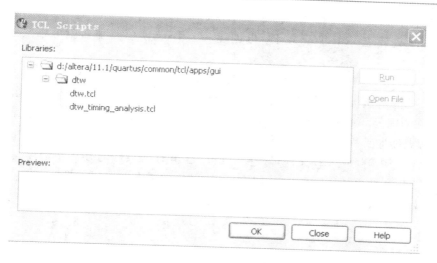

图 2-10 TCL Scripts 界面

计之初与电路工程师讨论之后即已建立。执行这样一个引脚配置脚本可以轻松地一次性完成 FPGA 引脚配置，无需在 Assignment Editer 或者 PinPlanner 里一个一个引脚进行手动配置约束。

注意，没必要追求 FPGA 开发的各个过程利用脚本来完成，因为用脚本完成 FPGA 所有工程只有在工程所有设置约束经过验证以后才更有利于提高效率。另外，笔者利用脚本只是在某些可以重复利用或者需要多次执行相同操作的阶段采用，比如前面所说的引脚约束、仅完成工程创建、工程的打包转移、Linux 操作系统中开发 FPGA 等。总之，不同的情况下需要综合考虑是否需要使用脚本来提高 FPGA 开发的效率。

2.5 利用脚本自动化完成 FPGA 设计

脚本给 FPGA 开发带来的便利毋庸置疑，但是笔者不认为上述利用脚本进行 FPGA 开发过程是"全自动"过程，这里提出一种"全自动"开发 FPGA 的概念。同样，在进行 ModelSim 仿真、Virtual JTAG 测试的时候也存在类似的"全自动"概念，后续章节也有详细介绍。

了解 DOS 系统的应该知道有"可执行"文件的概念，想当年在学校机房的 286、386 机器里找游戏玩的时候，就通过 DIR 命令搜寻硬盘中所有 EXE、BAT 和 COM 文件。那时候只知道这 3 种文件能在盘符下直接执行，并很有可能弹出非常亲切的彩色画面。这里的"全自动"概念来源于上面的 BAT 文件，即批处理（Batch）文件。有了这个文件，我们无须像上面那样还要打开 Quartus II 软件或者 cmd 命令行来执行脚本（称为"半自动"）方式。

"半自动"都需要手动启动 Quartus II TCL Shell，这是一个 TCL 编译执行工具入口。如果先建立一个 TCL 文件，再创建一个 Batch 文件，那么就可以实现"自动化"了。

图 2-11(a)是准备阶段，目录下只有 Batch、TCL 以及存储源文件的 src 目录。这时候只要双击执行 Batch 文件就会在此自动创建一个工程，如图 2-11(b)所示。TCL 文件的内容和前面一样，这里需要特别说明的是 TCL 里的内容其实就是我们平时按常规创建工程时写入 qsf 文件里的各项命令，此时打开图 2-11(b)的 qsf 文件发现大部分内容和 TCL 文件里一样。所以这里有个很好的办法帮助读者弄清楚应该在 TCL 文件里加入哪些内容，即直接从以前的 qsf 文件复制即可，唯一不同就是 TCL 文件开头需要加入 TCL 包以及其他的 TCL 命令。

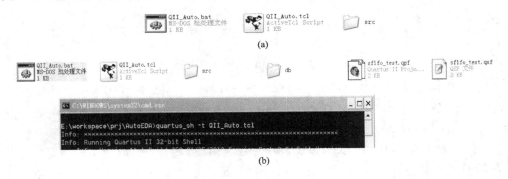

图 2-11　自动化创建 Quartus II 工程

至于 Batch 文件的内容，其实就是图 2-11(b)下方 cmd 里的那条指令，即"quartus_sh -t QII_Auto.tcl"。

图 2-11 显示的只是创建工程的"自动化"，如果修改 TCL 文件，加入工程编译，然后双击 batch 文件，那么创建、编译都自动化了，如图 2-12 所示。比较图 2-12 和图 2-11(b)可以发现多了不少文件，最重要的是产生了 sof 和 pof 文件。所以当工程需要转移的时候只需要转移图 2-11(a)中的文件即可完整转移整个工程，而不需要备份其他文件，从而大大节约空间。

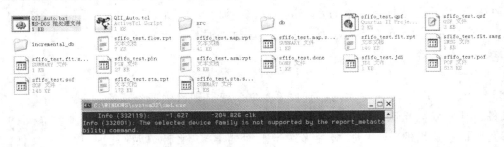

图 2-12　自动化创建编译 Quartus II 工程

第2章 快速建立你的第一个FPGA工程

这里需要提醒的是,上述操作是在 quartus_sh 下进行的。Quartus II 手册里的 TCL 脚本一节提到,Altera 有关"timing"包的指令只能在 quartus_tan 下执行,同样,后面有关调试章节会介绍 Debug 相关(其实应该是和 JTAG 有关)的一些指令必须在 quartus_stp 下执行。

2.6 实例分析

在本章结束并且开始下一章之前,我们通过一个简单的例子,一方面练习一下前面介绍的内容,另一方面告诉读者,好的编程方式就是对设计最大的优化。这个实例的目的就是要告诉读者怎么使用 IF-THEN 语句,同时温习 Quartus II 工程创建过程。

IF-THEN 是 VHDL 中典型的行为描述(Behavioral Descriptions)语句,并在进程(Process)中按顺序执行。IF-THEN 语句多级嵌套(即 IF-ELSIF)则产生更为复杂的输出逻辑,这些输出又都是互斥关系。同时,IF-ELSIF 还将会比 IF-THEN 使用更多的逻辑资源而且会使得布局布线更加困难。问题在于如何在未使用 ELSIF 的情况下有条件地测试这些互斥信号呢?答案是使用 IF-THEN 语句。以下代码是我们的测试目标:

```
LIBRARY ieee;
USE ieee.std_logic_1164.ALL;

ENTITY if_thn IS
    PORT
        (
            current_state      :    IN       std_logic_vector(8 DOWNTO 0);
            x,y,z              :    IN       std_logic;
            state_out          :    OUT      std_logic_vector(2 DOWNTO 0)
        );
END if_thn;

ARCHITECTURE behavior OF if_thn IS

CONSTANT s0     :    std_logic_vector(8 DOWNTO 0) := "000000000";
CONSTANT s1     :    std_logic_vector(8 DOWNTO 0) := "100000001";
CONSTANT s2     :    std_logic_vector(8 DOWNTO 0) := "100000010";
CONSTANT s3     :    std_logic_vector(8 DOWNTO 0) := "100000100";
CONSTANT s4     :    std_logic_vector(8 DOWNTO 0) := "100001000";
CONSTANT s5     :    std_logic_vector(8 DOWNTO 0) := "100010000";
CONSTANT s6     :    std_logic_vector(8 DOWNTO 0) := "100100000";
CONSTANT s7     :    std_logic_vector(8 DOWNTO 0) := "101000000";
```

```vhdl
CONSTANT s8        :    std_logic_vector(8 DOWNTO 0) : = "110000000";

SIGNAL output1 :    std_logic;
SIGNAL output2 :    std_logic;
SIGNAL output3 :    std_logic;

BEGIN

PROCESS(current_state,x,y,z)
BEGIN
    IF (current_state = s1) OR (current_state = s3) OR (current_state = s4) THEN
        output1 < = x;
    ELSIF (current_state = s0) OR (current_state = s2) OR (current_state = s5) THEN
        output2 < = y;
    ELSIF (current_state = s6) OR (current_state = s7) OR (current_state = s8) THEN
        output3 < = z;
    ELSE
        output1 < = '0';
        output2 < = '0';
        output3 < = '0';
    END IF;
END PROCESS;

    state_out < = output1 & output2 & output3;

END behavior;
```

下面根据前面介绍的内容创建一个新的 Quartus II 工程。打开 Quaruts II 软件，选择 File→New Project Wizard 菜单项，如图 2-3 所示。

① 设置工作路径，读者可以选择一个没有空格和中文字符的路径作为自己的工作路径。这里将新创建的工程命名为 if_thn，软件自动为顶层设计实体命名为 if_thn。单击 Next 进入下一步。

② 如图 2-4 所示，将上述代码保存到一个名为 if_thn.vhd 的文件里。器件家族选择 Cyclone II，并且最好将该源文件放到工作目录下；项目复杂时可以专门建立一个存放源文件的目录。浏览找到源文件，单击 Add 按钮将源文件加入到工程中，单击 Next 进入下一步。

③ 如图 2-5 所示，器件型号选择笔者 demo 板上的 EP2C5Q208C8，剩下的设置默认即可，单击 Finish 按钮完成 Quartus II 工程创建。

在 Quartus II 软件中选择 Process→Start 菜单项，在弹出的对话框中选择综合命令，或者直接在软件工具条中选择综合命令按钮对刚刚创建的工程进行综合。

综合后可以在软件的编译报告中看到几个警告信息(蓝色信息为警告),如图 2-13 所示,同时从编译报告中了解到整个设计共消耗了 19 个逻辑单元。

```
13012 Latch output3 has unsafe behavior
13013 Ports D and ENA on the latch are fed by the same signal current_state[0]
13012 Latch output2 has unsafe behavior
13012 Latch output1 has unsafe behavior
```

图 2-13 IF 语句综合出 Latch 的警告

我们可以通过 RTL Viewer 来进一步检查这些警告信息,选择 Tool→Netlist Viewers→RTL Viewer 菜单项即可打开 RTL Viewer 来查看刚才的综合结果。如图 2-14 所示,我们看到 3 个输出是各自经过一个锁存器出来的,后面介绍时序分析

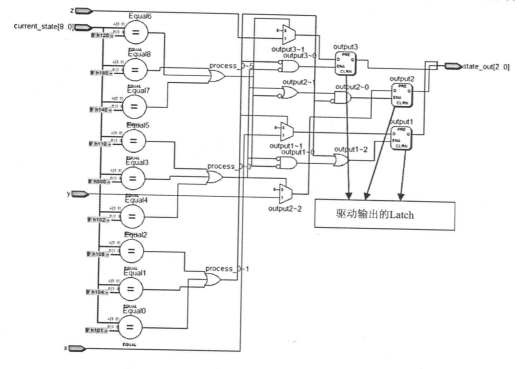

图 2-14 使用 RTL Viewer 查看工程综合结果

以及优化的时候,笔者会详细介绍编译后意外产生的这些不受欢迎的锁存器,它们会使得设计的时序分析复杂化,而且这些 Latch 也不能精确反映设计者的原本设计意图。

关闭 RTL Viewer,接下来使用另外一个网表查看工具再来看看上述综合结果,即选择 RTL Viewer→Technolgy Map Viewer 菜单项,如图 2-15 所示。

图 2-15 所示的 Technology Map Viewer 显示了工程实际的逻辑实现,即前面代码中的 IF-THEN 语句的实际逻辑实现。我们可以看到,最后 3 个输出经过了最

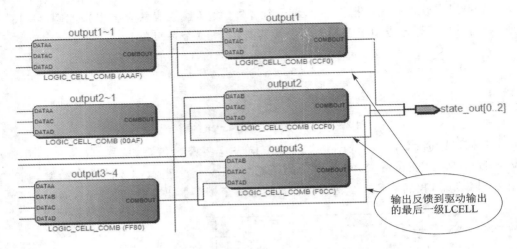

图 2-15 使用 Technology Map Viewer 查看工程综合结果

后一级的 3 个 LCELL,注意这 3 个 LCELL 的输出除了驱动设计中的 3 个输出以外,同时还反馈到 LCELL 的输入。后面将讨论这种没有必要的反馈走线,它们会使得设计变得意想不到的复杂,应该在编程的时候避免。

既然已经发现了代码中的这些问题,那么下面就通过修改代码来解决这些问题。将上述代码源文件另存为 if_thn2.vhd。将原代码里使用单个 IF-ELSIF 语句修改为使用多个 IF-THEN 语句,同时修改程序的实体名字,使之和文件名字保持一致。修改后的代码如下所示:

```
LIBRARY ieee;
USE ieee.std_logic_1164.ALL;

ENTITY if_thn2 IS
    PORT
    (
        current_state      :    IN      std_logic_vector(8 DOWNTO 0);
        x,y,z              :    IN      std_logic;
        state_out          :    OUT     std_logic_vector(2 DOWNTO 0)
    );
END if_thn2;

ARCHITECTURE behavior OF if_thn2 IS

CONSTANT s0    :    std_logic_vector(8 DOWNTO 0) := "000000000";
CONSTANT s1    :    std_logic_vector(8 DOWNTO 0) := "100000001";
CONSTANT s2    :    std_logic_vector(8 DOWNTO 0) := "100000010";
CONSTANT s3    :    std_logic_vector(8 DOWNTO 0) := "100000100";
```

```
CONSTANT s4      :    std_logic_vector(8 DOWNTO 0) := "100001000";
CONSTANT s5      :    std_logic_vector(8 DOWNTO 0) := "100010000";
CONSTANT s6      :    std_logic_vector(8 DOWNTO 0) := "100100000";
CONSTANT s7      :    std_logic_vector(8 DOWNTO 0) := "101000000";
CONSTANT s8      :    std_logic_vector(8 DOWNTO 0) := "110000000";

SIGNAL output1 :    std_logic;
SIGNAL output2 :    std_logic;
SIGNAL output3 :    std_logic;

BEGIN

PROCESS(current_state,x,y,z)
BEGIN
    IF (current_state = s1) OR (current_state = s3) OR (current_state = s4) THEN
        output1 <= x;
    ELSE
        output1 <= '0';
    END IF;
    IF (current_state = s0) OR (current_state = s2) OR (current_state = s5) THEN
        output2 <= y;
    ELSE
        output2 <= '0';
    END IF;
    IF (current_state = s6) OR (current_state = s7) OR (current_state = s8) THEN
        output3 <= z;
    ELSE
        output3 <= '0';
    END IF;
    END PROCESS;

    state_out <= output1 & output2 & output3;

END behavior;
```

源文件修改后将其加入到工程中,具体方法可以通过 settings 里加入文件到工程的方法,也可以直接在工程导航(Project Navigator)下的 Files 页面通过右击弹出的 Add/Remove Files in Project 命令来添加文件到工程或者从工程中删除文件,如图 2-16 所示。

图 2-16　往工程添加文件或从工程删除文件

文件添加到工程以后,if_thn2.vhd 会出现在图 2-16 所示的 Files 列表里,右击该文件,在弹出的级联菜单中选择 Set as Top-Level Entity 命令将其设置为工程的顶层实体。最后,对工程重新综合。查看编译报告,这次只消耗了 9 个逻辑单元,而且没有任何蓝色的警告信息。

启动 RTL Viewer 查看重新综合结果,如图 2-17 所示。可以看到 RTL 直观显示了修改后的代码只有简单的 9 个 Equation,看不到后面的锁存器。

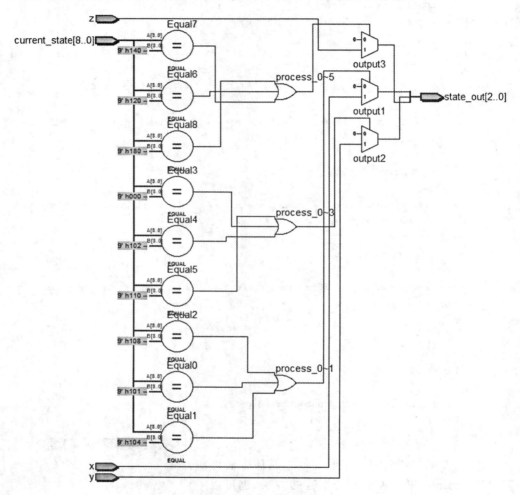

图 2-17 使用 RTL Viewer 查看工程修改后综合结果

关闭 RTL Viewer,我们再次启动 Technology Map Viewer,如图 2-18 所示。可以看到工程逻辑实际消耗的 9 个 LCELL,而且和图 2-15 比较可以看到最后 3 个驱动输出引脚的 LCELL 的输出没有任何反馈到其输入的逻辑路径。

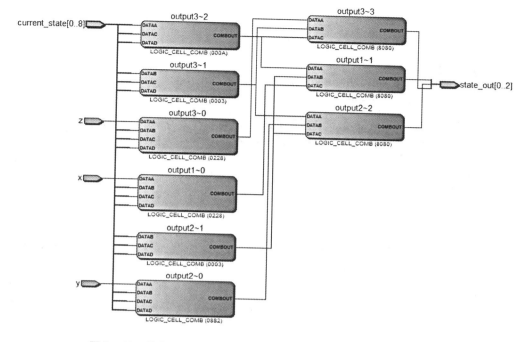

图 2-18 使用 Technology Map Viewer 查看工程修改后综合结果

通过比较我们可以得出一个结论，IF - ELSE - END 语句除了避免不受欢迎的意外产生的锁存器意外，还可以更有效地利用逻辑资源。

2.7 小 结

本章首先介绍了如何快速地建立一个 Altera 开发工程，了解 Quartus II 软件开发的各个流程阶段，其中包括设计输入、综合、仿真、布局布线、编程与配置等。快速了解 Quartus II 工程开发的各个阶段，可以使读者对于 Altera 的开发有个大概印象，后续章节会对重要的过程进行详细介绍。本章特别介绍了一种 Quartus II 工程自动化开发的方法。最后，通过一个小小的实例温习了 Quratus II 工程创建过程，并且为后续介绍的代码风格以及设计优化做了一个简单铺垫。

第 3 章
采用 Altera 的建议进行 FPGA 设计

当前 FPGA 的复杂程度和性能要求已经和 ASIC 设计相当，在如此复杂的系统设计开发中，好的设计实践对于器件的时序性能、逻辑利用率以及系统可靠性方面都有巨大的影响。好的代码设计有利于设计向不同 FPGA 器件移植，并获得可预期的性能及可靠性。同样的，也可以成功地向 HardCopy 或者 ASIC 原型或者产品方向移植。

一般来说遵循以下原则来设计 Altera 可以使我们的设计性能更优化、可靠性得以保证：

- ➤ 理解同步设计在 FPGA 开发中的重要影响；
- ➤ 遵循包括结构层次化分区的推荐设计方法；
- ➤ 有效利用目标器件的结构特性。

除了以上一般设计原则外，本章还详细介绍一些 Altera 推荐用户采用的设计方法。

3.1 利用 Quartus II 模板开始逻辑设计

Quartus II 软件里提供了很多模板给初学者进行逻辑设计，建议读者多多利用。以前笔者参加面试考试的时候经常做的题目中就有根据描述写出完整的 HDL 代码，笔者甚至忘记了 VHDL 的"头"，即 entity 的描述，因为在实际工作中都是在已有的 VHDL 代码基础上进行修改，所以没有参考的时候真的忘记这个"头"是怎么写的了。

这里推荐模板不仅仅是因为它给设计者提供了 HDL 的模板、完整设计（比如RAM、计数器等），更重要的是它提供了 TCL 脚本、SDC 等非常多的模板，如图 3-1 所示。

第 3 章 采用 Altera 的建议进行 FPGA 设计

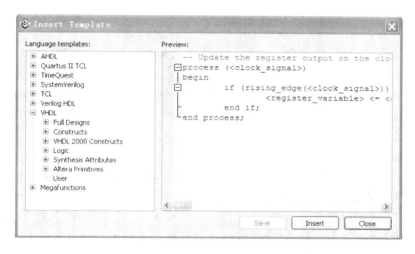

图 3-1 插入一个设计模板

3.2 同步 FPGA 设计方法及指导

好的设计方法学的第一步是很好地理解设计方法和技巧的影响（作用），本节主要描述一些优化同步设计方法的好处以及一些不当设计方法的危害。好的同步设计方法能帮助读者迅速达到设计目标；而非同步的设计方法会带来一些问题，包括传输延时会导致设计可靠性下降、设计的时序分析不完备以及毛刺等。

所谓的同步设计就是一个时钟信号触发所有的事件。只要所有寄存器的时序要求得到满足，那么同步设计的行为在任何工艺、电压和温度（PVT）条件下都将是可预测及可靠的行为。同步设计可以在不同的器件系列或者不同速度等级器件上非常容易达成，还可以帮助读者将设计向更大容量器件移植，比如 ALTERA 的 Hard-Copy 器件或者用于做 ASIC 原型。

3.2.1 同步设计的基本原则

在一个同步设计中，所有事情都是和一个时钟信号相关的。在时钟的每个沿（通常是上升沿），采集寄存器数据输入端口的数据并将其传输到输出端口上。在每个时钟沿，流入寄存器输入端口的组合逻辑将改变数值。由于信号通过逻辑时有传输延时，所以这个改变会导致数据一定时间的不稳定，就像信号通过一定数量三极管并最终稳定在新数值一样。发生在寄存器输入端口上的数值变化不会影响其输出端口的数值，直到下一个时钟沿到来。

由于寄存器的内部电路将其数据输入输出端口隔离，所以组合逻辑的不稳定值并不会影响设计，但要保证下述时序要求得到满足：

➤ 时钟沿到来前，寄存器数据输入端口上的数据必须至少稳定超过寄存器的建立时间。

➤ 时钟沿到来后，数据输入端口上的数据必须保持稳定至少超过寄存器的保持时间。

当时钟的频率和其他的时序要求都被指定时，Quartus II 软件里的 TimeQuest 时序分析器会为设计中的每个端口报告实际硬件上所需的建立时间（t_{SU}）和保持时间（t_H）。为了达到外部端口以及后续同步设计要求，必须确保器件内所有寄存器的建立保持时间得到满足。

注：为了满足所有输入端口的建立保持时间要求，任何流入输入端口的组合逻辑数值应该和寄存器的时钟有一个同步关系。如果信号是异步的，可以在流入前将信号寄存一下，从而避免了违反建立、保持时间的要求。如果寄存器的建立保持时间违约，那么会使得寄存器的输出振动，或者导致输出一个处于高电平和低电平之间的中间值，即亚稳态。在这种不稳定状态下，很小的扰动，比如电源轨上的噪声，都会使得寄存器承载一个高或者低电平，其结果就是一个不可预知的状态。这样各种不同的不良影响都会发生，比如延时时间的增加以及错误的输出状态等；甚至于某些情况下，寄存器的输出会在两种状态下来回振荡一段相当长时间。

3.2.2 异步设计的危害

过去，设计者经常采用异步设计方法，比如在 PLD 中设计纹波计数器（ripple counter）或者脉冲发生器等，通过采取捷径的方式来节约 PLD 器件资源。异步设计方法有其固有的问题，比如过分依靠器件的传输延时完成功能，这种传输延时又会随着温度以及电压的变化而变化，进而导致不完备的时序约束以及毛刺和竞争冒险等问题。

我们知道有些异步设计结构要依靠相应的传输延时来完成正确的功能，在这些场合，竞争冒险情况就会发生，那么信号变化的顺序就会影响到逻辑的输出。PLD 设计会有各种不同的逻辑延时可能，这取决于设计的每次编译后的布局布线。然而，提前预知某个特定逻辑模块的时间延时是不可能做到的。随着芯片工艺的越来越先进，异步设计的延时时间被大大减小，结果是这些设计很难达到预想的功能。另外，依靠延时使得异步设计很难向不同架构、不同器件或者不同速度等级的目标器件移植。

异步设计的时序通常都很难或者不可能分析或者约束模型化。如果没有对设计进行完备或精确的时序约束，那么时序驱动型算法的综合器和布局布线工具就无法最优化你的设计，而且也无法获得完备的编译报告。

有些异步设计结构会产生有害的毛刺，即宽度小于时钟周期的脉冲信号。大部分毛刺都是由组合逻辑产生的。当组合逻辑的输入变化的时候，其输出在获得稳定值之前会是几个毛刺。这些毛刺会经组合逻辑向下传递，从而给异步逻辑设计带来错误的输出。在同步设计中，寄存器输入端口上出现毛刺是经常发生的事情，不过这并没有消极影响，因为数据在时钟沿到来前并不会被处理。

3.3 使用 Altera 的宏函数

建议根据实际设计需求使用 Altera 的宏函数（MegaFunction），因为这些参数化的函数已经根据 Altera 的器件结构进行了相关的优化；有些时候可能会用到不同厂家的器件，所以也有人提出使用 Altera 定制的函数不是很利于代码跨厂家移植，但是至少可以保证在 Altera 的各系列之间进行移植。

使用 Altera 器件有时候必须使用 Altera 定制函数，比如 LVDS 和 PLL 模块，因为这几乎是 Altera 特有的模块。有些模块设计者可以改成自己的代码，比如 FIFO、RAM 等，这样跨厂家移植的时候无须修改这些模块的代码。

这里需要提到的是，在上述设计者自己设计的代码中，有时候 Quartus II 会自动推导出使用 Altera 定制的模块，比如设计者自己设计的 FIFO，编译结束后会发现软件将部分模块推导成了 RAM；再比如代码中使用的运算符合"＊"，编译结束后软件会自动推导出相应的乘法器。Altera 有各种定制的乘法器、乘累加器模块，下一节将通过如何在 Altera 器件中实现除法功能来进一步介绍。

3.4 在 FPGA 中实现除法功能

笔者有个项目中需要用到除法，虽然知道除法可以转化为倒数乘法来实现，不过不同的实际应用应该综合考虑。网上的一篇文章详细介绍了如何在 FPGA 中实现高精度快速除法，这里简单介绍该方法。Altera 已经提供了各种除法 IP，可以免费使用，通过使用可以比较两种方法的优劣。

3.4.1 二进制快速除法

逻辑设计中最简单的除法就是右移，不过这种除法限制是明显的，即除数必须是 2 的幂。这里要介绍的是参考网上公开的快速二进制除法，首先根据二进制乘法原理，即通过逐项移位相加原理设计基于 VHDL 的乘法，可以在一个时钟周期完成，如图 3-2 所示。

根据图 3-2 可以间接地给出一个二进制除法设计方法，如图 3-3 所示。图 3-3 显示，将被除数的倒数存入表中，查表后再进行如图 3-2 所示的二进制乘法。原作者给出了一个实例，即通过 case 语句实现 8 位被除数的倒数的查表，实际逻辑运行速度也很快。但笔者实际工作中被除数的数据位较长，所以制作了一个倒数的表存入一个片内 ROM 里。ROM 的读取需要两个时钟周期的延时，虽然不影响系统性能，但是却达不到原作者设计所提到的"快速"除法目的。图 3-4 是笔者实际在 Cyclone II 器件上用此方法实现除法的应用实例运行结果。

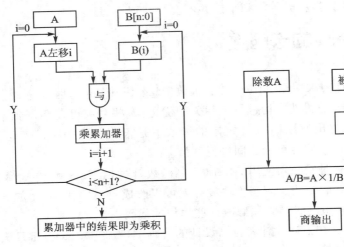

图 3-2 二进制乘法逻辑框图 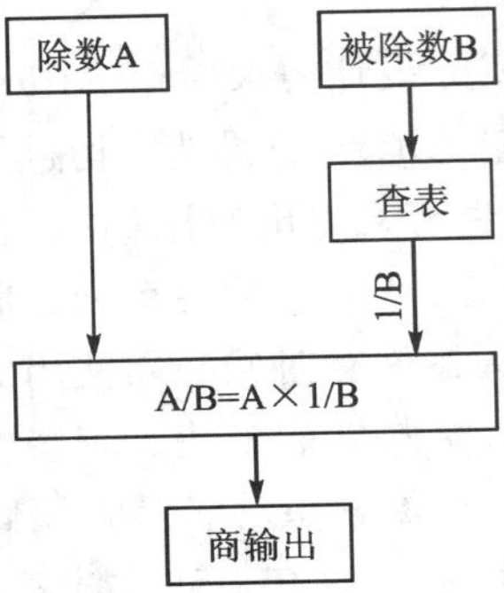   图 3-3 二进制除法逻辑框图

现在使用此方法实现除法的时候需要根据自己的具体应用来调整,笔者的项目不在意这 2 个时钟的 pipeline,故可以使用此方法;如果有应用需要立刻计算出除法结果,就需要考虑使用原作者中的 case 语句;如果被除数的数据位太长,那么就增加 case 代码的入口。

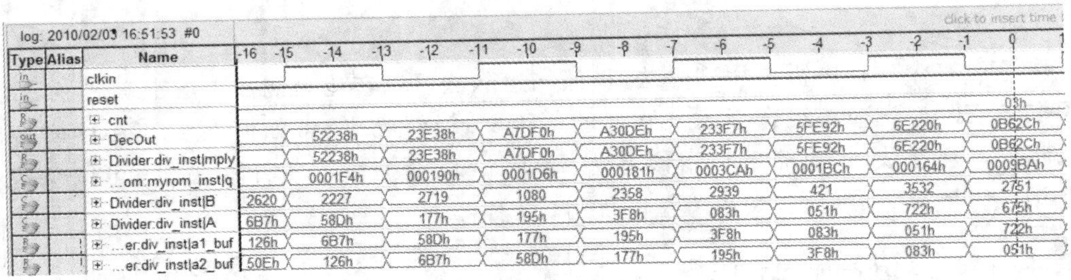

图 3-4 二进制除法,倒数存片内 ROM

使用此方法时另外一个需要注意的问题是精度,原作者详细给出了此方法可以实现高精度除法的推导过程。不过在笔者具体的使用过程中面临一个精度"丢失"的难题。这个方法设计的除法器精度取决于查表得到的倒数位宽,所以在生成被除数倒数的时候就需要考虑最终需要获得除法的精度问题,倒数的数据位宽截取得太小必然丢失精度。而笔者实际应用则需要将除法的结果归一化成 9 bit 数据,所以除法结束后的位截取必然导致精度"丢失"的问题。所以在实际应用中,除了除法速度需要考虑以外,还需要考虑精度、数据形式等问题。

3.4.2 使用 Altera 除法函数

现有 Quartus II 软件中提供了基于 LPM 的除法函数以及浮点除法函数,本小节以笔者使用过的 lpm_divide 为例进行说明。进入 MegaWizard 开始例化 IP 的时候,从 Arithmetic 组里可以找到这两个除法 IP,如图 3-5 所示。

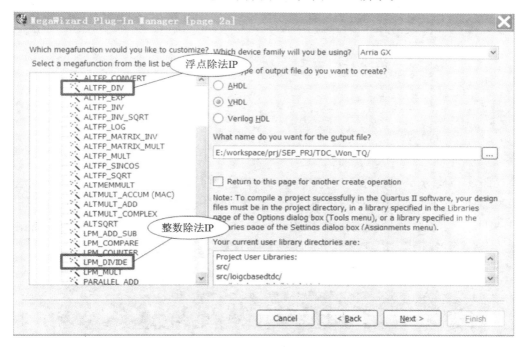

图 3-5 除法 IP

笔者在项目开发起始阶段并没有使用 Altera 的 IP,一方面是考虑以后代码移植的问题,另一方面就是上述提到的"快速"。后来发现从 ROM 中读取表格数据并不那么"快速"(有一定的 Latency),尤其是精度"丢失"问题使得笔者彻底回归到使用 Altera 的除法 IP。最初弃用 Altera 自带的除法 IP 的另外一个原因在于《Integer Arithmetic Megafunctions User Guide》中的一个表,如图 3-6 所示。

器件家族	输入数据位宽	输出延时	逻辑消耗			f_{MAX}/MHz
			自适应查找表 (ALUT)	专有逻辑寄存器 (DLR)	自适应逻辑模块 ALM	
Stratix III	10	1	131	0	70	133
	30	5	1017	0	635	71
	64	10	4345	0	2623	41

图 3-6 Divide 函数的性能资源表

笔者项目的除法输入位宽超过 20 bit,而且系统时钟必须高于 100 MHz,从图 3-6 估计无法达到要求,所以弃用。后来转回来使用的时候,一开始发现确实如此,经过代码优化(主要是加入流水)性能提高到 100 MHz 以上。图 3-7 是项目中实例化的除法器 IP。如果将分子和分母的位宽修改为小于 10 bit,那么代码不需要做任何修改,系统可以快速、高性能地得到除法结果。

```
component lpm_divider
    PORT
    (
        clken    : IN  STD_LOGIC ;
        clock    : IN  STD_LOGIC ;
        denom    : IN  STD_LOGIC_VECTOR (15 DOWNTO 0);
        numer    : IN  STD_LOGIC_VECTOR (23 DOWNTO 0);
        quotient : OUT STD_LOGIC_VECTOR (23 DOWNTO 0);
        remain   : OUT STD_LOGIC_VECTOR (15 DOWNTO 0)
    );
end component;
```

图 3-7 除法 IP 代码例化

图 3-7 显示的项目分子位宽 24 bit,分母位宽 16 bit,且使用的器件为 Arria GX 系列,对照图 3-6 看出,Stratix III 在位宽为 30 bit 左右 5 级流水下的 f_{MAX} 也才 71 MHz,笔者按图 3-8 也设置 5 级流水,编译后 f_{MAX} 只能到 58 MHz,同时设置了

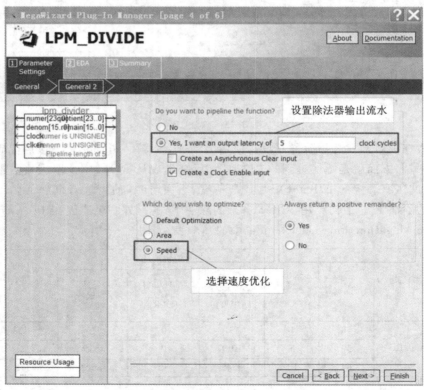

图 3-8 除法器参数设置

速度优化。经过一级一级增加流水，当流水设置为 12 的时候，f_{MAX} 终于达到了 118 MHz，符合项目系统要求。所以如果性能有要求同时还要要求"快速"除法，必然无法兼顾，好在笔者项目不在意流水级数，只在意系统性能。

最后分享一个奇怪的现象，即流水的增加应该是增加除法器的性能，可是笔者发现流水 10 级比流水 11 级时的性能要高，如图 3-9 所示。

Slow Model Fmax Summary			流水11级	Slow Model Fmax Summary			流水10级
Fmax	Restricted Fmax	Clock Name		Fmax	Restricted Fmax	Clock Name	
88.21 MHz	88.21 MHz	inst|altpll_component|pll|clk[0]		92.38 MHz	92.38 MHz	inst|altpll_component|pll|clk[0]	

图 3-9 不同流水系统性能

3.5 Altera 推荐的代码风格

现在的器件规模越来越大，器件内部包含的资源也越来越多，如 GXB 模块、DSP 模块、软核、硬核、PCIE 硬核以及传统的逻辑资源等。开发 Altera FPGA 的时候除了要遵循通用代码风格，还要了解 Altera 官方推荐的代码风格，好的代码风格会使得设计更加优化或更加容易被优化，坏的代码风格可能会使得设计失败或者非常难于优化。

在进行 HDL 代码设计的时候，要理解一个综合工具是如何翻译不同的 HDL 代码设计以及到底要达到什么样的结果。设计方法能影响到设计逻辑的利用率、时序性能以及设计的可靠性。本节主要介绍确保目标设计在 Altera 器件上获得优化的综合结果的基本设计方法，并避免几种通常会导致不可靠以及不稳定性的情况。Altera 推荐设计者仔细设计组合逻辑以避免潜在的问题，并注意时钟设计，这样可以达到同步设计功能以避免时序问题。

1. 组合逻辑结构

组合逻辑结构构成的逻辑功能取决于其输入的当前状态。在 Altera 的 FPGA 中，这些功能都是通过 LE 或者 ALM 里的查找表（LUT）来实现的。在组合逻辑流入（feed）寄存器的场合，寄存器的控制信号可以部分实现此逻辑功能从而达到节约 LUT 资源的目的。遵循本书介绍的推荐设计原则能提高设计中组合逻辑设计的可靠性。

（1）组合回环（Combinational Loop）

组合回环是造成逻辑功能不稳定及不可靠的最重要的因素之一，通常表现为通过一个无任何寄存器的直接反馈环来破坏同步设计原则，所以设计中应该尽量避免使用组合环。而同步设计原则是反馈回环中必须包含寄存器。例如在 HDL 代码设计中，当一个算术等式的左边操作数同时在右边时就产生了组合回环，如图 3-10 所示。同样，当寄存器的输出通过组合逻辑反馈到该寄存器的异步端口时也会导致组合回环,如图 3-11 所示。

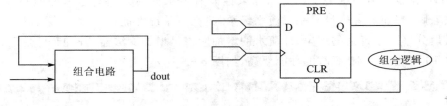

图 3-10　组合回环　　　　图 3-11　通过寄存器异步端口反馈的组合回环

注:使用时序分析器中的 Recovery 和 Removal 分析异步端口(如 clear 和 reset)。

组合回环是一种"天生的"高风险设计结构,这是因为:

- 组合回环行为上通常依赖于环上有关逻辑的传输延时,由于逻辑传输延时容易变化,所以意味着回环的逻辑行为是不可预知的。
- 很多设计工具会认为组合回环是一个死循环运算,所以大部分设计工具都会将这些组合回环打开来处理设计。在设计流程中使用各种不同工具,以不同的方式打开一个给定的组合回环处理方法是不符合设计者最初的设计意图的。

(2) 锁存器(Latch)

锁存器是指组合逻辑反馈保持一个数值直到其被分配一个新的数值的电路。Quartus II 的文本输入或者图形编辑器都支持锁存器调用。错误的 HDL 代码设计通常会导致非预期之中的锁存器,如果这种情况发生,Quartus II 综合器一般都会给出一个警告提示。

与其他工艺技术不同的是,在 FPGA 的格局中锁存器"体积"并不显著地小于寄存器。FPGA 的这个结构并不利于实现对锁存器的优化,然而锁存器和寄存器电路比较起来通常时序性能更差。

锁存器有一个透明的模式,在这个模式下,数据流连续地从输入端口到输出端口。正锁存器在透传模式下,使能信号为高有效(负锁存器低有效)。在透传模式下,出现在输入端口上的毛刺能被直接传递到输出端口,因为 Latch 的输入和输出之间创建了一个径直路径,而不像寄存器那样被内部隔离。如此,就表示 Latch 使得时序分析更加复杂。一般典型的锁存器结构采用多相位使能,这样可以防止发生长的透传路径。不过对于时序分析器来说,并不能分辨出这类安全的应用。

TimeQuest 时序分析器默认情况下在正锁存信号的下降沿将锁存器分析成同步元素,并允许认为锁存器是没有透明路径的起点。要知道,在透明模式下即使是瞬间通过也有可能导致毛刺的传播。TimeQuest 分析器不能进行周期借用分析,设计者可以通过 Synopsys PrimeTime 第三方时序分析工具完成此功能。

由于各种时序的复杂性,正式验证工具一般都只是有限地支持锁存器。因此,包含锁存器的设计不应该依赖于正式的验证设计。注:尽量避免使用锁存器,以确保设计的时序性能以及可靠性得到保证。

（3）延时链（Delay Chain）

当单一扇入和扇出两个甚至更多连续的节点产生延时的时候，设计者需要用到延时链。反向器通常被链在一起来增加延时。延迟链有时用来解决由于其他异步设计带来的竞争冒险情况。

我们早就知道，PLD设计中的延时在不同布局布线的时候会发生变化。就如上升时间、下降时间的差异以及片内变量等影响意味着延迟链，特别是分布在时钟路径上的延迟链，会在设计中导致非常严重的问题（具体的问题请查看"异步逻辑的危害"一节），所以减少使用延迟链来避免上述问题。

在有些ASIC设计中，延迟用来缓冲信号，当这些信号被布线在器件周围的时候，延迟单元一般用来对这些信号进行缓冲。而这种功能在FPGA的架构中是不需要的，因为布线结构在整个器件内部都提供了缓冲器。

（4）脉冲发生器和多谐振荡器（Pulse Generators and Multivibrator）

通过延时链可以产生一个脉冲（即脉冲发生器）或者一系列脉冲（即多谐振荡器）。图3-12显示了两种通用的脉冲发生器。这些技术都完全是异步的，必须要在设计中尽量避免。

图3-12(a)是一个触发信号流入一个2输入与门的两个输入端口，只是在其中一个输入端口上加入用反向器实现的延时链。脉冲的宽度取决于与门的两个输入端口数据流入路径的时间差。该脉冲发生器的机理和组合逻辑随着输入数据变化而产生毛刺的机理是一样的，这里只是人为地增加了毛刺的宽度而已。图3-12(b)是通过寄存器输出经延时链反馈回来驱动同一个寄存器的异步复位端口。也就是说，寄存器经过一定延时后异步地自我

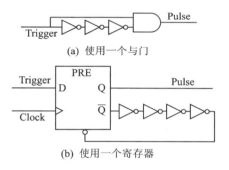

图3-12 脉冲发生器的两种实现方法

复位。这种方式下产生的脉冲宽度难以通过综合、布局布线来决定、设定或者验证。脉冲的实际脉宽只能在布局布线之后知道，且前提是布线和传输延时是已知的。在这种方式下，设计者在进行HDL代码设计的时候无法指定脉冲的宽度，也无法通过EDA工具来进行设定。脉冲的宽度很可能在所有的PVT条件下达不到要求，而且如果改变使用的器件，脉宽也会跟着改变。另外，验证也变得困难，因为静态时序分析器无法验证其脉宽。

多路谐振器使用一个毛刺发生器来产生脉冲，同时利用一个组合回环来使电路进入振荡，额外的问题是脉冲的具体数目无法确知。另外，这个结构产生多个脉冲的同时也在设计中产生了一个人工的时钟，所以设计工具就必须对这个时钟进行分析，所以也有人在PLD使用内部逻辑这种方法来产生一个"时钟"。

如果确实需要使用脉冲发生器，那么就使用图 3-13 所示的同步技巧。在图 3-13 中，脉冲的宽度总是等于时钟周期，所以这个脉冲发生器产生的脉冲宽度是可预知的，也能被时序分析器验证，同时也容易向其他架构、器件或者速度等级进行移植。

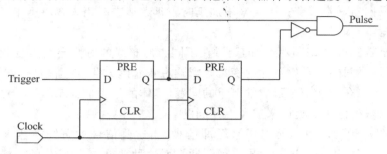

图 3-13 推荐使用的脉冲发生技术

2. 时钟方案（Clocking Scheme）

跟组合逻辑一样，时钟方案对于设计的性能和可靠性也有很大影响。相对 PLL 来说，无论如何要尽量避免使用内部产生的时钟，因为这会带来功能和时序上的问题。组合逻辑产生的时钟，由于毛刺的存在会导致功能问题，而且组合逻辑本身的延时也会导致时序问题。

注：在 Quartus II 软件中指定所有时钟的相互关系会在实现的时候得到最好的时序驱动的设计优化，也获得正确的实现分析。利用时钟设置约束指定所有派生或内生的时钟和基本时钟的关系。

一定要使用器件内全局且低偏斜专用布线资源来对内部派生的时钟进行布线，而不使用普通的布线资源。

任何地方都尽量避免在不同时钟域之间传输数据；如果确实需要，那么使用 FIFO 电路。在 Quartus II 软件里可以使用时钟的不确定（uncertainty）特性来为不同的时钟域补偿其延时。可以考虑约束时钟建立时间不确定为时钟周期的 10%，时钟保持时间不确定性为时钟周期的 15%。

下面提供了一些避免时钟方案问题的例子和推荐建议：

（1）内部派生时钟（Internally Generated Clock）

使用组合逻辑的输出作为时钟或者异步复位信号时，必然要考虑到引入到设计中的毛刺问题。在同步设计中，寄存器输入端口上的毛刺是不会带来什么影响的，但是在寄存器时钟或者异步控制端口上的毛刺或者尖刺信号却会带来非常严重的后果。窄的毛刺，违反了寄存器的最小脉冲宽度的要求。如果寄存器的数据输入端口发生变化而同时有毛刺出现在时钟端口上，那么建立和保持时间要求也可能达不到要求。即使设计不违反时序要求，寄存器的输出也有可能发生意外的变化，而且也会给设计的其他功能带来危害。为了避免这些问题，组合逻辑的输出在用作时钟信号之前必须被寄存打一拍，如图 3-14 所示。

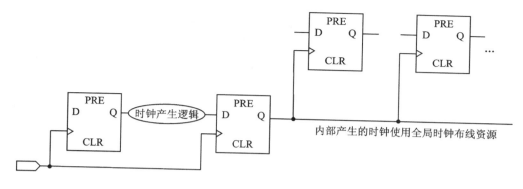

图 3-14 推荐的时钟产生技术

组合逻辑的输出被寄存打一拍可以确保由组合逻辑产生的毛刺在寄存器的数据输入端口上被阻止而不往下传递。

(2) 分频时钟(Divided Clock)

系统设计经常需要用到从主时钟分频而来的时钟,大部分 Altera 器件会提供专用的 PLL 电路来实现时钟分频,从而帮助用户避免由于异步时钟分频逻辑带来的问题。

当必须使用逻辑来对主时钟进行分频的时候,总是会用到同步计数器或者状态机。此外,在进行设计的时候最好像上一节那样总是使用寄存器直接产生分频时钟信号,而且要把这些时钟信号布线到全局时钟资源上。为了避免毛刺,不要试图通过解码计数器的输出或者状态机来产生时钟信号。

(3) 行波计数器(Ripple Counter)

为了简化验证,设计中尽量避免纹波计数器。过去,FPGA 设计者通过纹波计数器来分频时钟,因为这种 2 的幂计数器比较容易设计,并且比同步计数器消耗更少的资源。纹波计数器使用寄存器级联来实现,其中一个寄存器的输出引脚驱动下一级寄存器的时钟引脚。这种级联会出现问题,因为计数器会在每一级创建一个纹波时钟。这些纹波时钟必须在时序分析的时候得到妥善处理,但是这样做是非常困难的,且可能需要在综合和布局布线工具中进行复杂的时序约束。

通常,使用纹波时钟产生纹波计数器是为了尽可能地节约资源。但是,Quartus Ⅱ 软件支持的所有 Altera 器件都没有必要去使用纹波时钟结构来减少资源消耗量,这是因为使用 Altera 器件产生的计数器的每位计数只消耗一个逻辑单元。所以设计中应该完全避免使用纹波计数器。

(4) 时钟多路选择(Multiplexed Clock)

时钟多路选择用于同一逻辑选择使用不同的时钟源。在这些设计中,多路选择器为逻辑选择一个时钟源,如图 3-15 所示。例如,电信应用中处理多频标准的时候经常使用多路选择时钟。

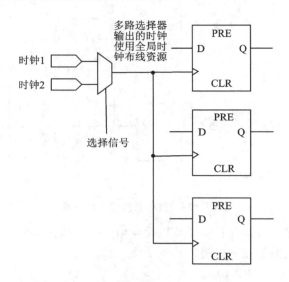

图 3-15 多路选择逻辑和时钟源

添加时钟信号的复用逻辑会产生前面谈到的问题,但是多路复用时钟应用非常广。当该时钟信号使用了全局时钟布线资源时,时钟复用是可以接受的,而且这些时钟如果又满足了以下条件:

> 初始配置后,时钟复用逻辑不会发生改变;
> 设计采用复用逻辑选择一个时钟实现测试目的;
> 在时钟切换的时候寄存器总是得到复位;
> 时钟切换时临时不正确的响应不会造成负面结果。

如果实时设计中切换时钟的时候没有复位信号,且设计不能忍受临时不正确的响应,那么就必须使用同步设计,这样寄存器就没有时序违约,时钟信号上就不会有毛刺,也不会有竞争冒险或者其他的逻辑问题。默认情况下,Quartus II 软件会优化和分析通过多路复用器以及来自多路复用器的两个时钟之间的所有路径。如果多路复用器总是选择某个特定时钟,这可能导致更具限制性的分析。假如需要更完整的分析,可以在 Quartus II 软件里为多路复用器的输出约束为一个基础时钟,这样所有寄存器到寄存器路径都使用这个时钟来分析。

注:当有时钟复用的时候,使用专用硬件来执行时钟复用,而不是使用复用逻辑。例如,可以使用 clock-switchover 特性或者某些 Altera 器件中的时钟控制模块。这些专用的硬件模块确保使用全局低偏斜走线,并且可以避免器件中由于时钟线逻辑延迟产生的任何可能的保持时间问题。

(5) 门控时钟(Gated Clock)

门控时钟是使用控制门电路的使能信号来关闭或者打开的时钟信号,如图 3-16 所示。当一个时钟被关闭后,也就是关闭了相应的时钟域,对应时钟域的功能就处于非活跃状态。

第 3 章 采用 Altera 的建议进行 FPGA 设计

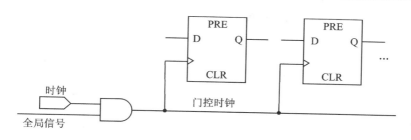

图 3-16 门控时钟

可以用门控时钟在某些器件结构中通过有效地关闭部分没有使用到的数字电路来达到减少功耗的目的。当一个时钟被门控,时钟网络和由它驱动的寄存器停止切换,从而消除其对功耗的贡献。不过,门控时钟不属于同步电路设计范畴,因此门控时钟的使用显著提高了设计、实现以及验证所需的努力。门控时钟会派生出时钟偏斜,而且也会使器件移植变得困难。这类时钟对毛刺非常敏感,甚至可能导致设计失败。

在使用门控时钟的场合最好使用专用硬件来进行时钟门控,而不是使用与门或者或门。例如,可以在 Altera 新推出的器件中使用时钟控制模块来关闭整个时钟网络。使用专用片内硬件模块可以确保时钟使用低偏斜全局布线,并避免器件中由于时钟线的逻辑延时造成的任何可能的保持时间问题。

从功能角度来看,在一个纯粹的同步设计行为中可以使用一个同步时钟使能信号来关闭一个时钟域。然而,当使用同步时钟使能方案的时候,时钟网络在不停地切换,这种做法并不比在源时钟进行门控降低功耗。更多的时候使用下面提到的同步时钟使能方案。关于如何使用门控时钟来降低功耗,可以参考"推荐的门控时钟方法"一节。

(6) 同步时钟使能(Synchronous Clock Enable)

可以用一个同步时钟使能信号来同步地关闭一个时钟域。FPGA 可以有效地支持时钟使能信号,因为每个寄存器都有一个专用的时钟使能端口。前面提到,这种方案并不比在时钟源处进行门控功耗更少,因为时钟网络并没有停止切换,它只是通过禁用一些寄存器来达到和门控时钟相同的功能。如图 3-17 所示,在每一个寄存器的数据输入端口前插入一个多路复用器,使得寄存器要么加载新数据,要么只是复制寄存器自己的输出给输入。

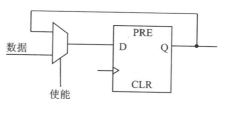

图 3-17 同步时钟使能

(7) 推荐的门控时钟方法(Recommended Clock-Gating Method)

只有当目标应用需要降低功耗以及目标器件体系结构能够通过使用门控时钟来降低功耗的时候才使用门控时钟。如果必须通过逻辑使用门控时钟,那么建议使用

图 3-18 所示的稳健的时钟门控技术,并且确保门控时钟信号使用专用全局时钟布线资源。

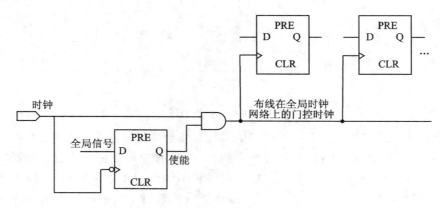

图 3-18 推荐的时钟门控技术

可以在时钟源处进行时钟门控,也可以在每个寄存器处进行门控,还可以在位于这二者之间任何地方进行门控。由于时钟网络带来开关功耗,只要有可能,在时钟源处进行时钟门控,这样就可以关闭整个时钟网络,而不是沿着时钟网络在每个寄存器处进行门控。

图 3-18 所示的门控技术中使用寄存器来产生使能信号,这样可以确保整个信号不受毛刺和尖刺的干扰。产生使能信号的寄存器是在被门控的时钟下降沿触发。图 3-18 中的时钟是上升沿有效,而下降沿门控。使用这种技术,门控信号一次只有门的一个输入来关闭或者打开时钟一种变化,这样可以阻止输出上的毛刺和尖刺。图 3-18 使用一个与门来门控一个时钟,时钟上升沿有效。对于下降沿有效的时钟使用一个或门来门控,并且用一个正沿触发寄存器来寄存使能命令。

使用这种技术必须十分注意时钟的占空比以及使能的逻辑延时,因为使能信号必须在半个时钟周期内产生。这种情况可能会导致问题,比如如果逻辑生成使能命令特别复杂,或者如果时钟的占空比严重失衡。然而,相比其他的门控时钟方法带来的问题,如果仔细管理时钟占空比以及逻辑延时,这还是一个可以接受的方案。

确保在 TimeQuest 分析器中对门控时钟进行了相应的约束设置。对图 3-18 所示的与门的输出要加一个时钟约束,否则,时序分析在分析电路的时候会把通过寄存器的时钟路径当作最长的时钟路径,把跳过寄存器的时钟路径当作最短的时钟路径,从而带来人为的时钟偏斜。

在某些情况下,将门控时钟转化为时钟使能可以帮助减少毛刺和时钟偏斜,并最终产生一个更精确地时序分析。可以在 Quartus II 软件里打开 Auto Gated Clock Conversion 选项来将门控时钟自动转换为时钟使能,这种转换适合于两种门控时钟方案类型,单门控时钟和级联门控时钟。

3. 功耗优化(Power Optimization)

整个FPGA的功耗包括I/O功耗、内核静态功耗以及内核动态功耗。了解这些功耗之间的内部关系,有利于核算FPGA的总功耗。在进行FPGA设计的同时,可以应用各种优化技术和工具来最小化功耗。Quartus II软件提供一种叫power-driven的编译功能特性,可以充分优化器件的功耗。power-driven编译使用power-driven综合以及power-driven布局布线,集中于减少设计的总功耗。

4. 亚稳态(Metastability)

在PLD设计中,同步和异步信号都可能带来亚稳态。可以使用Quartus II软件来分析由亚稳态带来的故障平均时间(MTBF),从而优化设计,提高亚稳态的MTBF。

5. 增量编译(Incremental Compilation)

Quartus II软件提供的增量编译功能意味着设计者可以将设计进行分区,并对不同分区进行独立编译,而且没有进行更改的分区可以重复利用而不需要重新编译。增量编译流程比一般编译需要更多的前期规划,一般需要更加严格的良好设计经验。后面在设计优化一章会对增量编译进行详细介绍。

3.6 在代码中使用寄存器而不是锁存器

3.5节提到过锁存器并大致描述了其危害,总之,在FPGA设计中时刻谨记避免使用锁存器。可以说,FPGA设计的基础就是寄存器,然而传统的ASIC设计中工程师又非常喜欢用锁存器,所以导致有些工程师从ASIC设计转到FPGA设计之后非常不习惯。

ASIC设计工程师喜欢使用锁存器主要还是因为锁存器所需要的门电路大概只有DFF的60%,所以当一个设计使用了大量的寄存器和FIFO,如果转用锁存器,想象下会节省多少资源。而从3.5节内容我们知道,在FPGA中锁存器和寄存器"体格"大小基本差不多,所以根本没有必要为了节省资源而"特意"使用锁存器了。

3.6.1 锁存器电路结构

虽然前面介绍了锁存器的概念,这里再给出锁存器的一个原理框图(D),如图3-19所示,表3-1是其真值表。可以看出,锁存器其实就是一个可以保持信号当前值的一个很小的组合环。

还可以看到一些其他形式的锁存器,如图3-20所示。

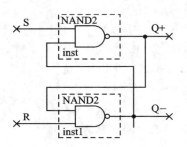

表 3-1 锁存器真值表

S	R	动作
0	0	无
0	1	Q+=1
1	0	Q+=0
1	1	保持

图 3-19 D 锁存器的原理框图

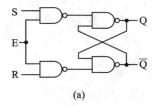
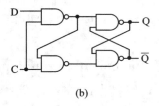

(a)　　　　　　　　　　(b)

图 3-20 两种常见的锁存器电路结构

读者可能对 D 锁存器比较熟悉，如图 3-21 所示。在 FPGA 设计中同步逻辑设计中经常不小心产生这种锁存器电路结构，我们知道 Q 在 CK 的高电平时更新为当前 D 的值。

而 FPGA 所谓的同步逻辑使用到的 DFF(D-Flip-Flop)，即通常所说的寄存器，其数据到达输入端口后在每个时钟的上升沿时刻更新到输出端口 Q，如图 3-22 所示。

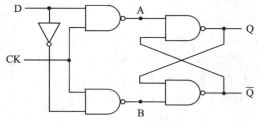
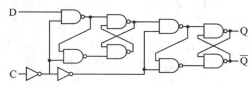

图 3-21 D 锁存器电路结构　　　　图 3-22 DFF 电路结构

3.6.2　逻辑设计中哪些情况会产生锁存器

首先，可以在 Quartus II 的编译报告中查看当前设计代码中是否有被推导成锁存器的情况，如图 3-23 所示。

如果有，那么就要分析为什么会这样，笔者这里列举一些经常会被编译器推导成锁存器的情况：

第 3 章 采用 Altera 的建议进行 FPGA 设计

图 3-23 查看代码是否有推导为锁存器

➢ Case 语句没有列出所有的状态，"default" 不要省略：

```
always @ (a or b or Opcode)
    case (Opcode)
    add: z = a + b;
    sub: z = a - b;
    mul: z = a * b;
    //default: z = a/b;
    endcase
```

➢ 条件语句中没有补齐最后一个 else：

```
ARCHITECTURE rtl OF nolatch IS
BEGIN
    PROCESS (a,b,c,sel) BEGIN
        IF sel = "00000" THEN
            oput <= a;
        ELSIF sel = "00001" THEN
            oput <= b;
        ELSIF sel = "00010" THEN
            oput <= c;
        -- ELSE
        --     oput <= "X";
        END IF;
    END PROCESS;
END rtl;
```

➢ 读者是否经常在 Quartus II 编译的时候遇到这样的警告：某路径的输出"holds its previous values"呢？这是因为在时序逻辑的某些判断条件中，某个信号在 Quartus II 看来就是按照这样的意思来理解它的，但是大部分情况下 Quartus II 软件的优化功能会自动将这种情况下推导出来的锁存器删除：

```
if(sel == 1'b1)
    foo = a;
else if(sel == 1'b0)
    foo = b;
```

➢ 有时候直接赋值语句，不经意间给设计带来了锁存器或者组合逻辑环：

■ 组合环：

assign q = (~en & q) | (en & d);(组合环)

■ 锁存器：

assign q = en ? d : q;(Latchs)

➢ for 循环在 Quartus II 软件中有时候也会推导成锁存器：

```
if (reset_n == 1'b0) begin
    for (i = 0; i <= 7; i = i + 1) begin
        dout[i] <= 1'b0; end
end
else begin
    dout <= din;
end
```

3.6.3 锁存器分析实例

由于笔者现在使用的版本是 Quartus II 11.1，所以时序分析器只能是 TimeQuest。我们来看第一个实例，如图 3-24 所示。

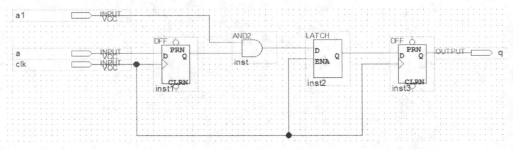

图 3-24 直接通过原理图方式调用锁存器

第 3 章　采用 Altera 的建议进行 FPGA 设计

将图 3-24 所示的简单设计进行编译，TimeQuest 分析器直接给出下列警告：

Warning (335093): Timing Analysis is analyzing one or more combinational loops as latches
Warning (335094): Node "inst2|combout" is a latch

如果在 Chip Planner 查看资源使用情况，如图 3-25 所示，笔者选择的器件是 ArriaGX，所以逻辑基本单元是 ALM，可以看到锁存器和与门分别布线到一个 ALUT 中，输入和输出两个 DFF 分别占有一个寄存器。

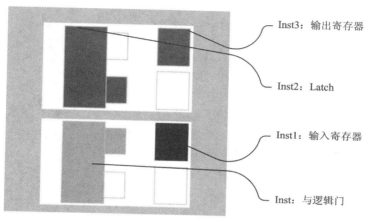

图 3-25　逻辑设计具体实现

下面我们来看第二个实例：设计中有 3 个数据输入，一个选择控制信号，该控制信号控制选择 3 个输入到输出，具体代码如下所示：

```
PROCESS (a,b,c,sel) BEGIN
        IF sel = "01000" THEN
            oput <= a;
        ELSIF sel = "01101" THEN
            oput <= b;
        ELSIF sel = "10010" THEN
            oput <= c;
        ELSE --- Prevents latch inference
            oput <= 'X'; --/
        END IF;
    END PROCESS;
```

根据第 2 章介绍的方法在 Quartus II 软件里新建一个 VHDL 文件，然后使用插入模板来完成逻辑设计输入，比如模板里有完整的设计，笔者插入一个移位寄存器设计，然后在其基础上进行修改得到如下所示的完整设计文件：

```
library ieee;
use ieee.std_logic_1164.all;
entity demo2 is
    port
    (
        a      : in std_logic;
        b      : in std_logic;
        c      : in std_logic;
        sel: in std_logic_vector(4 downto 0);
        oput   : out std_logic
    );
end entity;
architecture rtl of demo2 is
begin
PROCESS (a,b,c,sel) BEGIN
        IF sel = "01000" THEN
            oput <= a;
        ELSIF sel = "01101" THEN
            oput <= b;
        ELSIF sel = "10010" THEN
            oput <= c;
        ELSE --- Prevents latch inference
            oput <= 'X'; --/
        END IF;
    END PROCESS;

end rtl;
```

把这个设计加入到工程并设置为顶层，全编译后会发现这个设计消耗资源为2个ALUT，而且没有"Inferred Latch"的警告。使用RTL查看器查看其功能框架，如图3-26所示。

如果把上述设计代码最后一个条件即ELSE入口注释掉，然后再重新编译工程，完成后查看编译报告，消耗的资源变成4个ALUT，而且同时给出一个如下的警告：

Warning (13012): Latch oput $ latch has unsafe behavior
Warning (13013): Ports D and ENA on the latch are fed by the same signal sel[0]

经过上述介绍以及实例分析可以得出结论为，FPGA的结构基于寄存器的器件，在FPGA设计中锁存器实际上消耗更多的逻辑资源，并且性能比寄存器更低。建议读者在设计中尽量避免使用锁存器，设计完成也要在编译结束后查看如图3-23所示的综合报告来确认并分析设计中是否有地方不小心导入了锁存器。

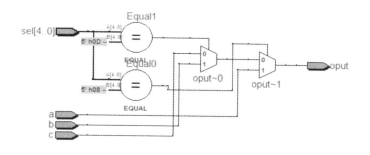

图 3-26　RTL Viewer 下看到的逻辑功能

3.7　使用 Altera"原语"模块

　　Altera 提供了很多底层 HDL 原语设计,这些所谓的原语一般是一些专属硬件模块的实现,比如上面提到的锁存器,Altera 有专门的 D 锁存器模块可以直接使用,如图 3-24 所示。有的时候我们确实需要使用这些简单的原语来完成设计中一些特殊功能,它们可以帮助设计者有效节约资源以及提高时序结果。

　　需要注意的是,对于一个给定的设计,使用原语是一个比较高级的应用,笔者建议读者应该是对 Altera 的软件和器件硬件方面有一定了解并在项目确实有必要的情况下使用。因为对于大多数的设计,通用的 HDL 代码或者直接使用 Altera 提供的函数都可以达到设计者的目的。

　　以下列举一些使用 Altera 原语给设计者带来的代码技巧方面帮助:
- 例化逻辑单元(LCELL)原语可以帮助设计者阻止 Quartus II 软件优化某些逻辑单元;
- 可以通过 CARRY、CARRY_SUM 和 CASCADE 原语来使用进位和级联链;
- 通过识别 LUT 边界可以指定创建的 LUT 功能;
- 通过使用 I/O 缓存器来指定 I/O 标准、驱动电流和其他一些 I/O 设置;
- 在 HDL 代码中通过使用 I/O 缓存器来指定差分引脚名,而不是自动为每对差分队的负端产生一个名称。

　　以上这些用法或者技巧在 Altera 用户手册 Designing with Low - Level Primitive 中都有详细说明,这里仅介绍 LCELL 以及 CARRY、CARRY_SUM。

　　如果采用原理图设计输入,Altera 提供一个很好地例化原语的方式,即在新建的 BDF 文件中直接双击就会进入如图 3-27 所示的界面,读者可以轻松选择自己需要的各种原语或者添加自己定义的 Symbol。

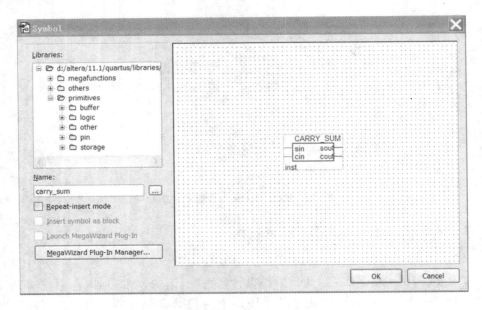

图 3-27 原理图设计输入

3.7.1 如何让设计中的 LCELL 不被软件优化

本小节简单介绍在设计中如何让 LCELL 不被软件优化掉，方法有两种，一种是通过 Quartus II 软件的 Settings 进行下面两项设置即可：

"Remove redundant logic cells"必须为"off"
"Ignore LCELL buffers" 必须为"off"

第二种方法是直接在 HDL 代码中添加综合属性来实现。笔者这里就以 VHDL 为例来说明。来看一个简单例子，首先代码中没有添加综合属性：

```
library IEEE;
use IEEE.std_logic_1164.all;
use IEEE.std_logic_arith.all;
use IEEE.std_logic_unsigned.all;
entity LcellTest is
    port (
        clk :       in std_logic;
        din :       in std_logic;
        dout :      out std_logic
);
end LcellTest;
architecture rtl of LcellTest is
signal reg1,reg2,reg3: std_logic;
```

```
component lcell
port (
    a_in : in std_logic;
    a_out : out std_logic
);
end component;
begin
u1:lcell
port map (a_in => din, a_out => reg1);
u2:lcell
port map (a_in => reg1, a_out => reg2);
u3:lcell
port map (a_in => reg2, a_out => reg3);u4:lcell
port map (a_in => reg3, a_out => dout);
end rtl;
```

将上述代码进行编译,查看布局布线后的网表会发现什么逻辑也没有,只剩下输入引脚到输出引脚,如图 3-28 所示。

```
library IEEE;
use IEEE.std_logic_1164.all;
use IEEE.std_logic_arith.all;
use IEEE.std_logic_unsigned.all;
entity LcellTest is
    port (
        clk :       in std_logic;
        din :       in std_logic;
        dout :      out std_logic
);
end LcellTest;
architecture rtl of LcellTest is
signal reg1,reg2,reg3: std_logic;
attribute keep : boolean;
attribute keep of reg1,reg2,reg3 : signal is true;
component lcell
port (
    a_in : in std_logic;
    a_out : out std_logic
);
end component;

begin
```

图 3-28 LCELL 被综合优化掉

```
u1:lcell
port map (a_in => din, a_out => reg1);
u2:lcell
port map (a_in => reg1, a_out => reg2);
u3:lcell
port map (a_in => reg2, a_out => reg3);u4:lcell
port map (a_in => reg3, a_out => dout);
end rtl;
```

将代码进行上述修改,即在代码信号定义下面添加对相关信号的"keep"(保留)综合属性;再进行编译,我们发现被添加"保留"属性的 LCELL 都被保留了下来,如图 3-29 所示。

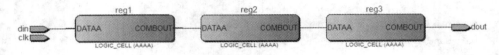

图 3-29 LCELL 被保留了

笔者同时还做了两个实验,这里直接给出结果。第一个实验是在代码中添加上述"保留"属性后,同时按照第一种方法,将上述两个选项"off"掉(注,软件默认是"on"),则编译的结果如图 3-30 所示。

图 3-30 去掉优化并添加"保留"属性的编译结果

第二个实验是在不添加"保留"属性的情况下,也只使用第一种方法,那么上述代码编译结果如图 3-31 所示。

图 3-31 关闭优化去除代码中的"保留"属性

3.7.2 进位链以及如何应用在自己的设计中

FPGA 的逻辑资源最小单元叫 LE,Altera 从 90 nm 开始引入 ALM 的概念,笔者在后续 TDC 的实例中会结合实例进行对比介绍,这里重点是要说不同的器件以及逻辑单元工作在不同的模式下实现出来的进位链(Carry Chain)是有区别的。

应用进位链原语进行设计,就是要在设计中直接使用这些进位链,那么不同情况下进位链的表现形式就需要有一个基本了解。图 3-32 和图 3-33 分别展示了 LE 和 ALM 中进位链的结构,这里不过多介绍,有个大概概念即可,因为后面 TDC 的应用中笔者会详细地介绍。

第3章 采用 Altera 的建议进行 FPGA 设计

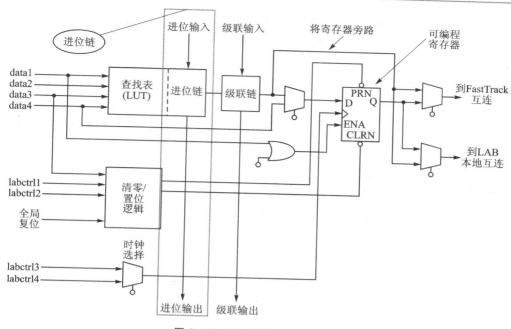

图 3-32 LE 中的进位链结构

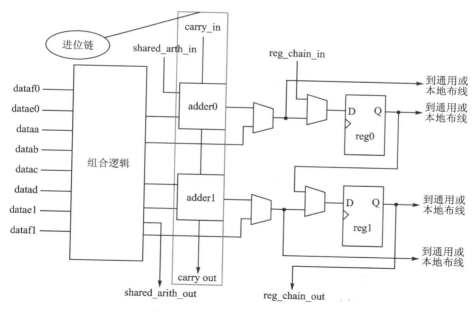

图 3-33 ALM 中的进位链结构

进位链是 Altera 各个系列 FPGA(包括从 MAX II 系列开始的 CPLD 中的逻辑单元)中的专用结构。这个架构可以在 LE 之间提供一种非常高的向前进位性能,所以那些需要进位的设计可以使用这些专用资源来提高性能,通过 CARRY 和 CAR-

RY_SUM 原语或者 Altera 的某些 LPM 函数可以直接使用这些进位链资源。

CARRY_SUM 原语（如图 3-34 所示）是一个双输入、双输出模块，提供 carry-out 和 sum-out 逻辑输出。carry-out 端口不能直接驱动 FPGA/CPLD 的引脚，carry-in 端口也不能直接由引脚直接驱动。

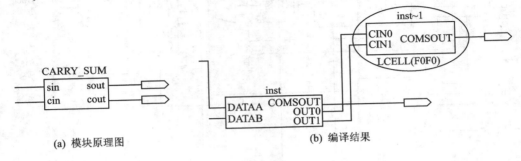

图 3-34　CARRY_SUM

图 3-34 可以看到，虽然原理图设计中把 cout 端口直接和引脚相连，但是编译以后发现 cout 在输出到引脚之前 Quartus II 软件自动插入了一级 LCELL。同样的，如果 cin 直接接到引脚，软件也会自动插入 LCELL。

另外，两个不同 CARRY_SUM 的 cout 端口不能驱动同一个门电路，如图 3-35 所示。

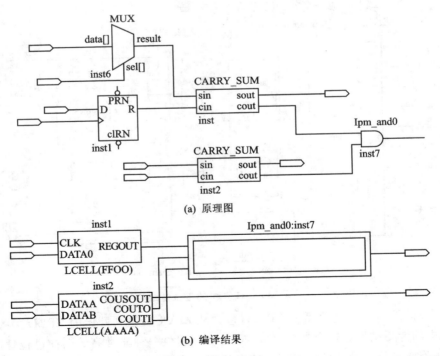

图 3-35　两个不同 CARRY_SUM 的 cout 端口驱动同一个与门

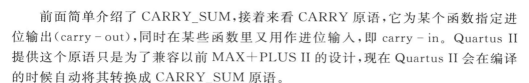

前面简单介绍了 CARRY_SUM,接着来看 CARRY 原语,它为某个函数指定进位输出(carry-out),同时在某些函数里又用作进位输入,即 carry-in。Quartus II 提供这个原语只是为了兼容以前 MAX+PLUS II 的设计,现在 Quartus II 会在编译的时候自动将其转换成 CARRY_SUM 原语。

和前面介绍的 LCELL 一样,Quartus II 软件中同样存在一些和进位原语相关的设置,列举如下:
- Auto Carry Chain;
- Ignore Carry Buffers;
- Carry Chain Length;

注意以上介绍的实例以及上述 3 个设置,笔者只在 Quartus II 低版本上看到起过作用,目前使用的 Quartus II 11.1 版本虽然可以例化进位原语,但是编译后似乎都被自动优化掉了,而且改动上述设置也不起作用。也就是说,现在 Quartus II 版本更多地推荐用户进行代码设计,而让工具自动推导引入进位链,而不是让用户手动例化进位链,不过笔者经过 FPGA TDC 实践还是可以通过某些间接方式利用 Altera 器件中进位链这种专用结构。

3.8 小 结

本章主要介绍了 Altera 对于自己的器件有哪些推荐的设计方法或者要求,对于 Quartus II 软件,Altera 也有一些建议给用户,这章也涉及这方面内容。本章最后介绍了 Quartus II 自带的几个原语,并通过简单的例子来说明其用法。

第 4 章
使用 ModelSim 进行仿真

FPGA 设计输入基本完成后就可以开始进行设计仿真了，Altera 的 Quartus Ⅱ 以前提供自己的仿真工具，同时一直推荐客户使用 ModelSim 来仿真自己的设计。笔者发现最新的 Quartus Ⅱ 软件已经不提供 Altera 自己的仿真器了，要想在 Quartus Ⅱ 软件中直接仿真，那么必须在设置里指定一个需后台调用的第三方仿真工具。对自己的设计进行仿真还是必要的，不过更多的是进行功能仿真，然后进行静态时序分析，最后直接进入 debug。而仿真的工具多使用 Mentor 的 ModelSim，本章介绍如何使用 ModelSim 来仿真 FPGA 设计。

4.1 ModelSim 仿真工具介绍

ModelSim 是由 Mentor Graphic 公司开发的仿真软件，可以仿真由 Verilog 以及 VHDL 语言开发的设计。ModelSim 有很多版本（不是随时间更新的版本），比如 OEM、SE 以及 PE 版本。

Mentor 公司授权给 FPGA 厂家一个版本，即 OEM 版本，该版本只能仿真该厂家的器件，比如 ModelSim-Altera 只能仿真 Altera 的器件。OEM 版本一般随厂家的开发软件一同提供给客户，Altera 的 OEM 版本又分为两种，其中还有一种权限更低的版本，即 Starter 版本，其主要是对被仿真设计的代码大小有限制，要求不能大于 10 000 行。

所谓的 PE 版本是只能在 PC 平台使用的版本，而 SE 版本是集合了 PE 版本所有特性并带有其他特性的最原始版本，所以建议使用 SE 版本。

下面逐个认识 ModelSim 的各个用户接口，只有在熟悉软件工具的基础上才能更好地完成仿真。图 4-1 展示了 ModelSim 的各个窗口，初学者可以通过 GUI 了解并学习如何对自己的设计进行仿真。笔者发现 ModelSim 和 Quartus Ⅱ 软件有一个共同的特点就是对 TCL 脚本的良好支持，所以逐渐深入学习以后，设计者可以通过

第4章 使用 ModelSim 进行仿真

交互命令窗口输入各种仿真命令,更深入一步还可以使用 TCL 编写仿真脚本;而且 ModelSim 有自己定义的 ModelSim Macros,这些 Macros 可以存储在 DO 文件中,了解部分 Macros 对于提高仿真效率很有好处,后续章节有所介绍。当然,最高级的仿真,笔者认为还是实现仿真的自动化,就像前面介绍的 Quartus II 开发自动化及后续将要介绍的调试自动化一样使用批处理。

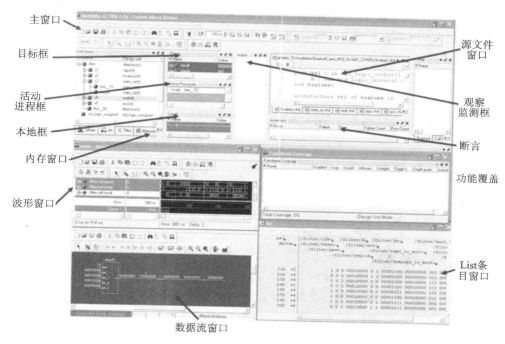

图 4-1 ModelSim 仿真软件界面

ModelSim 一共有近十几个窗口需要用户了解,初学时可以学习各个窗口之间的关系,仿真的时候没有必要打开所有窗口,而且默认情况下 ModelSim 也并不一定打开所有窗口,用户可以根据需要在 View 菜单中打开相应的窗口。

各个窗口之间可以相互拖拽 HDL"信号"或"单元"到其他窗口,用户可以直接使用鼠标左键进行拖拽,从一个窗口拖拽并放入另一个窗口。可以拖拽的窗口有 Dataflow、Objects、Source、Structure、Locals 以及 Wave windows,从这些窗口里拖拽出来的信号可以丢入 Wave 或者 List 窗口。一般仿真时候做得最多的是给波形窗口添加观测信号,这时候可以使用这种方法进行拖拽添加。

在使用 TestBench 进行仿真之前,可以通过在波形窗口给某些常量或者状态单一的变量使用 force 命令分配状态,建议使用 Testbench 进行仿真。

4.2 使用 ModelSim 软件进行仿真

本节介绍使用 ModelSim 进行仿真的基本流程,首先介绍如何通过图像用户界面进行仿真,接着介绍通过建立仿真工程来完成仿真。对仿真流程比较熟悉以后,可以考虑使用脚本来完成自己的仿真,这将在下一节来介绍。以下是使用 ModelSim 进行仿真的基本步骤:

① 创建库。
② 映射库到物理路径。
③ 编译源代码,仿真前所有源代码都必须编译。
④ 开始仿真,加载设计单元顶层。
⑤ 高级仿真或调试(可选)。

4.2.1 仿真基础——利用 GUI 完成仿真

依据上述步骤,这里简单介绍一下如何通过 GUI 来进行 ModelSim 的仿真。
① 创建仿真库。
在图形界面的主窗口,选择 File→New→Library 菜单项,如图 4-2 所示,或者直接在主界面的脚本窗口里输入 TCL 命令,例如:ModelSim>vlib my_work。至于什么是 ModelSim 的库,笔者将在后面有关提取 Altera 仿真库一节进行介绍。

上述提到通过 GUI 创建一个新库的动作,相当于通过脚本执行了相应的命令,这个命令相当于在本地路径创建了一个子路径,如果不修改路径,那么就是在当前仿真路径下创建了一个 work 库(默认创建的是 work 库)。库有可能是 VHDL 或者 Verilog 库,图 4-3 显示每一个库的细节内容。

具体解释如下所示:
➢ _info:目的是让 ModelSim 将该文件夹认作是库,而不是普通的目录;
➢ _primary.dat:VHDL 的 entity 或者 Verilog 的 module 的编码格式;
➢ _primary.vhd:VHDL 实体表示 Verilog 的 ports;
➢ <arch_name>.dat:VHDL 的 architecture 的编码格式;
➢ Verilog.asm 及<arch_name>.asm:可执行的代码文件;

注意,ModelSim 包含了一些 VHDL 预先定义的库。
② 给库映射逻辑名义。
第一步创建了一个新库,这时候其实它还仅仅是一个空的文件夹,只有映射之后才有了库的"名分"。如图 4-2 所示,选择 a map to an existing library 选项,并指定库的名字后选择 Browse 找到刚才创建的新库的路径。

必须映射一个库逻辑名字给库路径,而库路径下的文件必须是已经被编译好的,或者说有了这个"名分"以后,库路径下才可以编译进去所需要的库文件,这个库才可

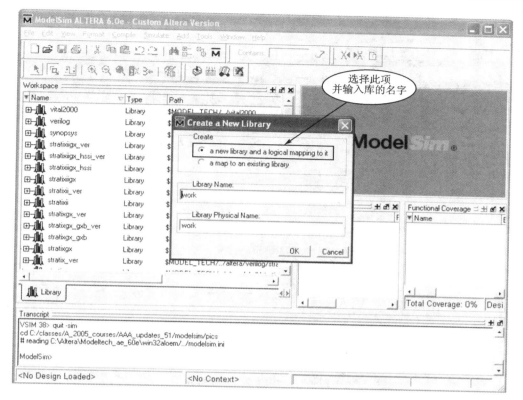

图 4-2　创建一个新的仿真库

能开始"有血有肉"了。

可以使用 vmap 命令实现上述相同的功能。还有其他一些关于库的命令,比如,vdir 命令用于显示一个指定库的内容,例如 vdir - lib library_name;vdel 命令用于删除一个指定的库或者该库中的一部分内容。当然,删除动作可以直接在 GUI 下 delete。

③ 编译源代码。

源代码编译其实就是将代码编译到刚刚创建的 work 库中,这样刚刚有了"名分"的逻辑库在通过编译以后,真正开始"有血有肉"了。在图形界面的主窗口,选择 Compile→Compile 菜单项即可,如图 4-4 所示。

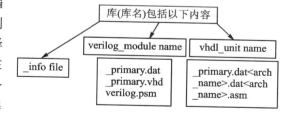

图 4-3　库包含的内容

通过上述介绍我们知道,所谓的代码编译和库编译是一样的,代码最终也是要被编译到库中,这个概念希望读者理

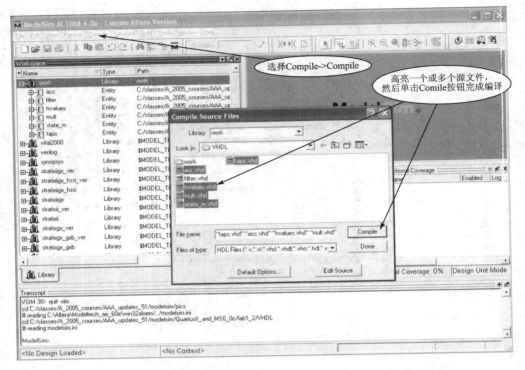

图 4-4 编译源代码或者库

解,因为后面介绍如何提取 Altera 的库到 ModelSim 中时还会涉及这个概念。ModelSim 自身带有编译器,所以当源代码有语法错误的时候会在 Transcript 窗口中用红色字体显示错误,通过双击这些红色错误可以使得源代码窗口中高亮显示出错的代码位置。

同样,编译可以通过脚本命令来完成,只是对于 VHDL 和 Verilog 需要用到不同的编译命令。VHDL 使用 vcom 命令,而 Verilog 使用 vlog 命令。下面是 VHDL 命令格式:

vcom - work <library_name> <file1>.vhd <file2>.vhd

这里需要提醒的是在编译用 VHDL 设计的代码时,ModelSim 是有编译顺序要求的,后面在介绍 Altera 库提取的时候也有相同的要求,原则如下:

➢ 实体(entity)在 architecture 之前编译;
➢ Package 申明要在 package 实体之前编译;
➢ 设计实体在被调用之前必须要先被编译;
➢ Configurations 最后被编译。

牢记上述编译顺序原则,也许仿真时候碰到莫名其妙的问题其实就是因为编译顺序不对造成的,在上述格式以及下面 Verilog 编译命令格式中是按照文件出现的先后顺序开始编译的。以下是 Verilog 编译命令格式：

vlog – work <library_name> <file1>.v <file2>.v

④ 开始仿真。

在 workplace 中选择需要仿真的模块，然后在图形界面的主窗口选择 Simulate→Start Simulate 菜单项即可，如图 4 – 5 所示。

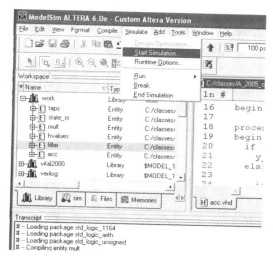

图 4 – 5　启动仿真

上述命令将启动一个开始仿真的窗口，如图 4 – 6 所示。单击 OK 就可以开始仿真，如果要进行时序或者门级仿真，那么还需要在图 4 – 6 的 SDF 选项卡添加 SDO 文件，这里不进一步介绍时序仿真。

同样的，可以使用 TCL 命令启动并完成仿真，具体命令是 vsim。VHDL 和 Verilog 使用的命令是一样的，只是 VHDL 必须仿真某个 entity 下的 architecture，而 Verilog 可以同时仿真多个顶层 module。笔者这里需要强调的是 vsim 命令的两个参数，以后用得到：

- –t：指定仿真精度，默认是 ps，可以指定为 fs、ps、ns、ms、sec、min、hr。在 Verilog 文件中一般可以通过`timescale 直接在代码里指定，如果有，那么所有文件都使用其指定的精度。
- –l：仿真库的指定，指定本次仿真将要使用到的库。

另外，在启动仿真的时候，可以通过双击顶层文件直接启动仿真。

⑤ 推进仿真或称为仿真移动。

所谓的推进仿真，就是指定仿真的时间，后续在用脚本完成仿真的时候再介绍。其使用的 TCL 命令是 run，该命令后带有具体仿真移动的时间，可以多次反复执行。

在以上介绍通过 GUI 完成仿真步骤的时候，笔者同时介绍了各个步骤的 TCL 命令，如同在 Quartus II 软件进行设计的时候，各个步骤都有相应的 TCL 命令对应，

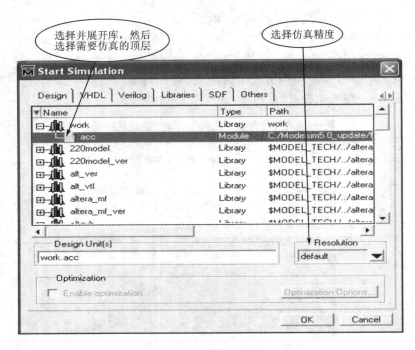

图 4-6 设置并开始仿真

记住这些命令,因为后面介绍使用脚本完成仿真的时候用得到。

4.2.2 通过创建仿真工程来设计仿真

前面介绍了通过 GUI 完成 ModelSim 仿真的时候不像 Quartus II 等软件必须规定建立一个 project,那么创建工程仿真和不创建工程仿真有什么区别呢? Modelsim 的用户手册讲了创建 project 的 benefit,同时确实提到了不同版本之间 project 转换的问题。笔者列举创建工程仿真的好处如下:

> 用户易于与 ModelSim 交互,无须理解编译器切换以及库映射等。
> 不要时刻牢记设计,因为工程可以帮助读者管理设计及编译顺序。
> 可以省略一些必要步骤,因为都在工程中存储好了。
> 允许用户共享某些库而不必将文件复制到本地,通过工程可以建立这种引用关系。
> 创建一个工程的时候自动为用户创建了一个 work 库。
> 初始化设置(配置文件 modelsim.ini)都保存在工程文件中,所以工程一打开就已经完成了基本的仿真设置。

从保证工程的完整性上来看,二者应该没有区别,都保存了编译、链接、仿真需要的所有信息。从工程的管理和维护的角度看,二者有一些区别,主要表现在具体的应用环境中,对维护一个完整工程所需要的信息进行分类、历史追踪、备份转移等操作

第4章 使用 ModelSim 进行仿真

的难易程度上。在使用 SVN、CVS 等版本管理工具的环境下,batch 方式是一种最容易维护的仿真方式,后面在自动化仿真介绍中有详细介绍。

还要考虑的因素有:一是 mpf 文件格式在不同的 ModelSim 版本下的兼容问题;二是有没有可能无意中修改或覆盖 mpf 文件,在缺少版本控制的情况下,这种问题不太容易发现。

考虑到建立工程的优点和缺点,下面开始学习通过建立工程来仿真设计。尽管新的 ModelSim 版本不会兼容老版本下的工程,但这不是问题,因为笔者从来不使用手动创建工程来仿真,都是通过 TCL 自动化完成,也就是说每次仿真的工程都是新建的,避免了跨版本时的兼容问题。考虑到初学者,这里先介绍如何手动创建仿真工程。

前面提到 ModelSim 的工程文件名叫 MPF,其主要包含以下内容:
➢ 根目录以及子目录信息;
➢ Work 库和其他工程库或者引用库信息;
➢ HDL 源文件或者被引用的源文件;
➢ 编译器和仿真器设置。

图 4-7 展示了基本仿真流程和仿真工程流程的比较,其中,图 4-7(c)还展示了多库仿真流程,即没有事先提取好 Altera 库的情况下使用 ModelSim SE 版本仿真Altera 器件时经常使用的流程。

(a) 基本仿真流程　　(b) 工程仿真流程　　(c) 多库仿真流程

图 4-7　仿真流程比较

前面笔者提到,笔者更希望使用建立工程来仿真。如果建立了工程,那么每次启动 ModelSim 的时候会自动打开上次关闭时最后打开的工程。下面根据图 4-7 中间的流程来介绍如何通过创建工程来进行仿真,注意本节仿真方法其实还是属于GUI 方式。在图形界面的主窗口,选择 File→New→Project 菜单项,弹出如图 4-8 所示的工程创建界面。

图 4-8　创建仿真工程

输入工程名字并进行相关设置,单击 OK 完成工程创建,这样在建立仿真工程的同时自动建立了一个 work 库。创建完工程,在 ModelSim 主界面的 Library 页旁边多出一页 Project，激活工程页面，接着是将源文件加入到工程，选择 Project→Add to project→Existing files 菜单项弹出如图 4-9 所示界面。

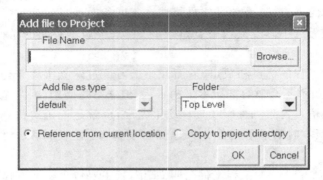

图 4-9　添加源文件到仿真工程

也可以通过在工程页空白处右击找到相同的命令，单击图 4-9 中的 Browse 按钮浏览找到源文件，高亮选择需要添加的文件，单击 OK 完成。下面就是对添加的文件进行编译，在工作区选择工程页面，然后选择一个或多个文件再右击在弹出的级联菜单中找到编译命令，如图 4-10 所示。

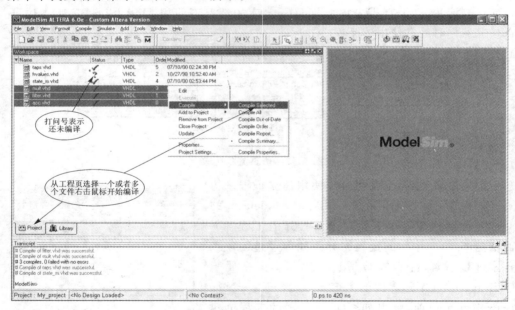

图 4-10　编译工程中的源文件

后面的步骤和上一节介绍的一样，这里不再赘述。

4.3 为 ModelSim 独立版本提取 Altera 仿真库

Mentor 的 ModelSim 每个系列有好几个版，比如 PE、SE 以及 OEM 版。OEM 就是 Mentor 针对各个 EDA 公司出的版本，比如针对 Altera 的叫 AE，AE 版本不需要设计者再单独提取仿真库，只有独立版本需要提取器件厂家的库。

提取（调用）仿真库一般有两种方法。我们知道 ModelSim 把库（library）分成两种即 resource library（一般称为常用库或者自带库）和 working library（工作库），笔者所说的两种方法就是把库提取成 resource library 或者 working library。而所谓的 working library 就是把所需的库当成 source（即源代码）编译到读者的 work 库中即可。例如，要仿真 Altera 的器件，那么将 Altera 的各种库文件编译到工程的 work 库里也可以完成仿真，只是下一次换一个目录就找不到这次的工作库了，就需要再次编译提取一次，比较麻烦。笔者不建议这样仿真，这里介绍一种一劳永逸的办法，即库提取以后，每次启动 ModelSim 时会自动找到已经提取好的 Altera 库。

4.3.1 提取 Altera 仿真库的步骤

Altera 的库文件很多，不同设计仿真的时候需要不同的库文件（这些库文件种类将在下一节进行介绍）。Quartus II 软件安装完成以后，这些库文件就放在安装目录下的\quarturs\eda\sim_lib 文件夹下。所以，开始提取 Altera 库到 ModelSim 独立版本时要遵循以下步骤：

① 选择路径。启动 ModelSim SE 仿真软件，在主窗口中选择 File→change directory 菜单项，将 ModelSim 的工作目录改变到我们将要存放仿真库的目录，建议放在 ModelSim 的安装目录下，然后单击 OK 完成。

② 创建仿真库。在主窗口中选择 File→new→library 菜单项，在弹出的 create a new library 窗口中将选项 create 设置为 a new library and a logical mapping to it，在 libryr name 和 library physical name 中输入所要创建库的名字，如 altera_library，此时主窗口中已多了一个 altera_library（empty）项。注：这个过程实质上相当于在 ModelSim 主窗口的脚本区域中输入了 vlib 和 vmap 命令。

③ 编译库。在 workspace 的 library 中选中刚刚创建的库 altera_library（empty），在主菜单中选 compile→compile 菜单项，在弹出的 compile source file 窗口中 libaray 下拉菜单选中你的库名，在"查找范围"中选择 quarturs 安装目录\quarturs\eda\sim_lib 文件夹，找到需要编译到此库的库文件，执行 Compile 命令对库文件进行编译，编译结束单击 Done 完成。下一节会介绍，我们其实需要创建并编译各种不同的库。

④ 配置 ModelSim。在做以上所有步骤之前，应该先将 modelsim 根目录下配置文件 modelsim.ini 的属性只读改为可写，这样编译库的时候会在该文件中自动产生

新库的地址映射信息,否则需要人工设置。另外,这样做还可使软件记录仿真库的路径以及映射关系,以后每次启动 ModelSim 时就会根据.ini 文件中的自身配置寻找仿真库,并且形成映射关系。注:如果启动时出现"仿真库名(unavailable)"可选中它右击选择 edit 来指定路径。

至此,仿真库已创建,以后对 Altera 设计仿真都不需要做库处理了。如果在编译库文件之前就更改了配置文件的属性,一般不会出现 unavailable 的现象。最保险的方式就是自己手动添加,比如:

Altera_libs = $MODEL_TECH/../modelsim_altera_libs

另外,为了避免上述配置麻烦,则在创建新库的时候,在 library physical name 输入新创建库的绝对地址就可以,从而避免了以上的配置过程。根据笔者的经验,还是手动来修改配置文件 modelsim.ini 比较安全,因为在实际工作过程中,计算机也许需要重装系统,那么在重装系统之前,我们可以将已经编译好的库进行备份,这样系统重装好并安装完 ModelSim 软件之后就不需要再进行上述库提取工作。只是需要手动指定库的物理路径即可,这样很方便,这才是真正意义上的"一劳永逸"。

新版本(笔者的体验至少是在 6.3B 版本)仿真 Altera 的 IP 或者宏函数,如果程序选择 VHDL,则必须单独建立并编译 lpm、altera_mf、sgate 等库,不能笼统地将一个 Altera 库或者和 work 库编在一起。如果是 Verilog,则可以使用上述笼统的编译库方法。

下面介绍上述"一劳永逸"的操作过程,笔者将 ModelSim 从 6.3B 版本升级到 6.5A 版本,于是在老版本下提取的 Altera 库需要重新映射,而无须重新编译提取。这个映射过程其实也是一个导入过程,具体步骤如下:

① 打开 ModelSim 6.5A,选择 File→import→library 菜单项,则弹出如图 4-11

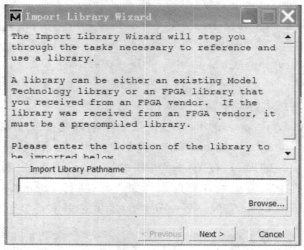

图 4-11 导入库到 ModelSim

所示的界面。在 Import Library Pathname 空格中指定要导入的 Altera 库路径，比如 D:\Modeltech_6.3b\Altera_VHDL\Altera_mf，如果输入的路径不是库路径 ModelSim 则给出错误提示，要求用户改变路径，否则无法进入下一步，单击 Next 进入下一步，如图 4-12 所示。

② 如图 4-12 所示，Libray Information 界面中显示的是被导入库的基本信息。这里需要注意的是，有些库可能依存其他库，比如器件库需要 sgate 库，所以在导入器件库之前比如先导入或者先编译好 sgate 库（sgate 需要 lpm 库），可以看到这里导入 Arrigx 库的时候发现 sgate 已经 map 好了，假如没有 sgate 库，此时会提示 sgate not Found。单击 Next 进入下一步，如图 4-13 所示。

③ 如图 4-13 所示，指定被导入库的路径，直接指定该库存放的位置即可。

图 4-12　导入库信息

图 4-13　指定被导入库的路径

以上就是简单的库映射工作，根据笔者的经验，系统或者软件重装以后，以前提取好的库可以重新使用，按照上述步骤重新映射即可；也可以直接手动修改配置文件，初学者建议使用 GUI 进行映射，熟悉以后可以直接修改配置文件。注意，配置文件不能随意修改，否则会导致 ModelSim 无法使用。

4.3.2　仿真 Altera 器件到底需要提取哪些库

一般仿真 Altera 器件的时候，需要的库包括（在 ModelSim AE 版本中可以直接看到）lpm、sgate、altera_mf、altera 以及相应的器件库（做时序仿真的时候器件库必需，不过功能仿真可以不包含）。高速器件如果需要仿真 GXB 模块，那么功能仿真的时候有个库是必需的，即 hssi 库。表 4-1 显示了各种库所需的源文件。图 4-14 显示了已经将基于 VHDL 的 Altera 仿真库提取完后 ModelSim 的视图，可以看到上述提到几个库都在，其中多了一个器件库（ArriaGX）。前面提到，在 6.3B 版本的时候，仿真 Altera 的 IP 或者宏函数的时候，如果生成设计文件的时候基于 VHDL，那么必须单独建立并编译上述各个库，不能笼统地编译一个 Altera 库或者和 work 库编在一起；如果是 Verilog 则可以，具体原因现在不可查。这里还要介绍的是虽然按照上述命名将各种库分开编译建立，但是如果将 VHDL 和 Verilog 库编译在一起是否可行，而不必分别建立诸如 lpm 和 lpm_ver 分开的库呢？

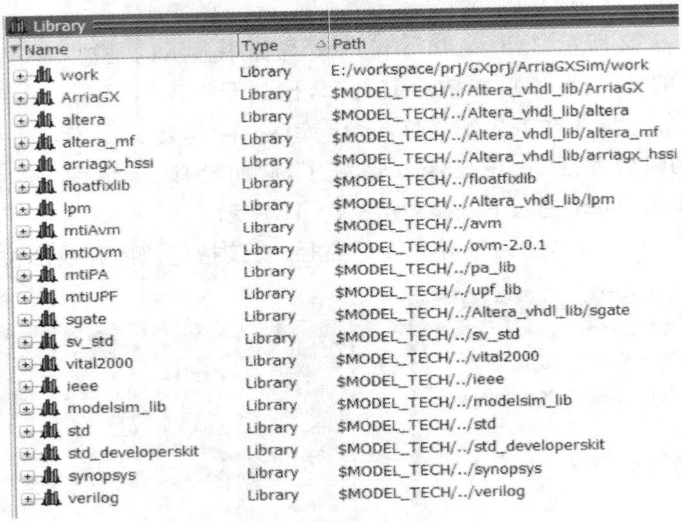

Name	Type	Path
work	Library	E:/workspace/prj/GXprj/ArriaGXSim/work
ArriaGX	Library	$MODEL_TECH/../Altera_vhdl_lib/ArriaGX
altera	Library	$MODEL_TECH/../Altera_vhdl_lib/altera
altera_mf	Library	$MODEL_TECH/../Altera_vhdl_lib/altera_mf
arriagx_hssi	Library	$MODEL_TECH/../Altera_vhdl_lib/arriagx_hssi
floatfixlib	Library	$MODEL_TECH/../floatfixlib
lpm	Library	$MODEL_TECH/../Altera_vhdl_lib/lpm
mtiAvm	Library	$MODEL_TECH/../avm
mtiOvm	Library	$MODEL_TECH/../ovm-2.0.1
mtiPA	Library	$MODEL_TECH/../pa_lib
mtiUPF	Library	$MODEL_TECH/../upf_lib
sgate	Library	$MODEL_TECH/../Altera_vhdl_lib/sgate
sv_std	Library	$MODEL_TECH/../sv_std
vital2000	Library	$MODEL_TECH/../vital2000
ieee	Library	$MODEL_TECH/../ieee
modelsim_lib	Library	$MODEL_TECH/../modelsim_lib
std	Library	$MODEL_TECH/../std
std_developerskit	Library	$MODEL_TECH/../std_developerskit
synopsys	Library	$MODEL_TECH/../synopsys
verilog	Library	$MODEL_TECH/../verilog

图 4-14　提取了基于 VHDL 的 Altera 库到 ModelSim

表 4-1　仿真库编译所需文件

库　名	语言选择	编程序所需文件
lpm	VHDL	220pack. vhd 及 220model. vhd
	Verilog HDL	220model. v
sgate	VHDL	sgate_pack. vhd(有些版本该库文件要首先编译)及 sgate. vhd
	Verilog HDL	sgate. v 及 nopli. v
altera_mf	VHDL	altera_mf_components. vhd(该库文件要首先编译)及 altera_mf. vhd
	Verilog HDL	altera_mf. v
altera	VHDL	altera_primitives_components. vhd(先编译)及 altera_primitives. vhd
	Verilog HDL	altera_primitives. v
arriagx_hssi	VHDL	Arriagx_hssi_components. vhd(先编译)及 arriagx_hssi_atoms. vhd
	Verilog HDL	arriagx_hssi_atoms. v
arriagx	VHDL	arriagx_atoms. vhd(先编译)及 arriagx_components. vhd
	Verilog HDL	arriagx_atoms. v

图 4-15 是笔者一直在使用的基于 VHDL 的 sgate 仿真库，根据上述描述，笔者想将两类 HDL 库编译在一起，结果如图 4-16 所示；之前编译好的同名的库被替换了，由此证明无法将两类 HDL 相同的库编译在一起，必须分开命名。所以依据表 4-1 新

建 Verilog 库，并在库名后加 ver 后缀以示区别。

创建上述新库之前，一般先创建一个新库存放的目录。为了区别与 VHDL，这里重新创建一个 Altera_verilog_lib 目录。首先创建 lpm_ver 库，如图 4-17 所示。

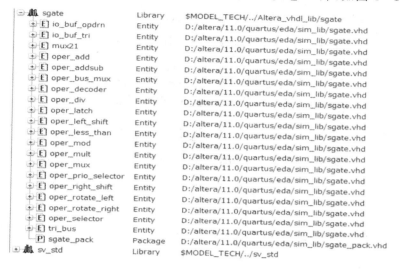

图 4-15　基于 VHDL 的 sgate 库

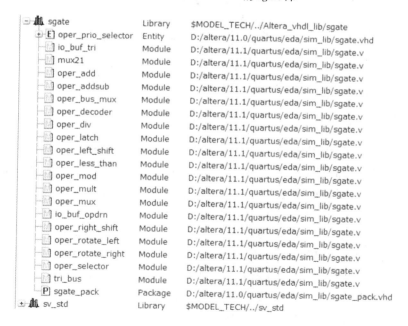

图 4-16　在原有 sgate 库基础上编译 Verilog 库文件后的结果

图 4-17 只是新建了一个库，并没有对其进行编译，也没有配置映射（map），所以如果这时候关掉软件重新打开，则弹出如图 4-17 所示的 unavailable。按照前面

```
⊕ ▥ lpm                              Library    $MODEL_TECH/../Altera_vhdl_lib/lpm
  ▥ lpm_ver (unavailable...Library             lpm_ver
⊕ ▥ mtiAvm                           Library    $MODEL_TECH/../avm
```

图 4-17　新建的 lpm_ver 库

介绍的内容依次创建其他的库并编译，最后别忘记对库地址进行配置映射，否则还是会显示 unavailable。

图 4-18 是 Verilog 库编译建立好之后 ModelSim 库页面视图，这样就可以仿真 Altera 设计了，不管设计是基于 VHDL 还是 Verilog。

```
⊕ ▥ ArriaGX                          Library    $MODEL_TECH/../Altera_vhdl_lib/ArriaGX
  ▥ altera                           Library    $MODEL_TECH/../Altera_vhdl_lib/altera
  ▥ altera_mf                        Library    $MODEL_TECH/../Altera_vhdl_lib/altera_mf
  ▥ altera_mf_ver                    Library    $MODEL_TECH/../Altera_verilog_lib/altera_mf_ver
  ▥ altera_ver                       Library    $MODEL_TECH/../Altera_verilog_lib/altera_ver
  ▥ arriagx_hssi                     Library    $MODEL_TECH/../Altera_vhdl_lib/arriagx_hssi
  ▥ floatfixlib                      Library    $MODEL_TECH/../floatfixlib
⊕ ▥ lpm                              Library    $MODEL_TECH/../Altera_vhdl_lib/lpm
  ▥ lpm_ver                          Library    $MODEL_TECH/../Altera_verilog_lib/lpm_ver
  ▥ mtiAvm                           Library    $MODEL_TECH/../avm
  ▥ mtiOvm                           Library    $MODEL_TECH/../ovm-2.0.1
  ▥ mtiPA                            Library    $MODEL_TECH/../pa_lib
  ▥ mtiUPF                           Library    $MODEL_TECH/../upf_lib
⊕ ▥ sgate                            Library    $MODEL_TECH/../Altera_vhdl_lib/sgate
  ▥ sgate_ver                        Library    $MODEL_TECH/../Altera_verilog_lib/sgate_ver
  ▥ stratixigx_hssi_ver              Library    $MODEL_TECH/../Altera_verilog_lib/stratixiigx_hssi_ver
⊕ ▥ sv_std                           Library    $MODEL_TECH/../sv_std
⊕ ▥ vital2000                        Library    $MODEL_TECH/../vital2000
⊕ ▥ ieee                             Library    $MODEL_TECH/../ieee
⊕ ▥ modelsim_lib                     Library    $MODEL_TECH/../modelsim_lib
  ▥ std                              Library    $MODEL_TECH/../std
⊕ ▥ std_developerskit                Library    $MODEL_TECH/../std_developerskit
⊕ ▥ synopsys                         Library    $MODEL_TECH/../synopsys
⊕ ▥ verilog                          Library    $MODEL_TECH/../verilog
```

图 4-18　重新编译建立的 Verilog 仿真库与 VHDL 仿真库并存

以上事实说明，同样的库 VHDL 和 Verilog 必须分开放置，否则编译提取的时候先提取的会被后提取的覆盖掉。笔者建议如果需要分别对 VHDL 和 Verilog 进行仿真，最好像图 4-18 那样来提取 Altera 的库。

最后，笔者对配置文件进行简单的介绍。ModelSim 的配置文件是一个名字叫 modelsim.ini 的 ASCII 码文件，可以由用户来控制并修改。这个文件是在 ModelSim 安装的时候在安装目录下自动生成的，可以被编译器以及仿真器使用（注意 ModelSim 包含编译器）。此外，该配置文件主要还包括下列一些初始化信息：库位置信息、软件启动文件位置信息及其他 ModelSim 默认设置。

上述"库位置信息"在进行库提取的时候非常有用，用户提取仿真库以后必须配置好这个位置信息，不然会如图 4-17 那样，尽管仿真库编译好还是会因为找不到位置而无法使用。

ModelSim 按照以下顺序搜索配置文件 modelsim.ini：
① 环境变量"MODELSIM"直接指定的 modelsim.ini 文件。
② 位于当前工作目录下的 modelsim.ini 文件。
③ 默认 ModelSim 软件安装目录下 modelsim.ini 文件。

4.4 教你如何用脚本完成 ModelSim 的自动化仿真流程

前面在介绍 GUI 以及使用仿真工程进行仿真的时候,笔者介绍了各个步骤的 TCL 命令,这一节将介绍如何将这些 TCL 命令组织到一个脚本文件中,从而可以通过 source 脚本文件来自动化完成仿真。

实际工作过程中,笔者根据不同的需求会使用两种方式,一种是手动通过 GUI 方式建立 project,添加所需的 source files,然后建立两个 do 文件,分别叫 sim.do 和 wave.do(名字可以自己任意取),最后在 GUI 命令行执行"do sim.do"即可完成仿真。笔者称这种方式为半自动化仿真,或者称为部分批处理方式。下面介绍一种完全批处理方式,即采用 batch 文件来完成仿真。

学过 dos 系统的都知道 bat 文件跟 exe 文件一样,为 dos 系统下的可执行文件,用文本创建一个 batch 文件,包含以下命令：

vsim - do sim.do（自动调用 ModelSim GUI 完成整个流程）

或者：

vsim - c - do sim.do（命令行方式自动完成整个流程）

以上调用命令行方式执行 batch 命令后无法观察中间过程,若想查看中间信息,可以在 batch 文件最后增加一条 pause 命令。图 4-19 显示了 dos 下批处理的整个过程。有了完备的 sim.do 和 wave.do 以及这个批处理文件,需要仿真的时候双击这个 batch 文件,所有仿真流程都会自动走完,需要做的唯一一件事情就是到波形窗口里去看仿真结果,确认结果是否满足要求；如果不满足要求,则修改源代码,重新执行这个批处理文件,然后再次自动完成仿真。

通过以上批处理文件,读者无须打开 ModelSim 软件就可以开始启动仿真了,因为该批处理将自动完成整个仿真流程。

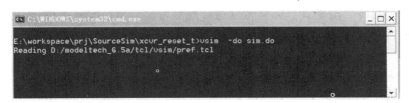

图 4-19 批处理过程

batch 文件创建完之后,需要为仿真过程创建完整的 do 文件,不同流程可以创建不同的 do 文件,可以利用 do 文件调用 do 文件,比如前面的 sim. do 文件调用 wave. do 文件,这里继续沿用两个 do 文件,将 sim. do 文件最前面增加如下命令:

project new <绝对路径>

project open

project addfile

project compileall

图 4-20 显示了修改后的 sim. do 文件。

图 4-20　仿真使用的 sim. do 文件

前面介绍了 Quartus II 工程创建编译的自动化,笔者认为 ModelSim 的自动化更值得推广,因为 FPGA 设计过程比较复杂,许多东西需要调整,比如约束、设置甚至源文件的修改等,除非用于工程移植,FPGA 的设计不要使用自动化,但是可以利用 TCL 文件对工程进行配置,这样有利于工程的管理。而 ModelSim 仿真不同,仿真过程相对简单,除了源文件修改以外,其他设置、流程基本一样,这样有利于重复使用。所以不同的仿真只是修改 TCL 文件即可,batch 之后就可以在波形窗口下看仿真结果了。

4.5　ModelSim 使用问题实例

笔者一直致力于应用自动化 ModelSim 仿真流程,由于项目需要,调整 Transceiver 的使用,将之前笔者这方只做发送修改为增加一路接收通道,在上板验证之前自己先用 ModelSim 开始仿真。

很快找到了一个 Altera 提供的例子,例程里的 ModelSim 工程无法在笔者计算机上运行,从提示的信息看应该是库的问题。显然是本地 ModelSim 的库和当初 ModelSim 工程建立时的库不一致(至少路径不一样)。

修改原始的 sim. do,保留原始 wave. do 文件以及设计源文件,建立 batch 文件开始自动化仿真,具体可以参考上一节内容。这里需要强调的是,Altera 的 sim. do 文件里不包含自动建立工程以及编译源文件命令,须修改后加入,这意味着整个仿真

第 4 章　使用 ModelSim 进行仿真

重新建立工程，更重要的是修改启动仿真的命令，这个命令里包含了调用仿真库的内容，修改后的 sim.do 文件如图 4-21 所示。

```
1  # Creat a new project - 创建一个新工程（创建工程使用绝对路径，默认创建一个work库作为工作库）
2  project new E:/workspace/prj/TechStudy/GXprj/GXB_sim/IIGX_6G32bit_Sim
3  # Open the project - 打开刚刚创建的工程
4  project open 6G32bit_Sim
5  # Add source files to the project - 在打开的工程中加入source code，包括testbench
6  project addfile Basic_6G.v
7  project addfile Basic_6G_DataGen.v
8  project addfile Basic_6G_IO.vo
9  project addfile reset_seq_tx_rx_rx_cruclk_rx_clkout.v
10 project addfile Basic_6G_tb.v
11
12 # Compile all source files and testbench - 编译所有的源文件
13 project compileall
14
15 # Load design into simulator incorporating megafunction and transceiver libraries
16 vsim -L lpm_ver -L altera_ver -L sgate_ver -L stratixiigx_hssi_ver -t 1ps work.Basic_6G_tb
17
18 # Set up Wave window with intrested signals
19 do wave.do
20
21 # Run simulation for 5 us
22 run 3 us
```

图 4-21　用于自动化仿真的 do 文件

运行 batch 文件开始自动化仿真，发现仿真到最后一步，即调用 wave.do 往 wave 窗口加入观测信号的时候出现 error，如图 4-22 所示，错误的内容是很多信号不知道什么原因在添加到波形窗口的时候报错。

```
# Transcript
# Executing ONERROR command at macro ./wave.do line 4
# ** Error: (vish-4014) No objects found matching '/Basic_6G_tb/Basic_6G_inst/top_calibration_clk'.
# Executing ONERROR command at macro ./wave.do line 5
# ** Error: (vish-4014) No objects found matching '/Basic_6G_tb/Basic_6G_inst/top_tx_ref_clk'.
# Executing ONERROR command at macro ./wave.do line 11
# ** Error: (vish-4014) No objects found matching '/Basic_6G_tb/Basic_6G_inst/pll_locked'.
# Executing ONERROR command at macro ./wave.do line 12
# ** Error: (vish-4014) No objects found matching '/Basic_6G_tb/Basic_6G_inst/tx_clkout'.
# Executing ONERROR command at macro ./wave.do line 13
# ** Error: (vish-4014) No objects found matching '/Basic_6G_tb/Basic_6G_inst/tx_dataout'.
# Executing ONERROR command at macro ./wave.do line 16
# ** Error: (vish-4014) No objects found matching '/Basic_6G_tb/Basic_6G_inst/top_rx_serial_datain'.
# Executing ONERROR command at macro ./wave.do line 18
# ** Error: (vish-4014) No objects found matching '/Basic_6G_tb/Basic_6G_inst/rx_pll_locked'.
# Executing ONERROR command at macro ./wave.do line 19
# ** Error: (vish-4014) No objects found matching '/Basic_6G_tb/Basic_6G_inst/rx_freqlocked'.
# Executing ONERROR command at macro ./wave.do line 20
# ** Error: (vish-4014) No objects found matching '/Basic_6G_tb/Basic_6G_inst/rx_clkout'.
# Executing ONERROR command at macro ./wave.do line 21
# ** Error: (vish-4014) No objects found matching '/Basic_6G_tb/Basic_6G_inst/rx_patterndetect'.
# Executing ONERROR command at macro ./wave.do line 22
# ** Error: (vish-4014) No objects found matching '/Basic_6G_tb/Basic_6G_inst/rx_syncstatus'.
# Executing ONERROR command at macro ./wave.do line 24
# ** Error: (vish-4014) No objects found matching '/Basic_6G_tb/Basic_6G_inst/rx_byteorderalignstatus'.
# Executing ONERROR command at macro ./wave.do line 25
# ** Error: (vish-4014) No objects found matching '/Basic_6G_tb/Basic_6G_inst/rx_dataout'.
# Executing ONERROR command at macro ./wave.do line 26
# ** Error: (vish-4014) No objects found matching '/Basic_6G_tb/Basic_6G_inst/rx_ctrldetect'.
# Executing ONERROR command at macro ./wave.do line 27
# ** Error: (vish-4014) No objects found matching '/Basic_6G_tb/Basic_6G_inst/rx_disperr'.
# Executing ONERROR command at macro ./wave.do line 28
# ** Error: (vish-4014) No objects found matching '/Basic_6G_tb/Basic_6G_inst/rx_errdetect'.
# Executing ONERROR command at macro ./wave.do line 29
```

图 4-22　Add to wave 时发生的错误

不过该错误似乎不影响整个仿真流程走完，查看 wave 窗口发现有部分信号被成功添加到了 wave 窗口，如图 4-23 所示。

这个例子是 Altera 提供的，源文件笔者并没有修改，所以设计不会有问题。笔

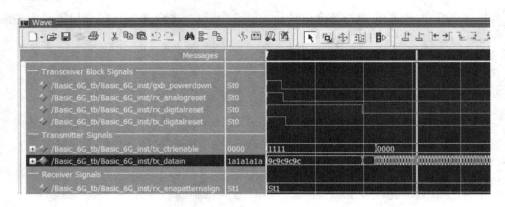

图 4-23 Add signals wave 窗口报错时的 Wave 窗口结果

者修改的是 sim.do 文件,但是从上述仿真过程来看问题应该不是出在 sim.do 文件上,因为过程中的 ModelSim 工程建立、源文件编译、启动仿真再到调用仿真库都通过了,唯独在添加信号到波形窗口时出问题。

分析图 4-22 中的错误发现,所有错误属于同一类型,错误提示信息中有个关键词"Executing ONERROR command at macr"。那么也就是在 sim.do 调用 wave.do 的时候执行了一条"ONERROR"命令,并且出错。查看 wave.do 文件,发现第一条命令就是这个"ONERROR",如图 4-24 所示。

```
1 onerror {resume}
2 quietly WaveActivateNextPane {} 0
3 add wave -noupdate -divider -height 25 {Transceiver Block Signals}
4 add wave -noupdate -format Logic /Basic_6G_tb/Basic_6G_inst/top_async_reset
5 add wave -noupdate -format Logic /Basic_6G_tb/Basic_6G_inst/top_calibration_clk
6 add wave -noupdate -format Logic /Basic_6G_tb/Basic_6G_inst/gxb_powerdown
7 add wave -noupdate -format Logic /Basic_6G_tb/Basic_6G_inst/rx_analogreset
8 add wave -noupdate -format Logic /Basic_6G_tb/Basic_6G_inst/rx_digitalreset
9 add wave -noupdate -format Logic /Basic_6G_tb/Basic_6G_inst/tx_digitalreset
```

图 4-24 wave.do 中的 ONERROR 命令

一开始并没有仔细查阅这条命令的具体作用,想当然地认为既然它有问题,那么就把它屏蔽掉就可以了,然后重新启动仿真,结果发现还是出类似的问题,只不过区别是错误只报图 4-22 中的第一条而已,然后仿真就结束,而且波形窗口一个信号也没有添加。很明显这个 oneerro 命令(特别是其参数 resume)就是当启动波形窗口的时候遇到错误并恢复,而不是停止仿真。所以当屏蔽这个命令后,wave.do 中添加第一个信号的时候就出现问题,从而退出仿真,波形窗口里也就未添加任何信号。总之,这个问题本质并不是由这个命令产生的。

仔细分析如图 4-25 所示的 ModelSim 给出的整个仿真过程的提示信息,可以看到其中一句"Note:(vsim-3812) Design is being optimized...",也就是说这个仿真工程在仿真的时候是首先被优化的,根据以往的经验,ModelSim 的优化经常"不干什么好事"。

```
# do sim.do
# Loading project 6G32bit_Sim
# Compile of Basic_6G.v was successful.
# Compile of Basic_6G_DataGen.v was successful.
# Compile of Basic_6G_IO.vo was successful.
# Compile of reset_seq_tx_rx_rx_cruclk_rx_clkout.v was successful.
# Compile of Basic_6G_tb.v was successful.
# 5 compiles, 0 failed with no errors.
# vsim -L lpm_ver -L altera_ver -L sgate_ver -L stratixiigx_hssi_ver -t 1ps work.Basic_6G_tb
# ** Warning: (vsim-WLF-5000) WLF file currently in use: vsim.wlf
#              File in use by: Administrator  Hostname: JERRY  ProcessID: 244
#              Attempting to use alternate WLF file "./wlft5ytz50".
# ** Warning: (vsim-WLF-5001) Could not open WLF file: vsim.wlf
#              Using alternate file: ./wlft5ytz50
# ** Note: (vsim-3812) Design is being optimized...
# Loading work.Basic_6G_tb(fast)
```

图 4 – 25　Modelsim 信息窗口

修改 sim.do 中的 vsim 参数,即添加一个不使工程优化参数:-novopt,重新仿真,结果一切正常,波形窗口如图 4 – 26 所示。

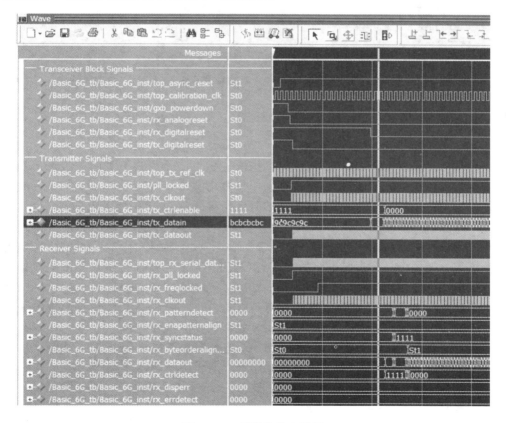

图 4 – 26　正常的仿真结果

这次经历促使笔者后来重新审视 ModelSim 脚本中众多命令的含义了。比如

wave.do 中的命令以前关注得就不多,只是掌握了添加波形的几条命令,其他命令并没有深究其具体含义,侧重点多放在 sim.do 里的命令。如果使用自动化仿真方法,则还需要关注如图 4-24 开头以及 wave.do 结尾的几个命令(如图 4-27 所示),这些命令一般都是用于编辑 wave 窗口显示状态的,比如可以通过 tcl 命令设置 wave 里信号是按 hex 模式还是模拟方式来显示、以及放大显示还是缩小显示等。

```
28 add wave -noupdate -format Literal /Basic_6G_tb/Basic_6G_inst/rx_disperr
29 add wave -noupdate -format Literal /Basic_6G_tb/Basic_6G_inst/rx_errdetect
30 TreeUpdate [SetDefaultTree]
31 WaveRestoreCursors {{Cursor 1} {606830 ps} 0}
32 configure wave -namecolwidth 317
33 configure wave -valuecolwidth 100
34 configure wave -justifyvalue left
35 configure wave -signalnamewidth 0
36 configure wave -snapdistance 10
37 configure wave -datasetprefix 0
38 configure wave -rowmargin 4
39 configure wave -childrowmargin 2
40 configure wave -gridoffset 0
41 configure wave -gridperiod 1
42 configure wave -griddelta 40
43 configure wave -timeline 0
44 update
45 WaveRestoreZoom {1346801 ps} {1362602 ps}
```

图 4-27 wave 窗口配置命令

4.6 教你如何写 TestBench

一直以来笔者都认为 TestBench 没有多重要,也许是因为笔者的工程过于简单或者很少进行特别复杂的仿真,笔者都采用模块化设计,所以仿真和调试大部分时间是针对一个个模块,这样在写测试激励的时候相对简单,大大降低了仿真的难度。

个人理解测试激励的编写和编写一般的 HDL 代码没有太大区别,但是要理解有些用于编写测试激励的代码在 EDA 综合工具中是无法综合成具体电路的,所以这些语句不能用于具体逻辑电路的实现,只能用于仿真。以前传统的 Quartus II 版本测试激励一般使用画波形文件的方式来完成,而老的 ModelSim 版本测试激励通过 Force 文件来完成,所以相互之间是不兼容的,建议采用 HDL 文件来编写或者管理自己的测试激励,这样可以大大降低仿真难度和提高仿真效率。

通常来讲测试激励分为 3 种级别,第一类是给目标代码提供激励,代码的输出需要人工查看;第二类是给目标代码提供激励的同时完成功能验证;最后一类是给目标代码提供激励的同时完成输出的时序验证。

笔者多使用第二级别,完成功能验证即可,然后在波形窗口查看仿真结果即可,时序验证交给最终的测试完成。

有了 Testbench,那么如果建立仿真工程,TestBench 就是工程的顶层(top – level),如图 4 – 28 所示。

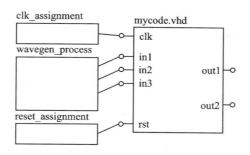

图 4 – 28 通用 TestBench 结构

TestBench 里主要是时钟和复位信号的产生,下面是 VHDL 使用进程产生时钟激励的代码:

```
clock_gen : PROCESS
        BEGIN
                tclk <= '0';
                WAIT FOR 25 ns;
                tclk <= '1';
                WAIT FOR 25 ns;
        END PROCESS clock_gen;
```

而 Verilog 产生时钟激励的代码,一般使用 always 模块:

```
always #25 tclk = (tclk !== 1 ? 1 : 0);
```

对于时钟和复位信号,VHDL 还可以使用下面的代码来产生:

```
constant ClkPeriod : = 30ns;        -- 33 MHz
clk <= not clk after ClkPeriod/2;
reset <= '1', '0' after 20ns, '1' after 40ns;
```

同时 Verilog 里也可以使用初始化这样的代码产生:

```
initial
begin
    clk = 0;
    forever clk = #(ClkPeriod/2) ~clk;
end
initial
begin
    reset = 1;
    #20 reset = 0;
```

```
    #20 reset = 1;
end
```

大部分测试激励里都包含时钟和复位激励,有了上述模板,设计者就可以根据自己的项目情况产生各种不同的测试激励用于项目仿真。

4.7 实例练习

结束本章之前,我们先来做一个简单练习。练习的目的是温习本章介绍的仿真方法,笔者通过一个很小的实例来分别通过 ModelSim 图形界面方式和自动创建仿真工程的方式分析如何使用 ModelSim 进行仿真。

4.7.1 练习前准备

有一个用 VHDL 设计好的移位寄存器,代码如下所示:

```
LIBRARY ieee;
USE ieee.std_logic_1164.all;
USE ieee.std_logic_unsigned.all;

ENTITY shift_reg IS
    GENERIC (width : INTEGER := 8);
    PORT (
        aclr : IN std_logic := '0';
        enable : IN std_logic := '1';
        shiftin, clock : IN std_logic;
        q : OUT std_logic_vector (width - 1 DOWNTO 0)
        );
END shift_reg;

ARCHITECTURE behavior OF shift_reg IS

SIGNAL qi : std_logic_vector (width - 1 DOWNTO 0);

BEGIN
    PROCESS (clock, aclr)
    BEGIN
        IF aclr = '1' THEN
            qi <= (others => '0');
        ELSIF rising_edge(clock) THEN
            IF enable = '1' THEN
                qi <= qi (width - 2 DOWNTO 0) & shiftin;
```

```
            END IF;
        END IF;
    END PROCESS;

    q <= qi;

END behavior;
```

上述代码完成的是单位移入,并行移出逻辑功能。移位长度进行了参数化设置,移位并行输出有一个异步清零端口和一个同步使能端口。仿真之前,第一件事情就是为仿真对象设计测试激励,即创建 TestBench 文件,如下所示:

```
LIBRARY ieee;
USE ieee.std_logic_1164.all;
USE ieee.std_logic_unsigned.all;

ENTITY shift_test IS
END shift_test;

ARCHITECTURE testbench OF shift_test IS

COMPONENT shift_reg
GENERIC (width : INTEGER := 8);
PORT (
    aclr : IN std_logic := '0';
    enable : IN std_logic := '1';
    shiftin, clock : IN std_logic;
    q : OUT std_logic_vector (width-1 DOWNTO 0)
    );
END COMPONENT;

SIGNAL enable, shiftin : std_logic;
SIGNAL clock : std_logic := '0';
SIGNAL q : std_logic_vector (5 DOWNTO 0);

BEGIN

    u1 : shift_reg
        GENERIC MAP (width => 6)
        PORT MAP (enable => enable,
            shiftin => shiftin,
            clock => clock,
```

```
                q => q);

    clock <= not clock AFTER 25 ns;
    enable <= '0', '1' AFTER 100 ns;
    shiftin <= '1',
            '0' AFTER 150 ns,
            '1' AFTER 200 ns,
            '0' AFTER 250 ns,
            '1' AFTER 350 ns,
            '0' AFTER 400 ns,
            '1' AFTER 550 ns,
            '0' AFTER 600 ns,
            '1' AFTER 800 ns,
            '0' AFTER 850 ns,
            '1' AFTER 1100 ns,
            '0' AFTER 1150 ns,
            '1' AFTER 1450 ns,
            '0' AFTER 1500 ns,
            '1' AFTER 1850 ns,
            '0' AFTER 1900 ns,
            '1' AFTER 2300 ns,
            '0' AFTER 2350 ns;

END testbench;
```

可以看到,TestBench 主要完成了以下功能:
➢ 实例化测试目标,这里是移位寄存器;
➢ 创建时钟激励;
➢ 创建同步使能信号激励以及移位输入激励。

注意,该 TestBench 并没有创建异步清零测试激励,有兴趣的读者可以自行创建,所以在实例化引用被测目标时没有实例出异步清零端口。

除了准备测试激励外,我们还准备了一个仿真使用的可执行宏,即将一系列仿真命令存储在一个叫 sim.do 文件里。这个文件里的内容如下所示:

```
vlib work
vcom shift_reg.vhd
vcom shift_test.vhd
vsim -t ns work.shift_test
view wave
add wave *
run @3 us
```

4.7.2 GUI 方式仿真实例

我们先按照非自动化仿真流程走一遍,即使用 GUI 方式来仿真上述代码。首先,启动 ModelSim 软件,将 ModelSim 的工作路径修改到仿真上述文件的路径,可以选择 File→Change directory 菜单项将当前工作路径修改到合适的位置。可以看到,执行该命令的时候 Transcript 窗口自动显示了其脚本命令,如下所示:

cd E:/datasheet/Altera/CT_New/Ex_shiftRg_sim

Ex_shiftRg_sim 即当前的工作目录,这时候可以从 ModelSim 软件的 Tool 菜单选择执行上述 sim.do 文件来开始仿真,如图 4-29 所示。

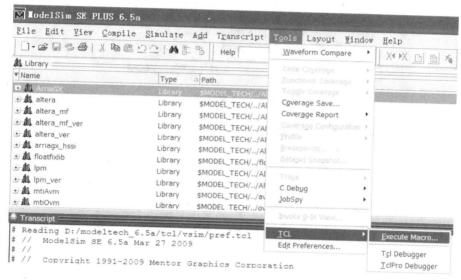

图 4-29　GUI 下执行 do 文件

当然,也可以在脚本框里直接敲入 do sim.do 命令来执行此脚本,如图 4-30 所示。

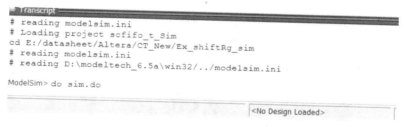

图 4-30　直接在脚本输入框里执行脚本

在打开的波形窗口里验证这个移位寄存器是否工作正确,如图 4-31 所示。
最后,如果通过波形窗口验证好了设计,则可以通过如图 4-32 所示的 Simulate

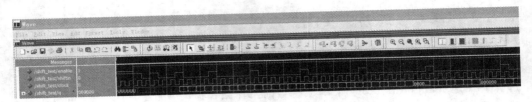

图 4-31　在仿真波形窗口验证设计正确与否

→End Simulation 菜单项结束本次仿真。

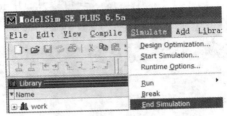

图 4-32　结束仿真命令

4.7.2　自动化创建工程仿真实例

进行自动化仿真之前需要准备批处理文件,根据前面介绍的方法准备即可,不过在转入自动化仿真之前还需要将之前打开的 ModelSim 软件关闭,因为 ModelSim 不能同时打开多次,否则会如图 4-33 所示提示错误信息。

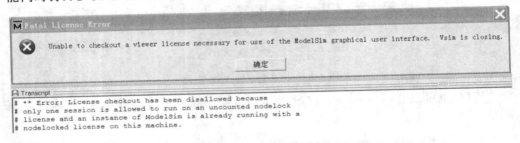

图 4-33　同时打开 ModelSim 多次的错误提示

图 4-34 为批处理文件以及修改后的 do 文件。当没有 ModelSim 处于活动状态时,可以直接通过双击 batch_sim.bat 文件一次性完成上一节整个仿真过程。

图 4-34　批处理文件和 do 文件

由 4.4 节我们知道,batch_sim.bat 文件里只有一句话,即只有一条启动仿真的命令,如下所示:

第 4 章　使用 ModelSim 进行仿真

```
vsim   -do sim.do
```

而对于 do 文件 sim.do 我们需要在上一节的基础上进行修改，修改后的 do 文件如下所示：

```
# Creat a new project
# 创建一个新工程(创建工程使用绝对路径,默认创建一个 work 库作为工作库)
project new E:/datasheet/Altera/CT_New/Ex_shiftRg_sim shiftRg_Sim
# Open the project - 打开刚刚创建的工程
project open shiftRg_Sim
# Add source files to the project - 在打开的工程中加入 source code,包括 testbench
project addfile shift_test.vhd
project addfile shift_reg.vhd

# Compile all source files and testbench - 编译所有的源文件
project compileall

# Load design into simulator
vsim -t ns work.shift_test
view wave
add wave *
run @3 us
```

4.8　小　　结

本章介绍了用 ModelSim 来对 Altera 器件进行仿真的相关内容。首先简单介绍了 ModelSim 各种版本以及使用方法，在此基础上详细介绍了 ModelSim 软件的使用。接着重点介绍了如何应用 ModelSim 独立版本来仿真 Altera 的器件，包括如何为独立的 ModelSim 版本提取 Altera 器件库。和 Quartus II 一样，本章展示了一种利用脚本驱动 ModelSim 来自动化仿真 Altera 器件的方法，并且简单介绍了如何编写 TestBench。最后，通过一个实例具体展现如何通过 ModelSim 的用户图形界面以及如何自动化创建工程来仿真设计，并且同时展示了 TestBench 设计实例。

第 5 章

教你如何用 TiemeQuest 来分析你的设计

当前 FPGA 的规模越来越大,FPGA 设计不能再像以前那样只是对 F_{MAX} 进行唯一约束就行了。好的时序约束可以指导布局布线工具进行权衡,获取最优器件性能,可以使设计代码更大可能地反映设计意图。当前 Quartus II 软件已经不支持经典的时序分析工具了,有必要学习使用 TimeQuest 时序分析工具进行时序分析了。

5.1 10 分钟学会使用 TimeQuest

先花点时间了解怎么使用 TimeQuest,不过本章将重点放在后面几个部分,比如时序分析基础和时序约束等。

5.1.1 时序分析的基本概念

TimeQuest 需要读入布局布线后的网表才能进行时序分析。读入的网表是由以下一系列的基本单元构成的:
- Cell:Altera 器件中的基本结构单元,LE 可以看作是 cell。
- Pin:cell 的输入输出端口,可以认为是 LE 的输入输出端口。注意:这里的 Pin 不包括器件的输入输出引脚。
- Net:同一个 cell 中,从输入 pin 到输出 pin 经过的逻辑。特别注意:网表中连接两个相邻 cell 的连线不被看作 net,被看作同一个点,等价于 cell 的 pin。还要注意:虽然连接两个相邻 cell 的连线不被看作 Net,但是这个连线还是有其物理意义的,等价于 Altera 器件中一段布线逻辑,会引入一定的延迟(IC, Inter-Cell)。
- Port:顶层逻辑的输入输出端口,对应已经分配的器件引脚。
- Clock:约束文件中指定的时钟类型的 pin,不仅指时钟输入引脚。
- Keeper:泛指 Port 和寄存器类型的 cell。

➤ Node：范围更大的一个概念，可能是上述几种类型的组合，还可能不能"穷尽"上述几种类型。

图 5-1 展示了以上网表节点概念。

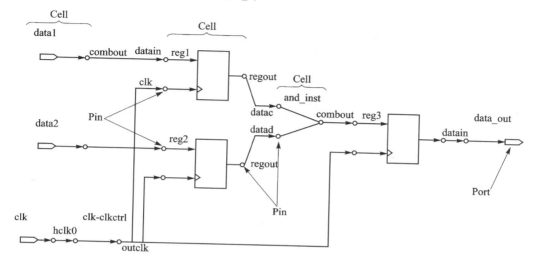

图 5-1 TimeQuest 时序分析器网表

另外，在 TimeQuest 里查看报告的时候经常用到一个报告命令，即 report path 命令，那么在 TimeQuest 分析器里到底有哪些路径呢：

➤ 边沿路径（edge path）：连接从 port 到 pin、从 pin 到 pin 以及从 pin 到 port 的路径。
➤ 时钟路径（clock path）：连接从器件端口或内部生成的时钟引脚（pins）到寄存器的时钟引脚的路径。
➤ 数据路径（data path）：连接从一个端口或者一个时序单元的数据输出引脚到一个端口或另一个时序单元的数据输入引脚的路径。
➤ 异步路径（asynchronous path）：连接一个端口或者时序单元到另一个时序单元的异步复位或者异步清零引脚的路径。

TimeQuest 时序分析器除了要区分一个设计不同的路径，还要分析时钟的特性并用来计算任何一个寄存器到寄存器路径上的最坏情况，所以我们经常看到 TimeQuest 报告了基于时钟的最坏路径。所以，设计者必须正确地约束设计中的所有时钟。注意，如果不对设计中的时钟进行约束，TimeQuest 默认时钟频率为 1 GHz 来进行分析，可想而知这样设置下的编译报告中的时序是何等糟糕。

5.1.2 教你使用 TimeQuest

有了以上的基本概念的学习，下面开始快速地学习如何使用 TimeQuest。当前的 Quartus II 软件只有一个时序分析器，即 TimeQuest 时序分析器，所以工程建立以后无须使能即自动使用 TimeQuest。唯一需要做的是在工程编译之前建立一个 SDC 约束文件,并在 settings 里将其加入到工程中,如图 5-2 所示。

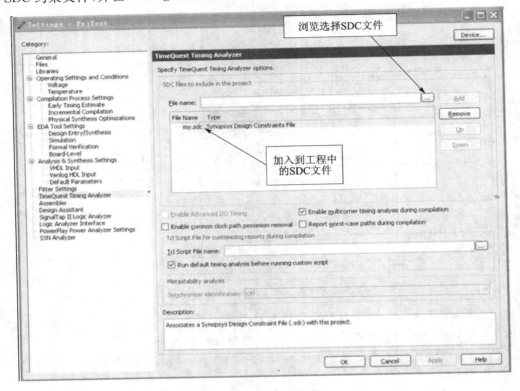

图 5-2 在 Quartus II 中指定 SDC 文件

所以使用 TimeQuest 的第一步就是生成一个自己的 SDC 文件,为了快速完成 SDC 创建,可以使用前面章节介绍的模板(Template)。先在 Quartus II 软件中新建一个 SDC 文件,可以直接从工具栏上单击 New 按钮或者选择 File→"新建"菜单项,则弹出如图 5-3 所示界面,这里选择新建 SDC 文件,这样在 Quartus II 主窗口中出现一个新建立的空白文件 SDC1.sdc。选择 Edit→Insert Template 菜单项后弹出如图 3-1 所示的插入模板的窗口,从 TimeQuest 一栏下选择需要的模板插入到 SDC1.sdc 文件中,修改插入的模板,完成 SDC 约束另存为 mysdc.sdc,按照图 5-2 所示加入到工程。笔者给这个 SDC 文件插入两条基本的约束:

create_clock -period 10.000 -name clkin -waveform {0 5} [get_ports {clkin}]
derive_pll_clocks

加入上述约束之后全编译工程,编译结束单击如图 2-2 所示的工具栏中 TimeQuest 按钮进入 TimeQuest 时序分析器。

第 5 章　教你如何用 TiemeQuest 来分析你的设计

图 5-4 是 TimeQuest 时序分析器的图形用户界面(GUI)，在控制台框里可以执行各种有关时序分析的 TCL 命令，如报告特定时序路径等，当然也可以通过 GUI 进行操作。需要注意的是在进行任何时序分析或者报告查看之前，都需要先生成时序网表，即要先在图 5-4 的任务窗口执行 Create Netlist 命令，一般进入 GUI 界面后直接运行 Update Netlist 命令即可。

至此，关于如何使用 TimeQuest 就有个基本印象了，更具体的应用需要根据不同的设计实例来提高。这里不详细介绍 GUI 界面，只总结一下在 Quartus II 中使用 TimeQuest 的流程如图 5-5 所示。

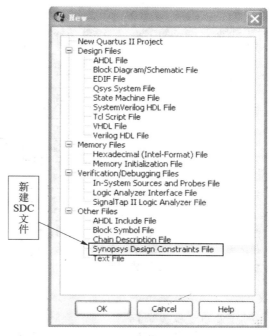

图 5-3　新建 SDC 文件

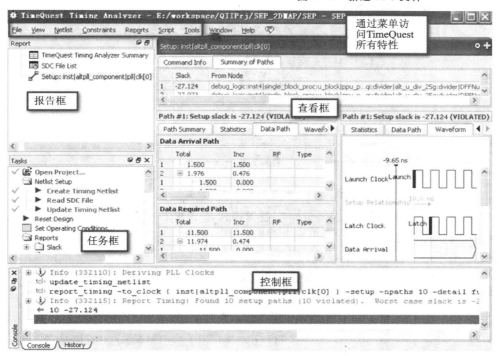

图 5-4　TimeQuest 图形界面

最后针对图 5-5 补充一句,即第一步一定要记得综合工程,不然在进行约束的时候无法查到相应的节点,即约束是针对综合后网表实施的。

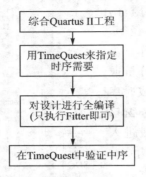

图 5-5　在 Quartus II 软件中使用 TimeQuest 的流程

5.2　时序分析的基础

时序分析一般分为两种,一种是同步时序分析,另一种是异步时序分析。一般 FPGA 设计都推荐使用同步设计,所以时序分析的重点是同步时序分析,本书会把重心放在此。时序分析的基础归根结底都是基于路径的分析,上一节的基本概念中涉及了这 3 种路径,即时钟路径、数据路径以及异步路径,如图 5-6 所示。

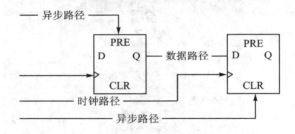

图 5-6　时序分析路径及分析类型

除了上述 3 种路径,我们知道时序逻辑设计都是基于时钟沿的,用过 TimeQuest 的读者应该都知道每个路径报告都有所谓的启动沿和锁存沿,这是针对时钟来说的,含义如下所示:

> 启动沿(launch edge):前级寄存器(源寄存器)发送数据对应的时钟沿,是时序分析的起点。

> 锁存沿(latch edge):后级寄存器(目标寄存器)捕获数据对应的时钟沿,是时序分析的终点,相对于启动沿,锁存沿由时序分析器选择,一般默认与启动沿相差一个时钟周期。

还有几个概念需要介绍,首先是建立和保持时间,笔者认为这是时序分析的基础,我们看时序报告一般首先检查建立保持时间是否满足,如果不满足则必然是工程设置的基本 f_{MAX} 得不到满足。建立保持时间如图 5-7 所示。

> 建立时间:数据在时钟沿到来前必须稳定的最小时间。
> 保持时间:数据在时钟沿后必须保持稳定的最小时间。

图 5-7 建立保持时间

建立时间与保持时间一起组成了所谓的数据需求时间窗口,这个窗口时间位于时钟沿左右,在这个时间窗口中数据必须保持稳定。所以 TimeQuest 时序分析器检查设计的时序主要就是进行路径的建立及保持时间的检查,而 TimeQuest 时序分析的对象包括:寄存器和寄存器之间的路径、I/O 之间、I/O 和寄存器之间的路径、异步复位和寄存器之间的路径。TimeQuest 根据数据实际到达时间(Data Arrival Time)和数据需求时间窗口计算出时序余量(Slack)。当时序余量为负值时,就发生了时序违规(Timing Violation)。

需要特别指出的一点是:由于时序分析是针对时钟驱动电路进行的,所以分析的对象一定是"寄存器-寄存器"对。在分析涉及 I/O 的时序关系对时,看似缺少一个寄存器分析对象构不成"寄存器-寄存器"对,其实是穿过 FPGA 的 I/O 引脚,在 FPGA 外部虚拟了一个寄存器作为分析对象。

上面提到了数据"实际到达时间"及"需求时间",同样还有一个时钟实际到达时间,下面介绍这几个概念,然后就可以知道如何进行建立保持时间计算和检查了。

所谓的数据实际到达时间是指数据到达目的寄存器 D 输入端的时间,如图 5-8 所示。

根据图 5-8 可以得到数据到达时间的计算公式:

$$数据实际到达时间 = 启动沿 + T_{clk1} + T_{co} + T_{data}$$

图 5-9 显示的是时钟到达时间,表示时钟到达目标寄存器时钟输入端口的时间。根据图 5-9 可以得到时钟到达时间计算公式:

$$时钟实际到达时间 = 锁存沿 + T_{clk2}$$

有了上面的定义,接下来时序分析器定义了一个数据需求时间,即时序逻辑的建立(setup)和保持(hold)时间。首先来看数据所需要的建立时间,如图 5-10 所示。

针对数据建立时间来说的数据所需时间为:

$$数据需求时间 = 时钟实际到达时间 - T_{su} - 建立不确定$$

数据所需的保持时间如图 5-11 所示。而图 5-11 显示的数据所需时间为:

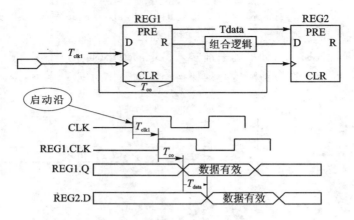

图 5-8　计算数据到达时间示意图

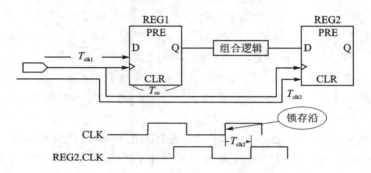

图 5-9　时钟实际到达时间计算示意图

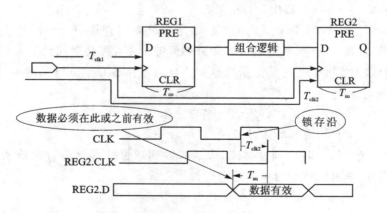

图 5-10　数据所需的建立时间

数据需求时间 = 时钟实际到达时间 + T_h + 保持不确定

根据上面两个公式来计算并检查建立保持时间是否符合系统要求。首先来看建立时间检查(check)，为了简化，这里只讨论 FPGA 内部的时序分析，即寄存器-寄存器路径检查。

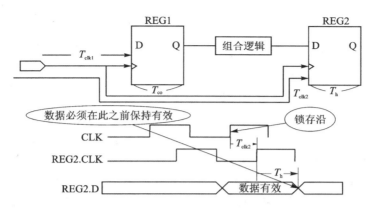

图 5-11 数据所需的保持时间

如图 5-12 所示,为了达到数据建立时间要求,数据提前一段时间有效,即比要求的建立时间要长。实际建立时间和要求的建立时间之间的差叫"建立时间余量",计算公式如下所示:

建立时间余量 = 数据需求时间(Setup) − 数据实际到达时间

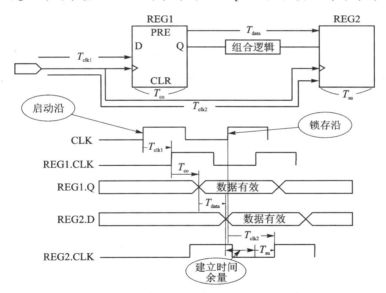

图 5-12 建立时间检查

显然,正的时间余量值表示时序满足要求,负的时间余量值不符合时序要求。所以建立时间检查遵循的原则是信号从启动沿开始计时,经过一系列的时序路径,到达后级寄存器的数据输入引脚的速度不能太慢,时间不能太长,否则会侵占后级寄存器数据输入引脚相对于锁存沿的建立时间。刚好满足后级寄存器建立时间的数据到达时间是数据需求时间(相对于锁存沿计算),实际的数据到达时间是数据实际到达时间(相对于启动沿计算)。显然,在建立时间检查中,数据实际到达时间要小于数据需求时间,否则就会造成建立时间违规。也就是说,数据需求时间是数据实际到达时间的最大值。二者之差就是建立时间的时序余量。更详细的推导公式如下所示:

数据实际到达时间 = 启动沿 + 时钟到源寄存器的延时 + μtco + 寄存器到寄存器延时

数据需求时间 = 时钟到达时间 − μtsu − 建立不确定

时钟到达时间 = 锁存沿 + 时钟到目的寄存器延时

同样的道理我们来进行保持时间检查,遵循的原则是信号从启动沿开始计时,经过一系列的时序路径,到达后级寄存器的数据输入引脚的速度不能太快,时间不能太短,否则会侵占后级寄存器数据输入引脚相对于上一个锁存沿的保持时间。刚好满足后级寄存器保持时间的数据到达时间是数据需求时间(相对于锁存沿计算),实际的数据到达时间是数据到达时间(相对于启动沿计算)。显然,在保持时间检查中,数据到达时间要大于数据需求时间,否则就会造成保持时间违规。也就是说,数据需求时间是数据到达时间的最小值,二者之差就是保持时间的时序余量。

相对于建立时间检查,保持时间检查稍微难懂一些。二者都是同步逻辑设计中对同一个规则的不同解释:当前时钟沿发出的数据要在下一个时钟沿被正确捕获,不能晚,也不能早。晚了,会造成下一个时钟沿的建立时间违规,当前时钟沿发送的数据不能被下一个时钟沿捕获;早了,会造成上一个时钟沿发送的数据保持时间违规,上一个时钟沿发送的数据不能被当前时钟沿正确捕获。

二者在计算公式上的区别在于时间余量计算公式中减数与被减数关系。图 5-13 显示了基于保持时间的数据需求时间示意图,它和实际数据到达时间之差就是保持时间余量,计算公式如下所示:

保持时间余量 = 数据到达时间 − 数据需求时间(Hold)

一样的,正的保持时间余量表示保持时间符合时序要求,而负保持时间余量则未达到时序的要求,更详细的推导公式如下所示:

数据到达时间 = 启动沿 + 时钟到源寄存器的延时 + μtco + 寄存器到寄存器延时

数据需求时间 = 时钟到达时间 + μth + 保持不确定

时钟到达时间 = 锁存沿 + 时钟到目的寄存器的延时

上述建立保持时间的分析是基于 FPGA 内部寄存器到寄存器的分析,可以扩展到外部输入到内部寄存器,或者内部寄存器输出到外部 I/O 的分析。由于必须获取 PCB 走线以及外部器件的参数,这里不给出具体推导公式。图 5-14 基本展示了这种模型,Altera 建议使用虚拟时钟来制定输入输出延迟参数,否则很难精确约束 I/O。

最后简单介绍 TimeQuest 分析异步逻辑中的概念,即 Recovery 和 Removal,如图 5-15 所示。恢复时间是指一个异步信号在时钟沿前保持有效的最小时间;而且移除时间是指一个异步信号在时钟沿后保持有效的最小时间。

第 5 章 教你如何用 TiemeQuest 来分析你的设计

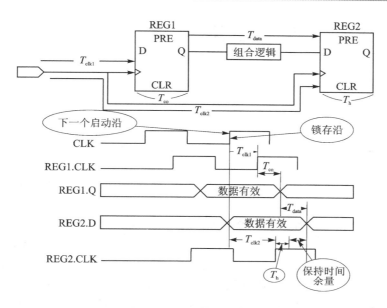

图 5-13 保持时间检查

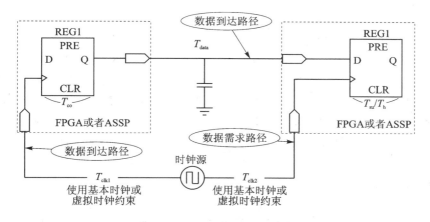

图 5-14 通用时钟源的 I/O 分析

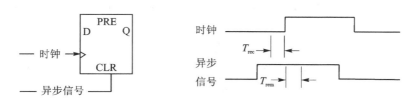

图 5-15 回复移除时间分析

5.3 了解什么是时序约束

5.2节简单介绍了时序分析的一些基本概念,这一节我们来看看到底什么时序约束以及怎么来进行时序约束。Altera的时序约束主要分为时钟约束、I/O约束以及例外约束,下面分别介绍。

5.3.1 时钟约束

我们通常所说的时钟一般是指一个理想时钟,而实际设计中不可能存在所谓的理想时钟,占空比也许不是50%,时钟沿有jitter和skew等。时钟约束除了对时钟频率进行指定外还包括对上述因素的指定。

TimeQuest使用SDC对设计进行约束,而SDC约束中主要分为两种时钟约束,一种是被称为绝对或基本(Base)时钟,另外一种就是生成时钟(Generated clock)。需要注意的是,在TimeQuest中默认情况下所有时钟都是相关的,而且如果不为时钟进行约束,那么TimeQuest分析的时候默认时钟频率为1 GHz,所以需要对每一个未约束的时钟进行正确约束,否则无法得到正确时序分析结果。

首先我们来看对设计的基时钟进行约束,SDC的命令是create_clock,比如要对图5-16所示的系统时钟进行约束。

create_clock -name C1N -period 10 -waveform { 2 8 } [get_ports sysclk]

上述约束中,-name给被约束的时钟命名,TimeQuest在分析以及报告中将以此名字来报告此时钟;这是一个可选项,如果未指定名称,默认使用目标名称。-waveform指定时钟的占空比,未指定默认50%。最后一项是为这个约束指定实际被约束的目标,如果未指定实际被约束的时钟,那么工具认为当前约束了一个虚拟时钟。

以上就是基时钟(Base Clock)约束创建过程,当然创建时钟约束还有其他一些约束选项,这里不展开介绍,更详细的可以查看相关手册。下面来看生成时钟的约束,命令是create_generated_clock。同样如图5-16所示的clkx2,这个时钟其实就是系统时钟进行二分频得到,那么设计中怎么对其进行约束呢,这个时钟如图5-17所示。

根据图5-16和图5-17对clkx2进行约束如下:

create_generated_clock -name C2 -source [get_ports sysclk] -div 2 \ [get_registers clkx2]

上述约束中,-source指定被约束时钟的源,即该时钟是由谁产生而来。这里特别需要指出的是,Altera器件中提供PLL资源,所以大部分时候都使用PLL来产生时钟,所以在约束PLL产生的时钟的时候可以采用更简单的约束方法,如下所示:

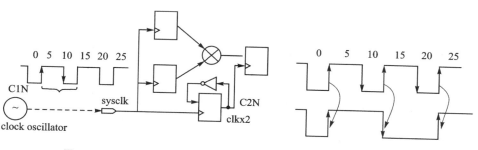

图 5-16 "创建"时钟约束 图 5-17 生成时钟

derive_pll_clocks

前面笔者提到,没有时钟是理想时钟,所以需要对这些非理想时钟进行进一步约束。主要有 3 类这样的特殊约束:set_clock_latency、set_clock_uncertainty 及 derive_clock_uncertainty。

5.3.2 I/O 约束

I/O 约束主要分为 3 类,即经过"组合逻辑"的 I/O 接口(异步接口)、同步 I/O 接口以及源同步接口。

1. 异步 I/O 约束

首先来看异步接口约束,所有从输入到输出的路径都需要约束,这类 I/O 接口使用 set_max_delay 和 set_min_delay 两个命令来进行约束。如图 5-18 所示,设计中有 3 个输入、两个输出,输入经过片内组合逻辑之后输出到输出引脚。这时候需要使用异步 I/O 约束对其进行约束。

图 5-18 异步 I/O

set_max_delay -from [get_ports in1] -to [get_ports out *] 5.0
set_max_delay -from [get_ports in2] -to [get_ports out *] 7.5
set_max_delay -from [get_ports in3] -to [get_ports out *] 9.0
set_min_delay -from [get_ports in1] -to [get_ports out *] 1.0
set_min_delay -from [get_ports in2] -to [get_ports out *] 2.0
set_min_delay -from [get_ports in3] -to [get_ports out *] 3.0

2. 同步 I/O 约束

简单介绍完异步 I/O 的约束,下面开始进行同步 I/O 的约束。介绍之前,首先要了解两个关于 I/O 时序的概念,即 I/O 时序是以 FPGA 为中心还是以系统为中心来进行考虑的。如果是以 FPGA 为中心,意味着设计只须满足器件级的参数即可,

比如 T_{su}、T_h、T_{co}，这种情况多用于 FPGA 是系统的终点或者 FPGA 通过定义好的总线进行交互。另外一种是以系统为中心，这时必须要考虑 FPGA 周边器件、板级延时以及芯片到芯片的 Skew 等因素。有时候需要两种情况一起考虑，这里以系统为中心进行介绍。

同步 I/O 约束主要是约束输入和输出延时，Altera 建议使用虚拟时钟来进行输入/输出延时约束。使用虚拟时钟有利于时序分析工具工作时更容易区分输入输出延时在虚拟时钟的启动沿或者锁存沿。有些情况，比如 DDR，如果不使用虚拟时钟将很难对 I/O 精确约束。

(1) 同步输入 I/O 约束

所谓的同步输入 I/O 约束是需要指定外部芯片到 FPGA 的时序关系，这样就可以确保 FPGA 片内的建立保持时间。这里结合图 5-19 来介绍同步输入 I/O 的约束。

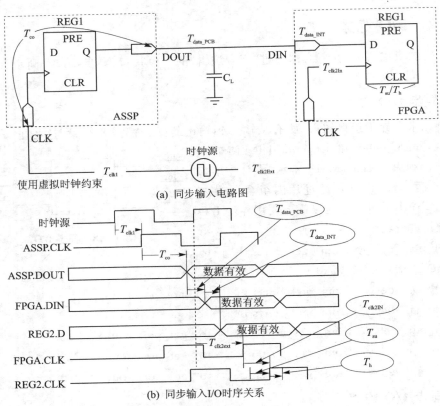

图 5-19 同步输入 I/O 时序分析

图 5-19 中 FPGA 外接的 ASSP 中 T_{co} 是指 ASSP 的时钟到其输出的时间，一般在芯片手册中可以查到这个数据。根据图 5-19，使用 set_input_delay 命令及 -max

选项来约束输入引脚的建立时间,即最大到达时间直到满足建立时间(T_{su})。这个约束要计算外部到 FPGA 的所有输入延时,下面分别以前面介绍的系统及 FPGA 为中心来分析。

如果以系统为中心来计算最大输入延时,那么得到:

最大输入延时 = 最大数据走线延时 − 电路板时钟最小偏斜 + $T_{co(max)}$ =
$(T_{data\_PCB(max)} + T_{CL}) - (T_{clk2ext(min)} - T_{clk1(max)}) + T_{co(max)}$

如果站在 FPGA 的立场来计算最大输入延时,那么:

最大输入延时 = $(T_{launch} - T_{latch}) - T_{su}$

同时,依据图 5-19 使用 set_input_delay 命令及-min 选项来约束输入的保持时间,即保持有效直到数据满足保持时间(T_h)的最小时间。同样分别以系统和 FPGA 为中心来进行说明,站在系统角度计算输入最小延时为:

最小输入延时 = 最小数据走线延时 − 电路板时钟最大偏斜 + $T_{co(min)}$ =
$(T_{data\_PCB(min)} + T_{CL}) - (T_{clk2ext(max)} - T_{clk1(min)}) + T_{co(min)}$

而站在 FPGA 的角度来统计输入最小延时,那么就得到:

最小输入延时 = T_h

为确保完整约束,上述最大和最小延时都必须进行约束;如果只有一个约束,那么另一个默认与已约束的相同,此时软件一般给出警告来提醒。

(2) 同步输出 I/O 约束

介绍完同步输入 I/O,下面该轮到同步输出 I/O 了。显然这里所谓的"输入"和"输出"是针对 FPGA 来说的,所以输出 I/O 延迟约束是为了指定从 FPGA 到外部芯片的时序关系,以确保 FPGA 的时钟到输出时间(T_{co})符合要求。我们结合图 5-20 来认识什么是同步输出 I/O 延时约束。

图 5-20 中的 T_{su}/T_h 是指外部芯片 ASSP 总的建立保持时间,可以在数据手册中查到该参数。根据图 5-20,使用 set_output_delay 命令及-max 选项来约束输出引脚的最大时钟到输出时间(最大 T_{co}),即最大到达时间直到满足 ASSP 的建立时间(T_{su})。这个约束要计算 FPGA 输出到外部的所有输出延时,下面分别以前面介绍的系统及 FPGA 为中心来分析。

如果以系统为中心来计算最大输出延时,那么得到:

最大输出延时 = 最大数据走线延时 − 电路板时钟最小偏斜 + T_{su} =
$(T_{data\_PCB(max)} + T_{CL}) - (T_{clk2(min)} - T_{clk1ext(max)}) + T_{su}$

如果站在 FPGA 的立场来计算最大输入延时,那么:

最大输出延时 = $(T_{launch} - T_{latch}) - T_{co(max)}$

同时,依据图 5-20 使用 set_output_delay 命令及-min 选项来约束输出的最小时钟到输出时间,即最小的保持有效时间直到满足 ASSP 的保持时间(T_h)。同样分别以系统和 FPGA 为中心来进行说明,站在系统角度计算输出最小延时为:

最小输出延时 = 最小数据走线延时 − 电路板时钟最大偏斜 − T_h =

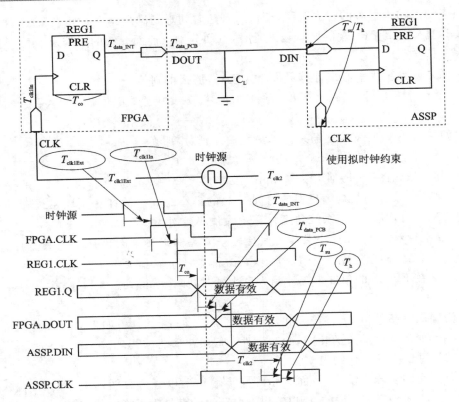

图 5-20 同步输出 I/O 时序分析

$$(T_{data\_PCB(min)} + T_{CL}) - (T_{clk2(max)} - T_{clk1ext(min)}) - T_h$$

而站在 FPGA 的角度来统计输出最小延时,那么就得到:

$$最小数据走线延时 = -T_{co(min)}$$

在结束同步 I/O 之前,笔者给出一个 I/O 约束的例子。如图 5-21 所示,这个例子包含了输入输出 I/O。

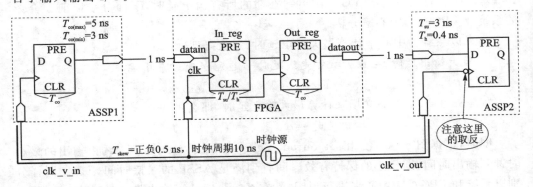

图 5-21 同步 I/O 约束实例分析

仔细分析图 5-21 的时序关系并进行适当的时间计算,给出下列约束:

```
creat_clock - period 10 - name clk [get_ports clk]
creat_clock - period 10 - name clk_v_in  #输入约束时使用的虚拟时钟
creat_clock - period 10 - name clk_v_out #输出约束时使用的虚拟时钟
set_input_delay - clock clk_v_in - max [expr 1 - ( - 0.5) + 5] [get_ports datain]
set_input_delay - clock clk_v_in - min [expr 1 - 0.5 + 3] [get_ports datain]
set_output_delay - clock clk_v_out - max [expr 1 - ( - 0.5) + 2] \
- clock_fall [get_ports dataout]
set_output_delay - clock clk_v_out - min [expr 1 - 0.5 - 0.4] \
- clock_fall [get_ports dataout]
```

在约束输出延时的时候使用到 expr 函数,在脚本中这个函数就是使用各种运算符的时候必须使用。

3. 源同步约束

下面简单介绍源同步接口以及其约束。所谓源同步是数据和时钟都由发送端传送而来,数据和时钟直接被发送端指定了一定的相位关系,比如沿对齐或者中间对齐等。而接收端必须使用发送端发送来的时钟来采样数据,数据和时钟之间的 skew 一般是影响传输速率的主要因素,相对于使用系统时钟来说,源同步一般带来更高的接口速率。图 5-22 是一个典型的源同步应用示意图,与图 5-21 进行简单对照比较就可以认识到什么是源同步应用。

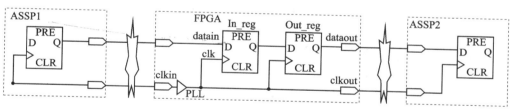

图 5-22 源同步接口

常见的源同步中,比如 SDRAM 接口 DDR SDRAM 等,FPGA 设计控制器的时候除了控制数据外,同时提供一个随路时钟,而时钟和数据之间的相位关系一般有两种即沿对齐或者时钟沿对齐数据中心,笔者用得最多的是时钟对齐数据的中心。图 5-23 分别显示了 SDR 和 DDR 的两种时钟和数据对应示意关系。

接下来就以 SDR 接口中心对齐为例具体分析如何约束源同步接口。首先在进行逻辑设计和约束之前,必须对外部器件(图 5-22 中 ASSP)有所了解,至少是该器件手册里给出的相关接口参数。比如我们约束图 5-22 所示的源同步接口,对于 FPGA 来说就包括输入引脚以及输出引脚的约束,而这些约束分别跟外部的 ASSP 器件接口参数密切相关。

以图 5-22 为例,先来介绍源同步输入引脚约束。根据 ASSP 手册给出的参数

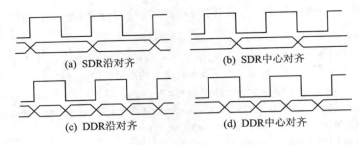

图 5-23 源同步时钟方案

不同,FPGA 的输入延时约束也将不一样。所以首先来分析 ASSP 的参数,如图 5-24 所示。

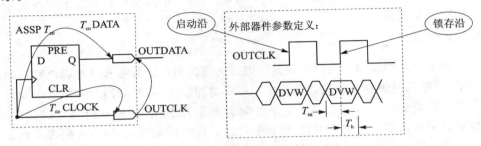

图 5-24 源同步接口外部器件接口参数分析

任何器件都会有图 5-24 所示的参数定义,在进行约束之前一定要找到上述参数,比如图中指出了外部器件的各种时钟到输出的时间(T_{co}),而右半部分指出了其数据输出的建立保持参数(注:"DVW"指数据有效窗口)。有了这些参数,那么来分析一下图 5-22 所示的源同步输入接口。对于 FPGA 来说,到其时钟引脚(clkin)总的建立保持时间通过图 5-24 已经被定义好了:

➢ T_{su} 是从 DVW 的开始;
➢ T_h 是到 DVW 末尾结束。

所以根据前面的分析就可以推导出输入延时约束命令(set_input_delay)所需要的各项时间参数值了。和前面介绍同步 I/O 约束的一样,我们可以核算出 System-centric 目标的最大延时时间:

最大输入延时 = 最大数据走线延时 − 最小时钟走线 + (锁存沿 − 启动沿) − T_{su}

而 FPGA-centric 目标的输入最大延时得到:

最大输入延时 = (锁存沿 − 启动沿) − T_{su}

需要注意的是,启动沿与锁存沿之间的间隔一般都是一个时钟周期。同理,我们可以得到最小输入延时时间,即 System-centric 目标的最小延时时间:

最小输入延时 = 最小数据走线延时 − 最大时钟走线延时 + T_h

而 FPGA-centric 目标的输入最小延时得到:

$$最小输入延时 = T_h$$

有了上述核算得到的时间参数，就可以正确地约束源同步输入引脚了，不过似乎还缺少一样东西，即关键的时钟啊。外部的时钟对于 FPGA 来说是看不见的，所以在进行约束之前，还需要为外部器件 ASSP 在 TimeQuest 里约束一个对于 FPGA 来说是"虚拟"的时钟，即 virtual clock，因为不能使用 FPGA 的时钟来约束这些输入引脚，尽管它们各种参数都一模一样。

上面分析了 FPGA 的外部输入源同步约束，同样的道理也可以分析其输出到外部的引脚约束所需的时间参数，如图 5-22 右半部分所示。这时候需要查外部器件手册得到这些外部器件 I/O 的建立保持时间参数，图 5-24 已经有所展示了，这样就可以分别得到输出的最大和最小延时时间，分别列出公式如下所示：

以系统为中心考虑：

$$最大输出延时 = 是大数据走线延时 - 最小时钟走线延时 + T_{su}$$
$$最小输出延时 = 最小数据走线延时 - 最大时钟走线延时 - T_h$$

以 FPGA 为中心考虑：

$$最大输出延时 = T_{su}$$
$$最小输出延时 = -T_h$$

5.4 约束例外

在 Altera 时序约束中有些约束和传统约束不一样，或者是一些路径并不需要进行约束，这时候需要设计者来告诉时序分析器哪些路径是属于这样的情况，主要有两种约束例外，一种是多周期约束，一种是假路径约束。

5.4.1 多周期路径约束

Multicycle path 即多周期路径，指的是两个寄存器之间数据要经过多个时钟才能稳定的路径，一般出现于组合逻辑较大的那些路径。

在同步逻辑设计中，通常都是按照单周期关系考虑数据路径的，但是往往存在这样的情况：一些数据不需要在下一个时钟周期就稳定下来，可能在数据发送几个时钟周期之后才起作用；一些数据经过的路径太复杂，延时太大，不可能在下一个时钟周期稳定下来，必须要在数据发送数个时钟周期之后才能被采用。针对这两种情况，设计者的设计意图都是：数据的有效期在以启动沿为起始的数个时钟周期之后的锁存沿。这一设计意图不能够被时序分析工具猜出来，必须由设计者在时序约束中指定；否则，时序约束工具会按照单周期路径检查的方式执行，往往会误报出时序违规。

在实际工程中，除了乘法器和除法器等少数比较特殊的电路，一般应该尽量避免采用多周期路径电路。即使有所使用，也应该通过约束在综合工具中指出该路径，使得综合工具在计算 F_{max} 的时候忽略这条路径，避免用大量的时间对该路径进行优化。

对多周期路径可加一下约束：set_multicycle_path – from D_reg – to S_reg。

我们在前面介绍建立、保持时间的时候都假设数据从启动沿开始发送，在锁存沿被捕获，启动沿和锁存沿是相邻最近的一对时钟沿。在多周期路径检查中，仍然采用启动沿和锁存沿的概念；但是启动沿和锁存沿不再是相邻的一对时钟沿，而是间隔一定时钟周期的一对时钟沿，间隔的时钟周期个数由设计者在设计添加上述约束的时候指定。

不设置多周期路径约束的后果有两种：一是按照单周期路径检查的结果虚报时序违规；二是导致布局布线工具按照单周期路径的方式执行，虽然满足了时序规范，但是过分优化了本应该多个周期完成的操作，造成过约束（Over – Constrain）。过约束会侵占本应该让位于其他逻辑的布局布线资源，有可能造成其他关键路径的时序违规或时序余量变小。

了解了多周期路径约束的基本概念以及不设置多周期路径约束后果以后，我们面临一个现实问题：怎么知道设计中哪些路径属于需要进行多周期路径约束呢？有经验或者对自己的设计细节非常熟悉的读者这应该不是问题。这里笔者结合自己的设计经验总结一部分需要设计者特别关注并决定是否需要进行多周期约束的情况。

在设计中涉及多周期路径，一般是当两个触发器之间的逻辑在一个周期内执行不完，那么这种情况我们通常会采用两个解决方案：

① 插入流水线使得组合逻辑打散；
② 使用使能信号控制，几个周期读取一次数据。

这里面第二种情况所使用的方法就需要设定多周期路径，这两种方法之间是有区别的。方法①数据的吞吐量更大；方法②牺牲了数据吞吐量，但是设计中有的地方对吞吐量没有要求时可以使用这种方法。

举个简单的例子，某个设计中大部分逻辑可以跑 1G，但有个乘法器只能跑 100M，所以把多周期设成 10 个周期，但是设计也要修改，就是每 10 个时钟周期才采集一次乘法器的结果。

Altera 的 TimeQuest 相关手册将多周期分为 4 种情况，分别是：建立时间 End 多周期、保持时间 End 多周期、建立保持 start 多周期及保持时间 Start 多周期。

其实就是两种分类，即建立时间多周期和保持时间多周期。Altera 对于第一种分类是这样描述的，即分为目的多周期和源多周期。目的多周期是基于目标时钟沿，向后移动锁存沿来放松建立保持时间。而源多周期约束是基于源时钟沿，通过向前移动启动沿来放松建立保持时间。Start 和 end 说明多周期路径依赖于 start clock 还是依赖于 end clock。

Altera 关于第二种分法的描述是这样的，即建立时间多周期是增加建立时间分析的周期数，默认情况下是 1 个周期。保持时间多周期是增加保持时间分析周期数，默认情况下是 0。建立时间和保持时间说明多周期路径是用在建立时间检查还是用在保持时间检查。

第 5 章　教你如何用 TiemeQuest 来分析你的设计

基于以上描述，笔者给出设置多周期路径约束的命令格式：
set_multicycle_path [-h | -help] [-long_help] [-end] [-fall_from <names>] [-fall_to <names>] [-from <names>] [-hold] [-rise_from <names>] [-rise_to <names>] [-setup] [-start] [-through <names>] [-to <names>] <value>

> -start：选择源多周期；
> -end：选择目的多周期（默认）；
> -setup|hold：指定建立或者保持多周期；
> <value>：扩展分析的周期数目。

前面讲了这么多，就是试图说清楚什么是多周期路径以及何时使用多周期路径约束，下面通过几个图例来说明，希望能帮助读者更好地理解。首先我们来看同步逻辑设计中常见的单周期寄存器传输，如图 5-25 所示。

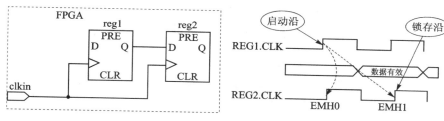

图 5-25　标准单周期

如图 5-25 所示，默认多周期建立时间检查是在启动沿的下一个时钟沿（多周期建立时间＝1），而默认多周期保持时间检查就在建立时间检查时钟沿的前一个或者后一个时钟沿（即最靠近建立时间的那个时钟沿，保持时间＝0）。

接着我们来看一个简单的双周期建立时间多周期、单周期保持时间的例子，还是如前面的那个例子那样，只是这时候假设由于寄存器之间组合逻辑太多，从而导致数据延时过大，如果在启动沿的下一个时钟沿就锁存数据会导致数据锁存失败，那么设置建立时间多周期约束，即推迟一个时钟周期锁存数据，如图 5-26 所示。

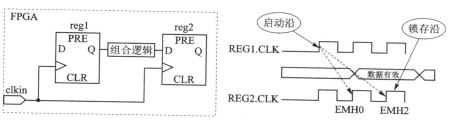

图 5-26　双沿建立时间多周期

前面我们说过，默认保持时间检查是在建立时间检查的前或后一个时钟沿，所以图 5-26 中没有设置保持时间多周期，默认保持时间＝0 就是如图所示的建立时间检查的前一个时钟沿。那么建立时间多周期约束命令如下所示：

Set_multicycle_path - from [get_pins reg1|clk] \- to [get_pins reg2|datain]- setup 2

需要注意的是上述约束中没有加入"- end"，因为默认即为目标多周期约束。

上面这个例子只设置了建立多周期约束，保持时间为单周期，如果设置保持多周期约束（其实保持多周期约束在上面这个例子中也有默认约束，即为0），如果再添加两个周期的保持时间，那么可以添加如下约束：

Set_multicycle_path - from [get_pins reg1|clk] \- to [get_pins reg2|datain]- hold 1

添加上述约束后，建立时间检查沿不变，而保持时间检查沿向左推一个时钟沿，即所谓的获得了两个周期的保持时间。

前面几个例子都是常使用的目标多周期约束，还有一种源多周期约束（即在约束命令中选择- start 选项），这里也通过一个例子来介绍。如果说前面的例子是属于"快采慢"的话，下面这个例子就属于"慢采快"，如图 5 - 27 所示。

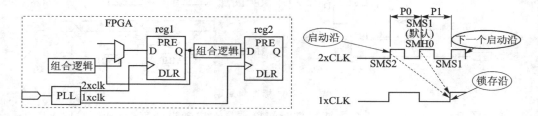

图 5 - 27 "慢采快"实例

在这个例子中，启动寄存器的时钟频率是下一个寄存器时钟的两倍，假设启动寄存器（图 5 - 27 中 reg1）只在相位 P0 改变数据，而 P1 相位不改变数据。通过下列多周期约束来改变发送寄存器的启动沿，而不是改变锁存寄存器的锁存沿。

Set_multicycle_path - from [get_pins reg1|clk] \
- to [get_pins reg2|datain]- start - setup 2
Set_multicycle_path - from [get_pins reg1|clk] \
- to [get_pins reg2|datain]- start - hold 1

上述命令中使用了- start 选项。

5.4.2 假路径约束

假路径（False Path）就是在进行综合分析时不希望综合工具进行分析的那些路径。Altera 的 TimeQuest 规定了什么时候要用到假路径约束：

① 从逻辑上考虑，与电路正常工作不相关的那些路径，比如测试逻辑、静态或准静态逻辑。

② 从时序上考虑,我们在综合时不需要分析的那些路径,比如跨越异步时钟域的路径。

默认情况下,如果未指定(Altera 软件假定所有未指定的时钟的默认频率为 1 GHz),TimeQuest 假定设计中所有的时钟都是相关的,并会分析和报告所有路径,所以设计中应该给每个时钟指定其运行频率。假如设计中时钟彼此不相关(即为异步时钟),则应该为每个异步时钟添加 set_clock_groups 命令(如"set_clock_groups -asynchronous -group {Rx_clk}"),从而给每个异步时钟指定时钟组。另外,在默认情况下如果设计中并未指明假路径或者多周期路径,TimeQuest 老是试图将所有路径当作有效(valid path)、单周期路径来分析;所以设计中一定要加约束文件,且约束文件中一定要指明假路径以及多周期路径;不同时钟域之间的路径上应用假路径约束,可以使之成为非有效路径,这样 TimeQuest 就不会去分析这些路径。

实际应用中有两种方法来设置假路径约束,一种是当已知特定的节点不需要分析的时候使用 set_false_path 命令。这类路径一般也有两种,一种是从输入引脚到一系列寄存器路径,另一种是从一个寄存器到另一个时钟域的路径。

set_false_path 命令的格式为:

set_false_path[-fall_from <clocks>] [-rise_from <clocks>] [-from <names>] [-through <names>] [-to <names>] [-fall_to <clocks>] [-rise_to <clocks>] [-setup] [-hold] <targets>

-from 和 -to 分别用来指定源节点(source nodes)和目标节点(target nodes),目标节点可以是 clocks、registers、ports、pins 或者 cells。对于 registers,-from 必须是源寄存器时钟引脚。指定一个时钟名来约束所有进出本时钟域,如此约束包括了时钟的上升和下降变化,而且比单独约束节点更有效率。

还有一种方法来约束假路径,就是通过建立时钟分组来约束假路径。告诉 fitter 和时序分析器忽略指定的时钟域之间的所有路径,这非常适合于时钟多路选择器。另外,本命令相当于在两个时钟域之间的所有路径上设置假路径(-from 和 -to),命令格式为:

set_clock_groups[-asynchronous | -exclusive]
-group <clock name>
-group <clock name>
[-group <clock name>]…

其中,-group 指定的时钟组互相之间是异步的,-asynchronous 表示无相位关系,但是时钟同时有效;-exclusive 表示时钟不是同时有效,比如时钟多路选择。

下面分别举例说明如何使用上述两种方法来进行假路径约束。首先我们来看第一种方法,如图 5-28 所示,模块 test_logic 表示一个测试逻辑,它并不是真正实现电路功能,只是为了测试电路功能,所以不希望时序分析器对这些路径进行分析。

下面开始对图 5-28 中的不需要进行约束的路径进行假路径约束，如下所示：

Set_false_path - fall_from clk1 - to [get_pins test_logic| * |datain]

Set_false_path - from [get_pins test_logic| * |clk] \
- to [get_pins test_logic| * |datain]

Set_false_path - from [get_pins test_logic| * |clk] - to [get_ports test_out]

最后来看一个利用时钟分组命令约束假路径的例子，如图 5-29 所示，clk_100 和 clk_66 是两个不同的时钟域。

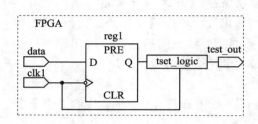
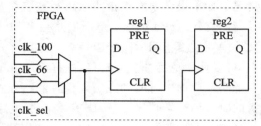

图 5-28 假路径示例　　　　　　图 5-29 时钟分组约束假路径

按照图 5-29，我们先来创建两个时钟，即 100 MHz 和 66 MHz 两个时钟：

Create_clock - period 10.0 [get_ports clk_100]

Create_clock - period 15.0 [get_ports clk_66]

给这两个时钟分组：

Set_clock_group - exclusive - group {clk_100} - group {clk_66}

因为图 5-29 中的两个时钟不可能同时有效，所以设计者必须告诉 TimeQuest 不能分析跨这两个时钟域的路径，上述约束就达到了此目的；如果不约束，时序分析器默认是不知道的。

上述两个时钟域除了使用时钟分组达到假路径约束以外，同时还可以使用前面介绍的直接设置假路径命令来对不需要分析的路径进行约束，即

set_false_paths - from [get_clocks clk_100] - to [get_clocks clk_66]

set_false_paths - from [get_clocks clk_66] - to [get_clocks clk_100]

5.5 TimeQuest 使用实例

本节通过一个非常简单的例子来完整地介绍到底如何使用 TimeQuest。先来复习时序分析的目的。一个电路是否工作稳定，取决于这个电路设计完成后是否满足它工作所要求的时序。时序分析就是分析逻辑电路，并得出该逻辑电路在指定的条件下是否能可靠地工作的过程。所谓的指定条件是指比如电路工作在最高时钟频率且能产生正确的输出等。图 5-30 是一个非常简单的计算电路最高频率示意图。

在图 5-30 的例子中，左边的 FF(寄存器)驱动后面的组合逻辑，并产生一个单比特输出，然后存储在右边的寄存器。为了工作稳定并正确，这个电路的最高频率受限于中间组合逻辑路径的延迟。假定每个寄存器的时钟到 Q 端(T_{cq})和建立时间都是 1 ns，而且每个与门的逻辑延迟也是 1 ns，那么这个电路的最大稳定工作频率就可以由下面的公式计算得到：

$$F_{max} = \frac{1}{t_{cq} + 3 \times t_{and} + t_{su}} = \frac{1}{5 \text{ ns}} = 200 \text{ MHz}$$

计算电路的 F_{max} 是时序分析器的基本功能。另一方面，时序约束还会用来指导逻辑电路的布局布线。拿如图 5-30 所示的例子来说，这是一个用两输入与门实现的 4 输入电路功能，如果没有时序上的要求，那么上述电路工作安全频率是可以接受的；但是如果希望这个电路能工作在 250 MHz 的频率，那么这个电路就不合要求了。如果给这个电路添加最高时钟频率的约束，那么编译工具是有可能为该电路找到一种符合约束条件要求的实现方案。如图 5-31 所示，这是工具在施加 250 MHz 最高时钟频率约束后找到的一个方案，这个电路可以稳定工作在 250 MHz。

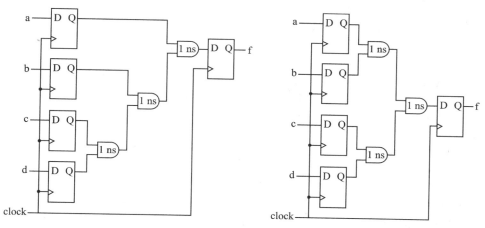

图 5-30 计算电路最高工作频率实例   图 5-31 不同逻辑结构相同逻辑功能的电路

前面复习了时序约束的基本功能，下面进入一个简单的实例，按照前面介绍的内容来使用一下 TimeQuest 时序分析器。如图 5-32 所示，这个例子使用了一个加法器来将 3 个 8 bit 数据相加并处理加法器的输出。该电路的输入分别是 A、B 和 C，它们被时钟信号(clock)的上升沿分别存储在寄存器 reg_A、reg_B 和 reg_C 中。这 3 个寄存器作为加法器的 3 个输入，而加法器的输出存储在寄存器 reg_sum 里。寄存器 reg_sum 直接驱动输出端口 sum。

图 5-32 所示电路的 Verilog 代码如下所示，注意"synthesis keep"语句，这个语句在 Verilog 里就是综合保持属性语句。这里为了时序分析方便，使用保持属性将代码中的一些节点在 Quratus II 编译以后保留。

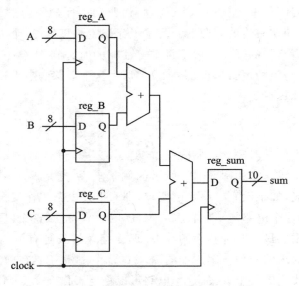

图 5-32 时序分析实例电路框图

```
moduleadd_three_numbers(clock, A, B, C, sum);
input clock;
input [7:0] A,B,C;
output [9:0] sum;

  // Registers
reg [7:0] reg_A, reg_B, reg_C /* synthesis keep */;
reg [9:0] reg_sum /* synthesis keep */;

always @(posedge clock)
begin
reg_A <= A;
reg_B <= B;
reg_C <= C;
reg_sum <= reg_A + reg_B + reg_C;
end
assign sum = reg_sum;
endmodule
```

将上述代码在 Quartus II 中编译,并查看其时序分析结果,时序报告可以直接在 Quartus II 的编译报告中找到。这里为了演示 TimeQuest 的使用,所以直接使用 TimeQuest。按照前面介绍的方法可以打开如图 5-4 所示的 TimeQuest 的图形界面。

打开 TimeQuest 主窗口后,我们把重点主要放在两个面板框里,一个是 Tasks,

第 5 章　教你如何用 TiemeQuest 来分析你的设计

另一个是 Report，如图 5-33 所示。任务框提供了为一个设计获取时序数据的各种动作，这些动作包括创建时序网表、读时序约束文件、执行时序分析、产生报告和保存时序约束文件等。而报告框里则显示设计的各种时序信息的细节，这些报告都是由任务框里各种产生报告的命令来产生的。

一般都要在工程被编译后才进入如图 5-33 所示的界面来分析设计的时序，有一些基本的步骤来分析设计时序。首先双击任务框里的 Create Timing Netlist 来创建设计的时序网表，用于后续时序分析。接着双击 Read SDC File 来使时序分析器读取一个 SDC 中的时序约束来用于时序分析。如果指定了约束，那么就使得分析器来判断设计中的哪些部分将会工作正常，而又有哪些部分将会有可能工作异常。初始情况下，设计是没有加入时序约束的，时钟信号默认自动约束为 1 GHz。最后，双击 Update Timeing Netlist 使用指定的约束来判决电路中哪些部分将不符合时序要求。一旦时序网表被更新，时序报告就已经可以被产生了。其实，我们没有必要按照上述步骤一步一步来，可以直接双击更新时序网表完成上述所有步骤。

时序网表更新完之后就可以产生各种时序报告了。从任务框里双击某个报告命令来产生报告，比如，双击 Report Setup Summary 将会获得一个如图 5-34 所示的结果。

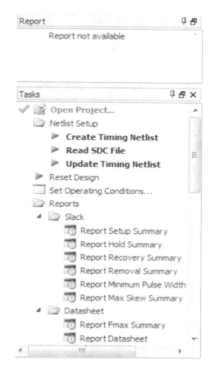

图 5-33　TimeQuest 任务和报告面板框

建立时间摘要报告显示了所有时钟域概要，包含了时序裕量（Slack）以及总的负的裕量（TNS），这些信息都显示了设计中所有时钟域按照建立时间约束要求的实现情况。在这个例子中，由于一开始并没有给设计添加任何约束，时钟默认约束为 1 GHz，所以设计肯定是不符合时序约束要求，通过报告我们发现最差的一条最长路径上的延时是 2.503 ns。为了查看更多的路径时序细节，可以选中图 5-34 中的红色内容，然后右击在弹出的级联菜单中选择 Report Timing，如图 5-35 所示。

执行 Report Timing 后会打开一个如图 5-36 所示的界面，其中有几个设置区域可以帮助我们设置需要报告路径的一些情况。第一个是时钟区域，指定要报告的路径的类型。我们可以精确地指定数据的启动时钟和锁存时钟，在时钟指定区域的 From 和 To 下面指定，这样指定限定报告的路径只能为寄存器到寄存器的路径。

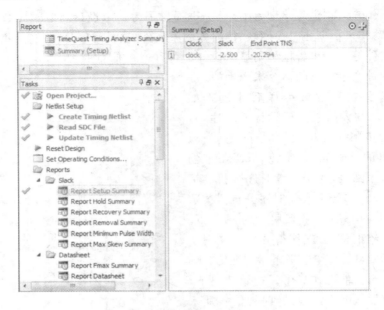

图 5-34　Setup Summary

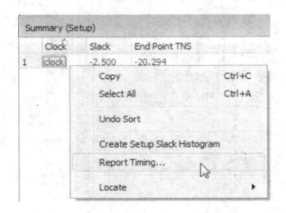

图 5-35　通过 Report timing 命令查看路径更详细时序细节

第二个区域是目标 Target 区域,进一步限定了将要报告的路径类型。同样可以通过 From 和 to 区域来指定要报告路径的起始和结束点。同时,还可以指定要查看的某条路径路过的某些节点。本例中让这些区域空着,即不限定报告的路径类型。

再下面的两个区域是分析类型和路径区域,分析类型就是指定报告的是建立时间还是保持时间等类型,不同分析类型将获取路径的不同时序分析报告。比如现在看建立时间分析,如果给定一个时钟频率,Setup 分析就是判断数据是否到达一个寄存器足够早,从而使寄存器能够将数据可靠地存储。Paths 区域用于指定报告路径的总数,也可以指定路径时序裕量(Slack)的最大值。比如默认情况下建立时间分析报告的路径数是 10 条,意味着将产生一个建立时间分析,并且显示负的 Slack 最大的前 10 条路径。

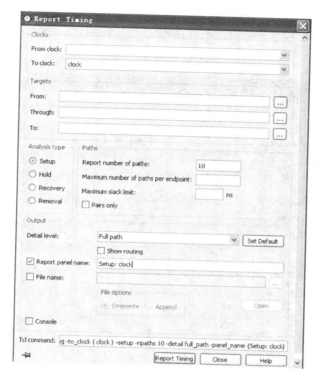

图 5-36 时序报告产生界面

接着一个设置区域是指定报告输出格式以及报告的细节程度,报告的输出可以是一个窗口给用户,也可以将时序分析存储在一个文件里。这里设置报告细节为 Path Only,并且设置报告输出到窗口,所以图 5-36 中选择了 Report panel name,这样就会给我们一个名字为"Setup:Clock by default"的报告窗口,这个窗口的名字同时出现在如图 5-34 所示的报告框里。

最后一个区域是 TCL 命令区域,自动显示当前报告设置命令的完整脚本命令,一般不要编辑这个区域,但是如果想使用脚本来报告时序则可以复制这里的脚本命令在 TimeQuest 主窗口的脚本框里运行这条命令。所有设置完成后,单击 Report Timing 按钮产生如图 5-37 所示的报告窗。

图 5-37 所示的时序报告窗主要包括 3 块。报告窗的顶部列出了被报告的详细路径,并包含了时序信息。尤其是 Slack 列显示了一个信号在给定时钟频率情况下,它到达一个寄存器的要求时间和实际到达时间的差异。如果 Slack 为负,则说明这条路径过长,其时序违反了时钟约束。在这个例子里,时钟周期默认为 1 ns,我们看到其中一条路径超出约束 2.503 ns。可以从列出的 10 条路径中选择一条路径查看这条路径时序的详细情况,如图 5-37 下半部分所示。

图 5-37 显示了某条路径的详细信息，包含了一系列不同的标号，分析显示了路径的概览、统计、数据路径以及时序波形。图 5-37 左边显示了路径经过的一系列元件，其中包括沿路各个元件的延时信息；而右边显示的是时序波形，用于解释当前时序违规的情况。

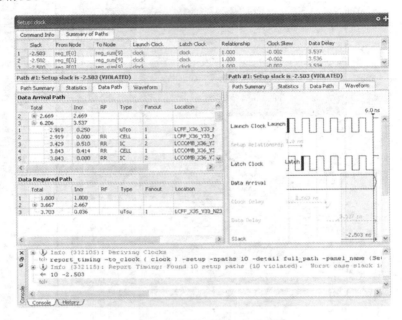

图 5-37 一个寄存器到寄存器路径的建立时间信息详细报告

显示时序波形是一种理解电路时序非常有用的工具。波形里包含了给定路径的数据和时钟分别到源寄存器和目标寄存器的延迟。乍一看，熟悉 TimeQuest 的人比较容易理解波形窗口提供的信息，但是对于初学者来说还比较困难。这是因为波形窗口提供的时序信息是相对于输入出现在 FPGA 输入引脚时刻开始的。举个例子，图 5-37 中第一个时钟信号显示的就是器件引脚处的时钟波形，这个时钟随后才会到达源寄存器。图 5-38 展示了如何解读图 5-37 显示的波形信息。

在图 5-38 中，上面两行波形显示的是到达源寄存器、目标寄存器的时钟信号以及时序要求（这里时钟周期是 1 ns），其中，分别用粗线条指示了时钟的启动沿和锁存沿。紧接着的波形是"Data Arrival"以及时钟延迟、数据延迟，表示一个信号从源寄存器传输到目标寄存器需要的时间。注意，"Data Delay"从源寄存器的启动沿开始测量得到。最后一组波形是"Data Required"以及时钟延迟、建立时间（uTsu），指示了数据到达目标寄存器并被正确保存应该需要的时间，这个时间包含了建立时间。理解图 5-38 所示的两条时钟延迟波形，第一条显然是指示了时钟从 FPGA 时钟引脚到源寄存器的时钟端口上启动沿之间的延迟，第二条指示了从 FPGA 时钟引脚到目标寄存器时钟端口上锁存沿之间的延迟。

第 5 章　教你如何用 TiemeQuest 来分析你的设计

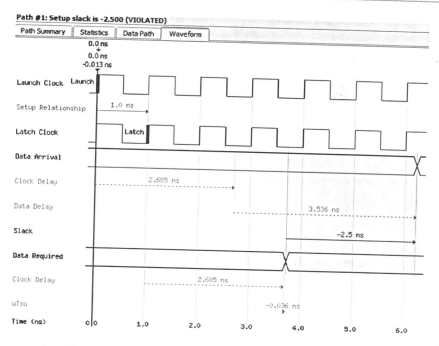

图 5-38　解读一条寄存器到寄存器的建立时间时序信息

　　从上面的时序波形示意图可以看到,数据到达目的地的时间是滞后于默认时序约束数据要求到达时间的。那么,这时候可以说设计违反了这个默认时序约束。为了显示这种时序违约,一个负的 Slack 值显示在上述时序报告里,Slack 负得越多,说明该路径违反时序约束就越厉害。相反地,那么一个正的 Slack 表示这个时序约束是满足要求的。

　　前面讲述的是在实例中没有施加任何约束,完全让工程在默认情况进行编译。而 TimeQuest 可以提供一种方式让用户给自己的工程重新编译之前添加约束。通过前面章节介绍知道,可以通过 TimeQuest 的 Constrains 菜单去添加自己的约束,本例给前面的工程添加一个时钟约束,选择 Constrains→Create Clock 菜单项,则弹出一个如图 5-39 所示的窗口。

　　在创建时钟约束窗口里可以添加一个时钟的详细约束,首先为该时钟约束命名为"clock"(当然也可以取其他的名字),接着指定时钟的周期为 4 ns。接下来的两个区域用来指定时钟从 0 跳变到 1 以及从 1 跳变到 0 的时刻,其实就是约束了时钟的占空比以及相位关系,这里笔者空着不指定,即默认占空比为 50%,且时钟的第一个上升沿在 0 时刻,而第一个下降沿在 2 ns 时刻。最后需要指定约束目标,在 Target 区域可以单击 Browse 按钮查找到需要约束的时钟目标,本例代码里定义的时钟也叫"clock"。同样我们看到,指定后在最下面显示了完整时钟约束的 TCL 脚本命令。单击 Run 完成时钟约束。最后可以单击任务框里的 Write SDC File 将刚刚创建的

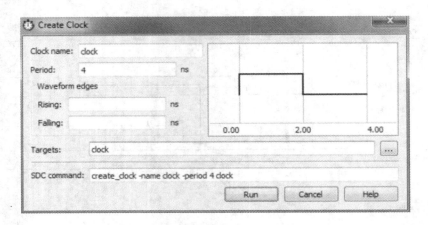

图 5-39　TimeQuest 窗口创建时钟约束

时钟约束保存到一个 SDC 文件里。如果没有给工程指定 SDC 文件，那么 TimeQuest 自动产生一个 SDC 文件，重新编译工程前记得将该 SDC 文件添加到 Quartus II 工程中，如图 5-2 所示。这时候再重新编译这个实例工程会发现，时序约束得到了满足。

5.6　小　结

本章主要介绍了如何使用 TimeQuest 来对 Altera 的器件开发设计进行时序分析。其中，介绍了一些时序分析的基本概念、进行时序分析之前要对设计进行时序约束、了解了如何对设计施加各种不同的实现约束。

第 6 章
对你的 FPGA 设计进行优化

从第 1 章开始笔者就提出设计规划的重要性，其实好的设计规划就是一种设计优化，而且也更有利于后续进行更进一步的优化。根据笔者的经验，一个设计如果需要优化，一般存在两种可能，一种是这个设计本身就不是一个好的设计，所以需要优化；另外一种可能就是软件的正常设置无法达到设计者的需求，或者设计者需要牺牲某方面因素从而在其他方面达到其所需的性能。我们要通过努力尽量避免第一种情况的出现，如果在遵循正常 FPGA 设计原则下工程还未达到设计者的要求，那么就需要考虑更改 Quartus II 软件某些设置来查看是否可以对设计进行适当地优化。

本章首先介绍了增量式编译，初学者在掌握了基本 FPGA 设计流程以后可以根据实际情况考虑了解一下增量编译方法。就算不采用增量编译，笔者仍然觉得增量编译方式中体现的设计理念还是值得借鉴，比如对设计层次架构的要求以及划分。

接着介绍了针对不同目的可专门采取的优化措施，比如对面积、速度以及时序等不同要求可采取适当的优化措施，本章都有所涉及。

6.1 增量编译使设计加速

增量编译方法是笔者极力推荐的设计方法，既然 Quartus II 支持这种设计方法，有条件为什么不使用呢？实际经验显示增量编译不只是可以对设计者的设计进行优化，更重要的一点是随着器件规模的不断增加，器件的编译时间越来越长；Altera 虽然每一个新的 Quarutus II 版本推出都大大缩小了编译时间，但是"架不住"器件规模的成倍增加。所以增量编译为使用大规模器件的用户带来了"福音"，不用再忍受长时间的编译了。此外，增量编译还有一个额外的好处就是更有利于团队开发。

6.1.1 什么是增量编译

要了解增量编译就必须掌握 Quartus II 软件里的两个概念（或者说工具），一个是逻辑锁（LogicLock），另一个是设计分区（Design Partition）。初学者往往不太容易能区分这二者，或者说既然有了逻辑锁为何还要搞出一个设计分区的东西来，认为Altera增加了操作的步骤和难度。笔者在后续章节会详细介绍这两个概念，这里事先提出来是因为根据笔者自身经验，初学时对此理解曾经有过混淆，所以首先拎出来特别说明一下。所谓逻辑锁是针对物理逻辑资源的物理锁定，而设计分区是对实际工程逻辑设计依据一定原则（比如功能层次结构等）划分成一个个相对"独立"的设计模块。

增量编译分为两种流程，一种是自上而下，另外一种是自下而上。所谓自上而下的设计流程，是指整个设计编译的时候从顶层开始进行全编译，一个工程只有一个设计者，这样工程就很容易管理，所有的设计信息位于一个工程里面。而自下而上的设计方法是指一个工程也许存在一个甚至多个设计者，不同的设计者设计各自的工程并对其工程进行优化，各个子工程设计完成后合并到顶层工程里面，这种方法非常适合团队合作或者集成来自第三方的 IP 或设计网表。这两种设计方法后续章节还会详细介绍。

上面简单介绍两种增量编译设计方法的时候，简单谈到了其优点，下面来看看每种方法都有哪些缺点。首先来看自上而下设计方法，这种方法每一次设计更改都需要工程进行全编译，即整个工程都被编译。所谓的更改包括源代码修改、添加新的约束以及尝试不同的优化措施等，常常一个小小改动导致了长长的编译时间。我们知道重新编译常常会得到不同的编译结果，所以那些没有改动的模块经过重新编译以后至少布局布线结果改变了，这种变化常常是我们不希望发生的。

对于自下而上设计方法，缺点是每个子工程师的修改都基于自身的需求，而无法获取其他子工程的信息，所以往往子工程本身设计达成了设计需求，但是在合并到顶层的时候失败。这样，每一个子工程也许需要往返多次修改、优化才能最终达成目的。图6-1显示这个修改到完成的过程。

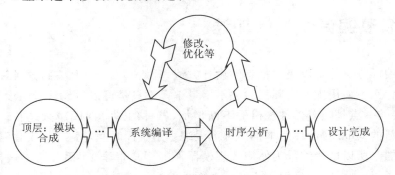

图6-1　自下而上的设计流程

总之，增量编译是对设计的一部分进行编译或者重新编译，在编译的时候综合器和布局布线工具对指定的部分设计不做任何改动。

第6章 对你的FPGA设计进行优化

在详细了解增量编译之前,先来直观地看看到底增量编译是如何开展工作的。首先,设计之初设计者将自己的设计组织成不同的逻辑和物理分区,一般Quartus II 软件分析设计之后就会获取设计的整个层次结构(Hierarchy),这种层次结构的划分基本体现了各个子功能模块的划分;初学者如果不知道如何划分分区的话,可以依据层次结构来划分,等到熟悉流程以后再在了解自己设计的基础上更好地划分分区。有了分区以后,综合器以及实现操作会为不同的分区产生不同的网表文件,这些网表文件就是所谓的综合后(Post_synthesis)和适配后(Post_fit)网表文件,存储在工程目录下 incremental_db 文件夹下。

当新的修改发生、需要重新编译工程的时候,这次编译只针对发生变化的分区,在综合和适配时被修改的分区网表和那些没有修改的网表一起合成到一个完整设计中,所以这时候编译过程中出现了一个"Partition Merge"的流程。当然,如果自下而上流程,这时候可以通过顶层工程导入修改后的子工程的网表文件。图6-2显示了完成增量编译工作时整个编译过程。

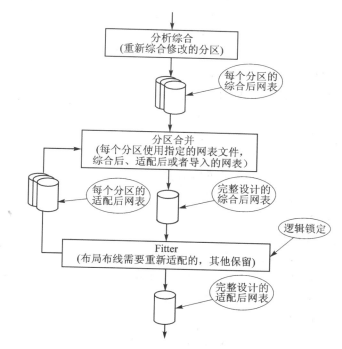

图6-2 增量编译设计方法的编译过程

至此,我们对增量编译有了一个大概了解,这里再总结一下哪些场合适合用到增量编译设计方法。首先是一个设计中的某一个模块需要经常修改,而其他模块已经基本完成了设计调试可以固定了,此时可以保留住已经完成的模块分区的编译结果,重新编译的时候无须编译整个设计。其次,设计走到最后阶段发现部分模块需要进行优化,将这些需要优化的部分划分到一个分区,这样对这些关键部分优化的时候无须编译其他模块。再次,一个工程往往部分功能模块设计很快完成,而其他功能模块由于种种原因还未开始设计,这时候可以采用一个黑匣子代替一个还未开始设计的模块,并为其预留资源,等需要的时候加入新的逻辑设计。最后,加入第三方的 IP 或者来自 Design House 的设计到自己的工程的时候可以使用自下而上的方法进行导入导出。

6.1.2 认识什么是逻辑锁

所谓的逻辑锁其实应该是逻辑锁区域(LogicLock Region),就是在器件的布线资源上"圈"出一个特定大小小块。用户可以设定这个被圈出来的逻辑块的大小以及位置,早期 Quartus II 版本只能圈出矩形块,新版本还可以圈出 L 型,即不同的直接圈出的矩形逻辑块可以通过合并(Merger)成任意 L 形状的块。

需要注意的是,逻辑锁一般是作为增量编译的一部分来使用,当然用户也可以单独使用逻辑锁,比如就是单独给某个功能模块指定固定的物理位置等。同时,在使用增量编译的时候也并不是一定要用到逻辑锁,但是 Altera 推荐完整的增量编译还是要用到逻辑锁,后面会根据不同的情况来说明。实质上,逻辑锁区域就是 FPGA 逻辑资源的物理分区分块,如图 6-3 所示。

划分逻辑锁物理分块首先要确定该分块的原点,所有 Stratix、Cyclone、Arria 以及 MAX II 系列器件都以分块的左下角作为该分块的原点。有了原点就可以跟 X-Y 坐标系一样来指定每一个物理分块的大小以及位置了。我们从 Chip Planner 里可以看到芯片底层好似一张网,每一个网格都分配了相应的 X-Y 坐标,如图 6-4 所示,依据这些坐标系就可以给每一个分好的逻辑锁区域指定大小和位置。

逻辑锁区域按照不同的设计需要可以设置成不同的类型,分别是逻辑锁区域大小位置未知、大小确定位置未知以及大小位置都确定这 3 种类型。表 6-1 列出了这 3 种类型的具体定义。

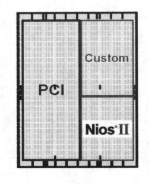

图 6-3 逻辑资源物理分块

表 6-1 逻辑锁区域类型

类　型	Chip Planner 中边框	行为功能
浮动-自动	点划虚线	由编译器指定大小位置
浮动-固定	段划虚线	用户指定大小,编译器指定位置
锁定-固定	实线	用户指定了大小及位置

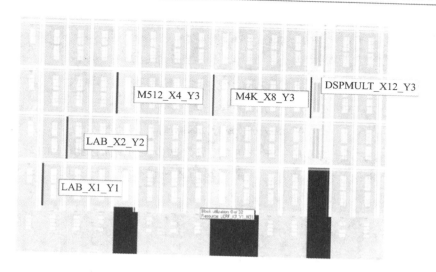

图 6-4　逻辑资源坐标系统示例

不过最新版本里不区分点划和段划虚线了,只要尺寸和位置有一项未确定,逻辑锁区域外框都是一样的虚线,位置和大小都确定后外框就为实线,如图 6-5 所示。

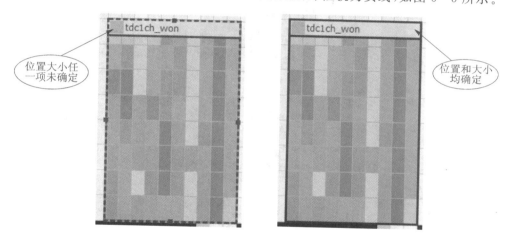

图 6-5　逻辑锁区域在 Chip Planner 中形状

用户可以通过 Quartus II 的 Assignments→LogicLock Region Window 菜单项打开逻辑锁区域窗口,从而实现创建、删除等对逻辑锁区域的管理。逻辑锁区域窗口如图 6-6 所示。

图 6-6 中可以双击 new 区域来创建一个新的逻辑锁块,当然还有很多方法来创建逻辑锁,比如在 Quartus II 工程的层级结构中右击任意一个需要创建逻辑锁区域的模块就可以找到创建逻辑锁的命令。这个逻辑锁窗口主要还是为了对逻辑锁区域进行管理,右击某一个逻辑锁就可以弹出一个命令窗口界面,其中有删除、重命名、

Region Name	Size	Width	Height	State	Origin	Reserved
LogicLock Regions						
Root Region	Fixed	79	53	Locked	X0_Y0	Off
<<new>>						
tdc1ch_won	Fixed	10	8	Floating	X37_Y1	Off

图 6-6 逻辑锁区域窗口

创建子区域等命令。读者实践一下就可以了解，这里要介绍的是其中的逻辑锁属性命令，通过这个命令，用户可以对每一个逻辑锁区域进行更进一步的管理，这个属性命令会弹出如图 6-7 所示的界面。

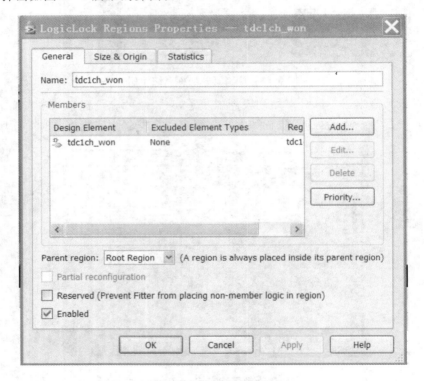

图 6-7 逻辑锁区域属性界面

从图 6-7 可以看到，对于逻辑锁区域管理包括删除、编辑甚至添加其他节点到该区域等。另外，图的下方还有一个 Enable 复选项，意味着用户可以在设计过程中决定是否使能某些逻辑锁区域。属性还有另外两页包括大小位置和策略页，这里不做过多介绍，读者亲身体验一下就都知道了。

对于图 6-7 还要进一步介绍的是 Enable 项上方的 Reserved 选项，该选项是用于决定是否阻止不属于本区域的逻辑使用本区域的资源。在老版本中分为 On、Off 和 Limited 这 3 个选项，现在看图 6-7 应该是只有 On 和 Off 了。默认应该是 Off，

第 6 章　对你的 FPGA 设计进行优化

如果选中该项就是阻止其他逻辑被编译器自动编译的时候使用本区域还未用到的资源（即剩余的资源），这样可以更好地保证本逻辑锁区域的时序以及将来功能的扩展等。选择 Reserved 还有一个好处就是该区域只用于特定逻辑，所以在进行团队合作的时候可以为不同的成员划分不同的禁区，免得自己的资源被其他人"侵占"。

上面提到了为逻辑锁区域保留资源，下面介绍如何将区域中某些资源"剔除"出去，作用是这些被剔除出去的资源在本逻辑锁块中根本不会被使用，为了提高资源利用率可以让区域外的其他逻辑功能模块使用。在图 6-7 中选择某个逻辑锁块，那么 Edit 的按钮就会有效，单击该按钮进入编辑界面，如图 6-8 所示。单击 Edit 按钮再进入 Exlucde Element Type 编辑界面，如图 6-8 右侧所示。图中笔者选择将该逻辑锁区域中的 DSP 模块"剔除"掉。

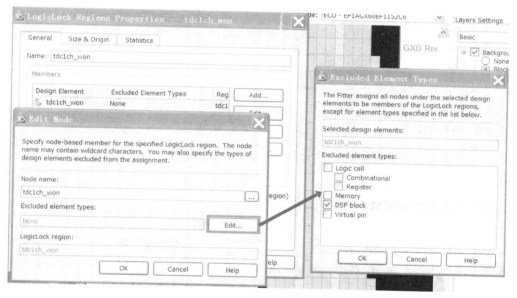

图 6-8　"剔出"逻辑锁区域不使用的资源

之所以要"剔除"，一般情况下设计者很难设定逻辑锁区域的大小，所以通常是让编译器自己来决定设计划定的逻辑锁区域的大小。然而由于区域形状只能是矩形，所以编译器难免会"框"住一些本模块根本不会用的 RAM、DSP 等其他硬件资源，这时候可以在编译器自动设定大小位置的基础上再"剔除"些多余的资源。

逻辑锁区域创建好了以后就需要给逻辑锁区域分配逻辑了，其实一般应用的步骤并不是这样的，一般是直接在设计层级结构中右击某个模块来为其创建逻辑锁块，这样新创建的逻辑锁区域本身就有了逻辑。当然，用户也可以先创建逻辑锁区域，再给其分配逻辑，分配的方法可以在层次结构窗口右击选择加入，也可以从直接从层次结构窗口、Chip Planner 或者 RTL 原理图中直接拉入相应逻辑模块。

下面来介绍如何创建非矩形逻辑锁区域，现在有两种方法，第一种方法就是创建一个 L 型逻辑锁区域。先创建一个矩形逻辑锁区域作为"父"逻辑锁,然后在其下创建一个"子"逻辑锁,给这个子逻辑锁选择 Reserved 属性,这样就阻止了父逻辑锁逻辑被布到这个子逻辑锁中,相当于在这个父逻辑锁中挖了一块。第二种方法是创建两个矩形逻辑锁区域,然后逻辑锁窗口选中两个区域再右击选择逻辑锁区域合并命令就可以将这两个逻辑锁区域合并成一个非矩形逻辑锁区域了,如图 6-9 所示。

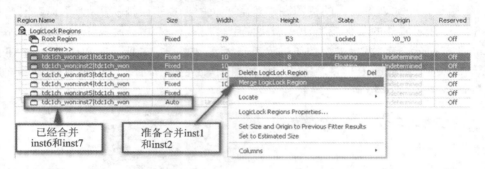

图 6-9 合并两个逻辑锁区域

逻辑锁创建好以后可以在 Chip Planner 里看到逻辑锁在编译后的分布,各个逻辑锁在编译器自动分布下是不会重叠的,当用户指定大小和位置后可以强制两个区域有部分重叠,但是 Altera 不建议客户这样做。另外,用户可以在 Chip Planner 里手动拉动逻辑锁区域来改变其位置。

6.1.3 开始使用增量编译

了解完逻辑锁区域之后,下面可以开始学习增量编译了。这一小节按照基本的增量编译流程来介绍如何进行增量编译。我们知道增量编译流程分为自上而下和自下而上两种不同的流程,对于设计优化来说根据不同的需求可以采用不同的流程,笔者介绍一些个人体会,Altera 推荐客户最好使用自下而上的流程,而大家往往根据一般 FPGA 设计习惯更喜欢采用更简单的自上而下的流程。

1. 设计分区

在使用增量编译之前必须给设计根据层次结构划分不同的分区(Partitions);这里所谓的分区是指逻辑上的分区,区别于上一节介绍的物理逻辑锁区域。分区必须是基于设计的层级结构,设计完成、快速编译后可以在 Quartus II 看到非常清楚的层次结构。这里笔者还是要重复强调一句,好的设计规划、功能划分更利于层级结构划分,也就更利于设计分区的划分。图 6-10 是笔者一个设计在工程导航(Porject Navigator)里看到的层次结构图,当然更详细的层次结构也可以通过 RTL Viewer 来查看。

如果要针对图 6-10 的设计划分分区,那么可以右击需要划分分区的 Entity,然后在弹出的级联菜单中选择 Design Partition→Set as Design Partition 菜单项,当然

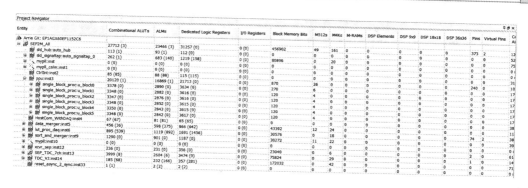

图 6-10 设计层次结构

也可以直接在 Assignments 菜单下像打开逻辑锁窗口一样打开一个设计分区窗口，然后双击 new 创建一个新的分区。

所以分区必须与某一个层次结构的边界相符，也就是必须是一个独立的设计实体，当然实体下还可以有更下一级的实体。一个设计实体不会自动成为一个设计分区，不过顶层总是默认为一个设计分区。增量编译支持导入网表文件，比如给一个设计分区（空的，如黑匣子）导入一个网表或者第三方的网表甚至 IP，这在自下而上的增量编译设计流程中非常有用。

图 6-11 是一个设计分区划分示例，整个设计有 3 个分区，分别是顶层分区、B 分区和 F 分区。

Altera 建议客户在划分分区时最好遵守以下一些建议：

> 所有分区的输入输出端口都要进行寄存，这样可以最小化分区之间的路径延时，起码也要尽量对输出进行寄存后再输出。
> 尽量减少分区之间跨边界路径。
> 将每一条关键路径都划分在一个独立的分区内。
> 分区也不能太小，比如不能小于 2 000 个 LE 或 ALM，因为太小会限制分区的优化。
> 尽量不要或尽量减少分区中不使用的端口，编译的时候这些端口是不会被优化掉的。
> 管理好资源使用。逻辑锁区域有资源 Reserved 和 Excluded 可以利用。特别是在 bottom-up 流程中，每个分区独立设计，很容易造成 RAM、DSP 等资源过分或者重复利用。
> 管理好全局资源的利用，理由同上。

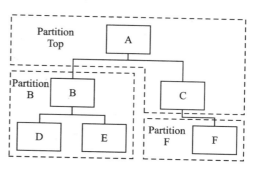

图 6-11 设计分区划分示例

➢ 在分区中不要使用三态或者双向端口,端口直接连接到芯片引脚的除外。
➢ 避免在分区之间使用组合粘合逻辑,可以将其划入其中一个分区中。

2. Quartus II 中增量编译工具及接口

如果读者还在使用老版本 Quartus II 软件,那么在使用增量编译之前还需要在 Setting 命令下先使能增量编译。新版本 Quartus II 软件增量编译默认使能的,如果用户没有划分设计分区,那么整个设计只有一个顶层分区,相当于没有使能增量编译。所以在新版本下如果要使用增量编译,则只要划分分区、逻辑锁区域,然后分配设计分区到对应的逻辑锁区域即可。前面提到可以从 Assignments 菜单直接启动设计分区窗口,如图 6-12 所示。

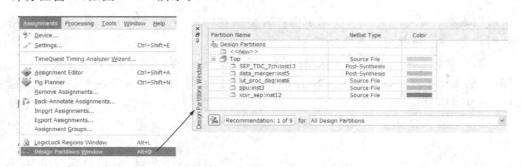

图 6-12 设计分区窗口

在设计分区窗口里可以管理设计分区,比如重命名、创建新分区、删除分区以及选择重用网表类型等。读者要理解可重用网表类型(Netlist Type),这对于有效利用增量编译很重要。

➢ Empty:使用空的占位模块作为分区,用户可以在顶层或者顶层分区定义模块的申明、虚拟引脚。这在需要导入网表的时候经常使用,编译的时候 Empty 让编译器忽略该分区的底层内容。
➢ Source File:编译的时候总是重新编译。
➢ Post-Synthesis:保留了综合后结果,重新编译的时候如果只是更改了 Fit 约束或设置,那么该分区不进行综合而是使用保留的综合结果。如果源代码发生改变或者综合设置发生改变,那么编译从源文件重新开始编译。
➢ Post-Fit:保留了适配后结果,重新编译的时候如果没有修改源文件,那么使用保留的适配后结果,最大限度节省编译时间。

和逻辑锁区域一样,设计分区也有所谓的设计分区属性管理,用户可以对每一个设计分区进行更进一步的管理。

3. 自顶向下(Top-down)设计流程

接下来进入具体增量设计流程,首先来看自顶向下的设计流程。图 6-13 显示了自顶向下设计流程的流程图,第一步是增量编译的准备,这里就假定工程已经设计

第6章　对你的FPGA设计进行优化

完成,所以这一步首先是综合工程,这样就可以看到整个设计的层次结构,然后就可以根据需要来创建设计分区,给对应的分区创建合适的逻辑锁区域。如果用户没有创建逻辑锁区域,也可以交给 Quartus II 软件自动给设计分区分配资源,因为有时候我们并不知道每个设计分区具体会使用到何种资源或者多少资源才足够,这时候就让工具分配就是了。所以说逻辑锁区域的划分需要对设计和器件都要有非常好的了解,对于初学者来说可以先不使用 LogicLock,笔者使用 LogicLock 一般是某个模块已经非常成熟,然后将其锁定在某个地方。而自顶向下流程,笔者多用于减少笔者设计和调试过程中的重复编译的时间。

一切准备就绪,就可以开始第二步,即对工程进行全编译,所有的分区都被编译,这样为每一个分区都创建了综合后和 Fit 后网表以备后续增量编译设计使用。所以增量编译一开始的第一次全编译的时间是不会减少的,从第三步开始以及往后的重复编译就可以达到调试过程中需要修改工程的时候减少编译时间的目的。

所以第三步,如果某个分区需要修改,其他分区可以保留上一次得到的网表文件,而第四步增量编译只对修改的分区进行全编译。

4. 自下而上(Bottom-up)设计流程

上面介绍了自顶向下的设计流程,笔者多用这种方式来减少重复编译的时间,特别是在设计大规模器件的时候。下面介绍自下而上的设计流程,图6-14显示了 Bottom-up 流程图。

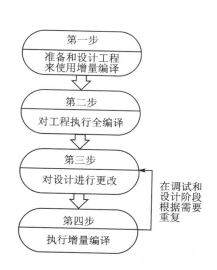

图6-13　自顶向下设计流程

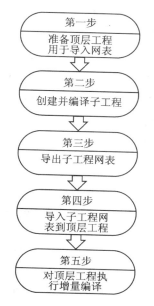

图6-14　自下而上设计流程

第一步是准备一个顶层工程，这个工程只是定义顶层 FPGA 的引脚和各子设计（设计分区）的例化，这些子设计其实就是一个个黑匣子，此时里面并不包含任何逻辑，就是一个个空实体(Entity)定义。为每一个子设计创建分区并指定 Empty 网表类型，顶层需要添加一些时序、资源等约束，比如为每一个子分区划分逻辑锁区域，也许每一个子工程已经编译完成，就知道每一个子设计具体需要消耗的资源了，后面有具体的例子进行分析。

而实际应用中笔者认为，顶层工程并不一定不包含任何逻辑，其实可以将一些相对独立的模块分开设计，顶层还可以进行其他设计，然后导入其他子设计。比较特殊的是，当需要集成使用合作方设计的时候，经常需要采用这种方法。

创建好顶层设计后，下面开始创建和编译子设计，其实也可以先设计好子设计然后再设计顶层并分配资源。对于 Bottom - up 流程来说，每一个分区都要新建一个 Quartus II 工程完成子设计。这时候子设计只能使用顶层工程给其划定的资源，不能随意使用其他资源来完成设计，否则在之后导入到顶层的时候会与其他设计产生冲突。子设计连接到芯片引脚的输入输出端口可以定义为 Pin，而那些只与其他分区产生连接关系的端口必须定义成虚拟引脚；可以在 Assignment Editor 里进行虚拟引脚的约束，如图 6 - 15 所示。

Assignment Editor

<<new>> ▾ ☑ Filter on node names: *

	tatu	From	To	Assignment Name	Value	Enabled	Entity	Comment	Tag
1	✔		in CK4x	Virtual Pin	On	Yes	tdc1ch_won		
2	✔		in CK1x	Virtual Pin	On	Yes	tdc1ch_won		
3	✔		in TrigIN	Virtual Pin	On	Yes	tdc1ch_won		
4	✔		in reset	Virtual Pin	On	Yes	tdc1ch_won		
5	✔		in VJ_CTRL[0]	Virtual Pin	On	Yes	tdc1ch_won		
6	✔		in VJ_CTRL[1]	Virtual Pin	On	Yes	tdc1ch_won		
7	✔		in VJ_CTRL[2]	Virtual Pin	On	Yes	tdc1ch_won		
8	✔		in VJ_CTRL[3]	Virtual Pin	On	Yes	tdc1ch_won		
9	✔		in sysclk	Virtual Pin	On	Yes	tdc1ch_won		
10	✔		in LaunchCT	Virtual Pin	On	Yes	tdc1ch_won		
11	✔		out TTV0x	Virtual Pin	On	Yes	tdc1ch_won		
12	✔		TCTPS[0]	Virtual Pin	On	Yes	tdc1ch_won		
13	✔		TCTPS[1]	Virtual Pin	On	Yes	tdc1ch_won		
14	✔		TCTPS[2]	Virtual Pin	On	Yes	tdc1ch_won		

图 6 - 15　子设计中的虚拟引脚

完成第二步的子工程设计，第三步就是导出子工程设计的网表了。在子工程的 Settings 对话框的 Compilation Process Settings 选项下选择 Incremental Compilation，如图 6 - 16 所示。选中 Automatically export design patition after compilation，单击 Export Design Partition Settings 按钮可以进入导出设计分区设置界面。

第四步是导入上述子分区到顶层设计，有两种方式来导入 QXP 文件到顶层工程。第一种方法是像添加一般源文件到工程一样，添加 QXP 文件到顶层工程，即在 Settings 对话框选择或者选择 Project→Add/Remove Files in Project 菜单项，也可以在工程导航的 File 页加入，这种方法只有 post - synthesis 网表被导入，就算 QXP

第 6 章　对你的 FPGA 设计进行优化

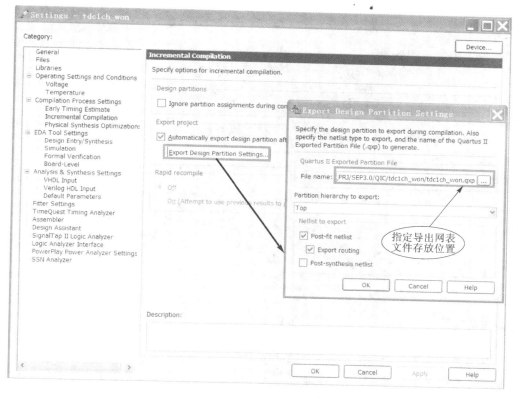

图 6-16　导出设计分区

文件中包含了 post-fit 网表信息也只会导入综合后信息。第二种方法是通过选择 Project→Import Design Partition 菜单项来导入分区,这种方法任何网表信息都可以被利用(包括 post-synthesis 和 post-fit)。具体怎么导入,后面笔者给出一个 bottom-up 设计流程的实例。

最后一步就是执行增量编译了。以后需要修改哪一个分区,就直接修改其子工程,然后进行网表的导出导入操作即可。

5. 自下而上设计实例

增量式编译有很多好处,比如可以优化项目的性能、加速工程的编译速度并节约编译时间、更有利于团队化项目设计等。Altera 的增量式编译有两种"模式",一种是 top-down 模式,另一种则是 bottom-up 模式。项目比较复杂,编译时间很长,可以将一些相对独立的模块设定为 partition,这样重复编译的时候此类已分区并未进行修改的可以不用再次进行编译,从而节约编译时间,这种从 top 层进行分区的模式属于 top-down 模式。还有一种情况是工程可以分成几个明确的独立模块,那么可以针对这些模块单独建立工程,编译结束以后将产生的网表文件输出,最终导入到顶层工程,这种方式就是 bottom-up 模式。

笔者在实际工作过程中使用 FPGA 实现 TDC 的例子,采用 Bottom-up 模式进行了实践,具体过程如下:

(1) 顶层工程安排

按照 Altera 的介绍,bottom-up 模式顶层工程在团队合作开发的时候是领导设计,并进行资源分配、分区划分等。所有分区在顶层类似一个"黑匣子",只有从底层工程导入网表文件后才"有血有肉"。

这里只是想将 TDC 部分进行分区,其余部分逻辑还是放在顶层工程里不做其他有关增量编译的安排。所以只需要一个低层 TDC 工程、一个顶层包含 TDC 黑匣子的工程,如图 6-17 所示。

图 6-17 给各个 TDC 通道创建分区

如图 6-17 所示,首先使用 tdc1ch_won_bb.v 文件给 TDC 通道创建一个只包含引脚定义的黑匣子,然后给各个 TDC 通道创建分区,一共 7 个 TDC 通道。单个通道的黑匣子实体定义如下所示:

```
Module tdc1ch_won
    (TTV0x,TCTPS0x,histo_wren,Histo,lut_wren,LUT,CoarseTime,TrigIN,reset,CK4x,CK1x,VJ_
CTRL,sysclk,LaunchCT);
    output TTV0x;
    output [9:0] TCTPS0x;
    output histo_wren;
    output [20:0] Histo;
    output lut_wren;
    output [20:0] LUT;
    output [39:0] CoarseTime;
```

```
input TrigIN;
input reset;
input CK4x;
input CK1x;
input [3:0] VJ_CTRL;
input sysclk;
input LaunchCT;

endmodule
```

(2) 底层工程设计

底层工程就是一个 TDC 通道,工程引脚定义和文件 tdc1ch_won_bb.v 定义要一致。另外,在进行底层工程设计的时候需要注意那些不是直接连接到 FPGA 的 I/O 引脚必须要约束为 Virtual Pin,这样当工程导入到顶层工程后才能和其他逻辑进行互联。接着需要在 LogicLock 窗口下为 top 分区创建一个锁定区域,大小位置先不管。图 6-18 是单通道 TDC 工程编译后在 Chip Planner 中的视图效果。而图 6-19 是对图 6-18 中的 TDC 分区模块进行局部放大后的视图效果,可以看到视

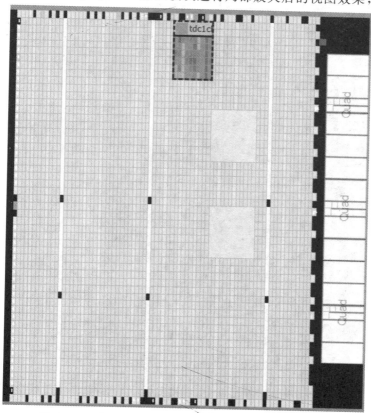

图 6-18　单通道 TDC 子工程编译后 Chip Planner 视图

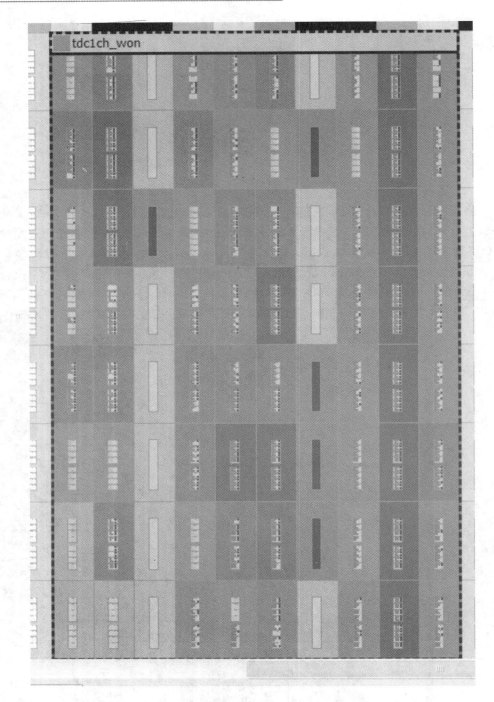

图 6-19 单个 TDC 通道子工程视图放大，右边第二列为延时链

图右边的延时链被准确地"实现"了。注意,这时候分区的边框为虚线,这是因为此时并没有对分区(对于底层工程来说,所谓分区其实就是整个工程的 top 分区)的位置大小进行设置,即为 unlocked 状态。

子工程在顶层是整体作为一个分区(现在 Quartus II 版本都自动使能了增量编译,所以工程整体,即 top,默认作为一个顶层分区),需要给这个分区创建一个 LogicLock Region,如图 6-20 所示。工程编译后发现,虽然 Size 为 Auto,但是 Width 和 Height 会有灰色的提示,这是编译器告诉用户这个分区合适大小。注意,这些信息很重要,回到顶层工程,给开始创建的 7 个 TDC 分区创建 LogicLock Region,并依据刚才的信息设置 Region 大小。

Region Name	Size	Width	Height	State	Origin	Reserved
LogicLock Regions						
Root Region	Fixed	79	53	Locked	X0_Y0	Off
<<new>>						
tdc1ch_won	Auto	10	8	Floating	X41_Y44	Off

图 6-20 TDC 单通道子工程编译后自动显示了分区大小

(3) 分区导入

导入分区,在顶层工程的 Project→Import Design Partition 菜单项下导入分区。比如,我们先导入一个分区,如图 6-21 所示的 inst4 已经导入了分区。

Partition Name	Netlist Type	Color
tdc1ch_won:inst2	Empty	
tdc1ch_won:inst3	Empty	
tdc1ch_won:inst4	Post-Fit	
tdc1ch_won:inst5	Empty	
tdc1ch_won:inst6	Empty	
tdc1ch_won:inst7	Empty	

图 6-21 导入的分区 Netlist Type 自动变为 Post-Fit

注意,底层工程编译后会生成一个 QXP 文件用于顶层进行网表导入。依次导入其他 TDC 通道,打开 Chip Planner 看到导入后 7 个 TDC 通道的视图,如图 6-22 所示。

注意:根据子工程编译的结果知道了子分区的大小,所以顶层工程在创建这些分区的时候直接设定 Size 为 Fixed,Width 和 Height 根据子工程编译结果设定。而 State 没有锁定,保留 Floating 状态,设计中根据实际情况也可以将位置锁定。这里没有锁定,是因为 TDC 比较难以控制,最终还需要手动调整每个 TDC 布局的位置。

如图 6-23 所示进行分区位置调整,由于一开始所有分区的状态是 Floating 的,所以在拖拽分区移动的时候会弹出一个提示框,如图 6-24 所示。

如图 6-24 所示选择 Yes 后,软件会将之前为位置浮动的分区更改为位置锁定,注意图 6-23 所示，浮动的分区边框是虚线，而锁定的分区边框是实线。移动位置后的分区原来的地方变成粉红色，图 6-25 则显示了所有 TDC 分区手动调整位置后的视图。

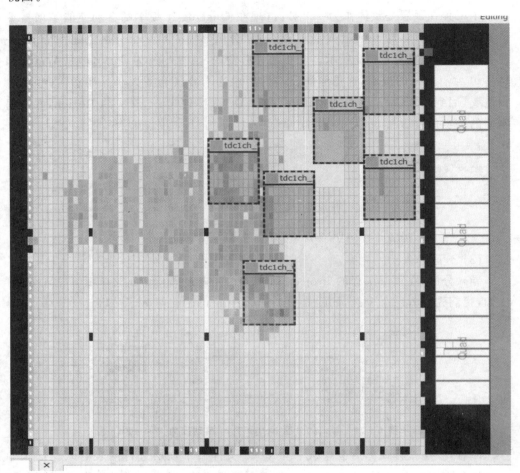

图 6-22　顶层工程创建好子分区编译后 Chip Planner 里视图

其实所谓的位置调整就是进行位置锁定，我们看到其实不管是底层工程，还是导入 QXP 之后的顶层工程，LogicLock 各个 Region 的状态都是 Floating（边框为虚线），位置锁定以后状态变为 Locked，边框变为实线。

给各个 TDC 通道分配到合适的位置及资源后，将其锁定，这样整个 bottom - up 流程的 QIC 基本完成了，最后就是编译顶层工程。

第6章 对你的FPGA设计进行优化

图 6-23 调整分区位置

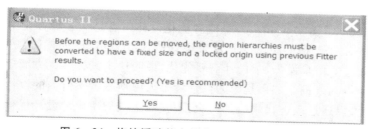

图 6-24 拖拽浮动状态的分区时出现的提示框

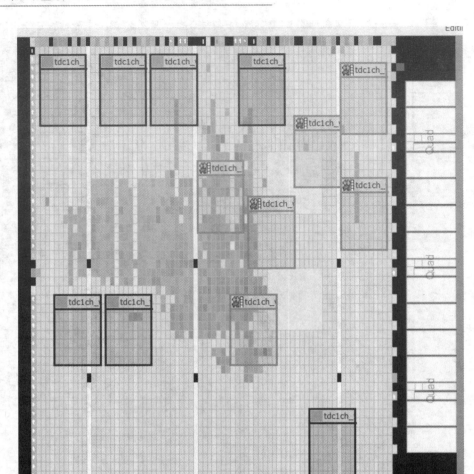

图 6-25　重新调整分区的位置

6.2　选择使用合适的设置和约束来优化设计

设计优化(Design Optimization)或者优化设计原意是从多种方案中选择最佳方案的设计方法。对于 FPGA 设计开发来说好的设计风格,比如代码风格,其实本身也是一种优化。通俗来说,一个设计需要优化,说明这个设计某些方面还不太令人满足需要进一步得到改进。如果是因为设计者个人习惯或者不恰当的设计方法造成的设计瑕疵,是可以通过改进代码得到解决,而实际上我们所说的设计优化是假定设计已经得到了很好的代码设计,但还是无法获得满意结果,那么在这种情况下应该如何来优化设计?

可编程设计一个很典型的设计方法就是速度和面积互换,所以一般所说的优化包含速度和面积两个方面,而这两个方面常常是"互斥"的,需要设计者来进行平衡。本节讨论在速度满足条件的情况下如何优化面积,以及在面积满足的条件下如何来优化速度,另外还打算简单介绍下功耗优化等。

6.2.1 优化之前

正如前面提到的那样,对于初学者来说设计不满足要求往往是因为自己的设计习惯或者设计方法不当造成的,这时候设计者需要找到设计不满足要求的具体原因,在找到原因之前不要轻易采取优化措施。

首先检查设计是否采取了层次化的设计方法、各个功能划分是否合理、是否使用了增量编译来开发你的设计等。对于一般的层次化设计,Altera 建议用户遵守这样一些建议:第一,设计中时刻考虑到本设计所选用的器件资源;第二,划分相对独立的功能模块,定义好各个功能模块的边界;第三,隔离状态机模块;第四,避免使用粘合逻辑尤其是组合逻辑来充当粘合逻辑;第五,如果使用了增量编译则遵守前面介绍的分区划分原则来合理划分分区。

其次,检查设计是否已经做到了完全约束(Fully Constrain),可以按照以下条目来检查你的设计是否已经得到恰当约束:

(1) 添加完备的时序约束

有时候设计出现的时序问题是因为设计者没有添加完备的时序约束造成的,这时候可以使用 TimeQuest 里的 Unconstrained Pahts 报告来获取哪些路径没有得到约束,然后给这些未约束的路径添加合适的时序约束。

一定要记住,如果路径没有时序约束,那么 Fitter 工具会按照其默认理解的范围给这些未约束的路径施加最大的时序余量来工作。所以这时候工具由于不知道设计意图,从而导致工具在这些未约束的路径上"过分"地努力来达到其认为的目标。

(2) 在需要的时候使用伪路径约束

默认情况下,工具对所有路径都要进行分析,详细可以查看时序分析一章进行了解。设计者必须告诉 Fitter 那些与电路实际操作并无关系的路径。

(3) 确认时钟是否有效

这个方面主要是初学者经常将一些本不属于时钟的信号当作时钟来用,还有就是避免使用门控时钟。

(4) 管理时钟域传输

跨时钟域操作一般也分两类,一种是完全异步时钟域传输,一种是相关时钟域传输。对于异步时钟域可以通过添加伪路径约束,而对于相关时钟域,比如时钟同源而不同频或者不同相的不同时钟域之间传输,这时候可以考虑使用多周期路径约束。

(5) 正确约束时钟使能

时钟使能的使用可以有效降低设计的功率消耗,但是这时候要认识到多半需要使用多周期路径的约束,另外在跨时钟域传输情况中需要根据时钟使能来传输数据。

(6) 千万不要过约束

过约束对于设计是不必要的,这样会造成工具的负担,这个比不约束还严重。

6.2.2 时序优化

时序优化有时候也被称为速度优化,说到速度一般都针对时钟来说,而时序优化不只是对时钟进行优化。

图 6-26 是对 FPGA 设计的全局优化设置,默认是 Balaced,如果需要对速度进行优化,那么可以选择 Speed,只是这样有可能导致更多的资源消耗。Timing-Driven Synthesis 选项允许综合器在综合的时候读取时序约束信息来优化综合结果,应该是允许综合器在综合的时候读取 SDC 文件,当前版本默认是没有选中,也许现在 TimeQuest 默认是打开的。最后一项是 Perform WYSIWYG primitive resynthesis,当设计中包含第三方的网表文件的时候选择这个选项意味着打散这个网表然后重新 map 到 Altera 的原语(primitives)中。Remap 的时候是基于 Altera 工具的优化技术,所以网表中某些节点名字有可能被改变,一些来自第三方综合工具的属性也可能会丢失,有些寄存器甚至也会被综合掉。

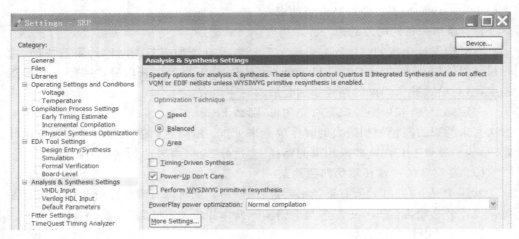

图 6-26 全局优化设置

以上是对全局优化的一个简单介绍,全局优化还有一个重要的手段是物理综合。下面重点放在时序违约分析以及如何解决时序问题上,首先分析时序失败的情况。

图 6-27 是时序分析的时候经常看到的典型同步路径,寄存器可以是 FPGA 内部也可以是其外部的,那么我们来分析如果出现时序失败,设计者应该怎么来分析它?

根据上一章的分析我们知道,这个电路的 Slack 等式如图 6-28 所示:

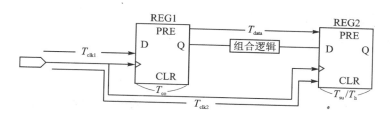

图 6-27 典型的同步路径

如果电路出现了时序问题,那么我们来看看到底设计者可以做哪些干预呢?首先,T_{su}、T_h 和 T_{co} 通常来说都是固定值,其值取决于芯片的制造工艺,所以设计者是无法改变的。而真正时序出现问题的地方都是在图 6-28 中的 T_{clk1}、T_{clk2} 和 T_{data},我们通过 TimeQuest 查看时序报告的时

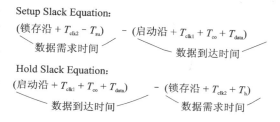

图 6-28 同步路径 Slack 等式

候,一般 TimeQuest 都会报告时钟路径和数据路径,所以如果要进行干预或者优化,那么就需要仔细分析时钟路径和数据路径,看看是否可以有所作为。

分析时钟路径延时,一般要看出现问题的路径上的时钟是否是门控时钟,然后确认这个时钟是否使用了器件的全局资源来走线。而数据路径延时过大,也许是因为扇出过大、逻辑级数过多、布局不合理以及某些物理方面限制等造成。

关于时钟和数据延时可以使用 TimeQuest 进行详细的查看分析,如图 6-29 所示。另外可以通过 Technology Map Viewer 图形化查看逻辑级数,很形象地获取某个路径的逻辑层级,而 Chip Planner 可以图形化获取到逻辑的布局情况,这些工具可以非常方便地帮助设计者分析路径时序问题。

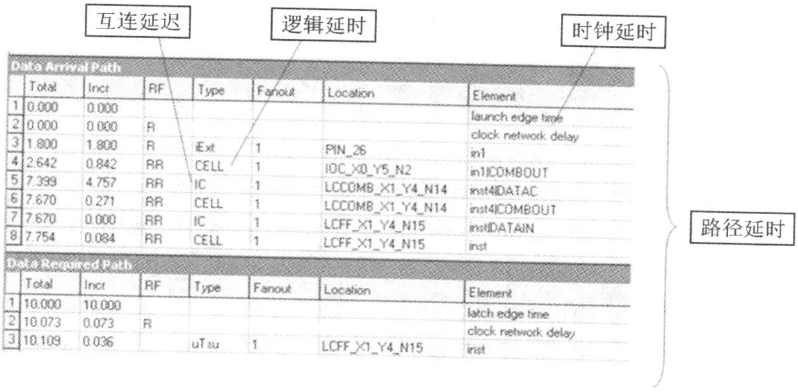

图 6-29 TimeQuest 提供路径时序所有详细信息

遇到时序问题的时候,可以利用上述方法先分析,从而对这个问题有个初步了解。接下来介绍几个解决典型时序问题的案例来让读者了解如何解决时序问题,并对设计进行适当的优化。

1. 过多的逻辑级数处理

首先来看看逻辑级数过多造成的问题以及解决办法。如果有时序问题,则可以在 TimeQuest 中首先 Report 这些出现时序问题的路径,TimeQuest 默认报告最差的 10 条路径,右击某一条路径,选择 Locate path,在弹出的对话框中选择 Technology Map Viewer,那么就可以看到如图 6-30 所示的该路径详细的逻辑级数。

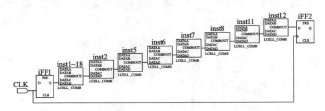

图 6-30 一条包含 8 级逻辑级数的路径

如图 6-30 所示,数据延时中包含了过多的逻辑延时,这很容易导致时序问题。解决这个问题可能的办法有:首先是如果设计允许可以加入多周期约束;其次是插入流水寄存器,这样减少了逻辑级数,但是增加了数据处理时间;再次,可以使能物理综合里的 Regiter Retiming,从而使得工具重新分配寄存器前后的逻辑级数,但是会增加编译时间;最后一个办法就是修改源代码。第一个办法是试图改变时钟的启动沿和锁存沿,后面 3 个办法都是试图改变图 6-28 中的 T_{data}。图 6-31 展示了在图 6-30 中的两个寄存器之间再加入一级流水寄存器,从而达到减少 T_{data} 的目的。

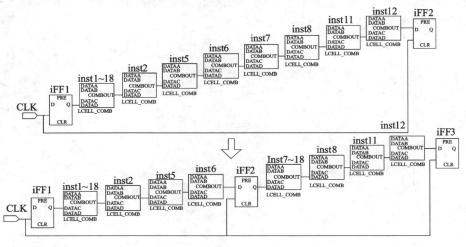

图 6-31 加入一级流水,减少 T_{data}

第 6 章　对你的 FPGA 设计进行优化

其实最好的办法还是提高代码的可综合性,在进行 HDL 代码设计的时候时刻记得你设计的是电路而不是普通的软件。举个例子,在前面的章节中笔者就提到不要在代码中设计过长的 if-else 嵌套,来看这个例子:

图 6-32 的例子是分别用 VHDL 和 Verilog 写出来的相同功能的代码,这段代码的综合结果如图 6-33 所示。

这时候可以修改上述代码,可以采用 CASE 语句来代替过多的 if 嵌套。需要注意的是,Verilog 中的 CASE 语句也可能被综合成带优先级的解码器,如果需要不带优先级的 CASE,可以使用 System Verilog 的 Unique CASE 语句。现在的 Quartus II 软件都支持 System Verilog,可以在 Setting 对话框里选择 System Verilog-2005。

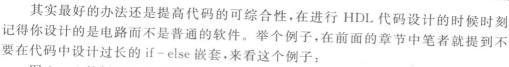

图 6-32　过多 if-else 嵌套

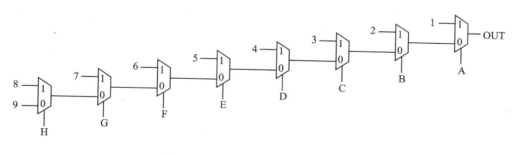

图 6-33　多级 if-else 嵌套编译结果

2. 过多信号扇出处理

信号扇出过大一般都会导致走线延时增大,这样就必然增加了 T_{data}。FPGA 设计中扇出最大的莫过于时钟了,但是时钟走的是专用的全局时钟资源,所以延时很小。普通的信号一般产生过大扇出的多出现在存储器的控制信号,比如 SDRAM 的控制信号(实例章节会有介绍)以及时钟使能信号等。

那么设计者怎么了解这些非全局的普通多扇出信号呢?有两个办法去了解,一个是通过 TimeQuest 的路径分析了解(如图 6-29 中就显示了报告路径的 fan-out),第二个办法是直接查看工程的编译报告中的 Fitter 目录下“Non-Global High Fan-Out Signals”表。

解决信号扇出过大这个问题可能的办法有:第一,如果设计允许可以加入多周期约束;第二,添加约束将这些信号放置在全局资源上,前提是全局资源够用,这样可以有效减小这些信号的延时;第三,可以使能物理综合里的逻辑复制功能,缺点是增加编译时间和增加资源消耗量;第四,给信号添加“max_fanout”约束;第五,手动进行逻辑复制。

通过 Assignment Editor 可以给扇出过大的信号直接约束其走全局资源,如图 6-34 所示;这个约束也可以直接通过 TCL 接口或者在 QSF 文件中直接添加如下:

set_instance_assignment -name GLOBAL_SIGNAL ON -to inst1

	tatu	From	To	Assignment Name	Value	Enabled
1	✔		inst1	Global Signal	Global Clock	Yes
2		<<new>>	<<new>>	<<new>>		

图 6-34 手动分配信号走全局资源

物理综合里的逻辑复制包括组合逻辑复制和寄存器复制,这里不做介绍。而添加最大扇出约束也可以在 Assignment editor(如图 6-35 所示)以及 TCL 接口或者 QSF 中直接添加,如下所示:

set_instance_assignment -name MAX_FANOUT <integer> -to inst1

	Status	From	To	Assignment Name	Value	Enabled
1	✔ Ok		inst1	Maximum Fan-Out	64	Yes
2		<<new>>	<<new>>	<<new>>		

图 6-35 手动添加最大扇出约束

至于手动逻辑复制,也有两种方法,一种当然是直接修改源代码来实现,另外一种也是可以通过添加约束来实现,如图 6-36 所示。以下是 TCL 接口或 QSF 中直接添加:

set_instance_assignment -name duplicate_atom dup_node -from from_node -to to_node

	Status	From	To	Assignment Name	Value	Enabled
1	! ...		*	Manual Logic Duplication	inst3	Yes
2		<<new>>	<<new>>	<<new>>		

图 6-36 手动复制逻辑

关于时序优化的例子还有很多,这里不一一列举,读者可以通过具体的例子进行实践,慢慢就能体会良好代码编写习惯是多么的重要。如果代码上无法改进了,再来寻求工具上的帮助,因为工具往往试图平衡各方面,可以通过打破这种"平衡"来获取所需的优化效果。

6.2.3 面积优化

面积优化其实就是资源优化,上一节中谈到时序优化的时候,有些措施往往会带来资源消耗的增加,相反,这一节需要更节约的资源消耗方案。图 6-26 显示全局的优化设置,如果选择 Area 就意味着全局资源优化。这个选项使得综合工作更强烈地推进 Register Packing,了解 Altera 的 LE 或者 ALM 结构,则会知道这是 Altera 器件的基本单元,但是其内部又可再细分为 LUT 和 Register 两个主要部分,而 LUT 和 Register 可以有单独的输出,这样很多 LE 或 ALM 只用了 LUT 而留下寄存器未被使用,Register Packing 就是尽量将这些未被使用的寄存器利用起来。

笔者有个例子,如图 6-37 所示,工程编译以后总的逻辑利用率达到了 93%,但是看明细我们发现,ALUT 只用了 62%,寄存器只用了 65%。

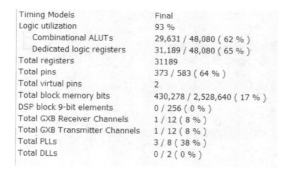

图 6-37 资源利用率统计

除了图 6-26 这个全局优化选项,在 Setting 中 Fitter 里的 More Setting 里有一个 Auto Packed Registers 选项,可以选择设置 Register Packing 的努力程度。

以上是逻辑资源的优化,我们知道现在的 FPGA 内部还有丰富的 RAM 资源,这些 RAM 资源非常宝贵,"好钢要用在刀刃上",设计中千万不能任意消耗这些 RAM 资源,逻辑资源足够的情况下有些用 RAM 来实现的功能完全可以交给逻辑资源来实现,除非对性能有特殊的要求。例化 RAM(ROM、FIFO 一样)的时候第一页就有 RAM 资源类型选择的选项,如果选用"LCs",那么就是使用逻辑资源来实现该 RAM;对于一些性能要求不是很高的 RAM,则完全可以使用逻辑资源来实现,从而节省宝贵的 RAM 资源。而对于 DSP 资源也是类似的道理。

最后,简单介绍下如何进行功耗优化。FPGA 的功耗分为静态功耗和动态功耗,静态功耗一般设计者是无法改变,只能由厂家通过更新工艺来改进;当然,现在最新

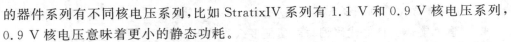

的器件系列有不同核电压系列,比如StratixIV系列有1.1 V和0.9 V核电压系列,0.9 V核电压意味着更小的静态功耗。

设计者可以在设计过程中注意对动态功耗进行优化,动态功耗主要来自信号的翻转。逻辑中翻转率最高的是时钟信号,且时钟没有控制信号时一直在不停的翻转,如果知道哪些时候需要时钟翻转哪些时候不需要,那么就可以通过时钟使能的方式减少时钟的翻转,从而达到功耗优化的目的。

Altera的很多IP都可以在例化时使用一个时钟使能端口,比如RAM、FIFO的使能信号,存储器的数据地址总线并不会带来太多的功耗,通过时钟使能信号可以大大减少存储器的动态功耗。另外一个类似的场合是笔者在使用Altera除法器的时候也使用到了时钟使能信号。

6.3 小　　结

本章首先介绍了增量式编译,并分析其对FPGA设计优化的重要性。最后,详细介绍了FPGA开发设计中需要进行的各种优化手段。其中,包括速度优化、面积优化以及功耗优化等。

第 7 章
对你的 FPGA 设计进行调试和测试

至此,整个 FPGA 设计周期进入最后阶段,一般代码设计阶段花费工程师的时间并不多,Debug 的时间会占据整个设计周期的大部分。所以这进一步说明了代码的重要性,好的代码必然减轻调试压力。另外,系统的测试应该区别于调试,测试时候甚至比调试的时间更长。有时候不经过测试并不知道代码设计是否符合系统的需求,甚而经过一番测试需要重新修改代码。

Altera 提供众多在系统调试工具,本章只介绍 SignalTap II 和 Virtual JTAG,最后一节还介绍了 ECO 在设计和调试中的作用。

7.1 SignalTap II

SignalTap II 是工程师非常喜欢的调试工具,有了这个工具 FPGA 工程师进行调试的时候就可以脱离示波器了。相比 Xilinx 对应的工具 ChipScope,SignalTap II 给设计者带来更好的用户体验。使用 SignalTap II 的场合或者条件是:
- 手头没有外部测试设备,比如示波器;
- 设计的目标必须是 FPGA,CPLD 不支持;
- 额外足够的器件资源,比如存储器(需要 RAM 存储采集的数据);
- JTAG 连接完好。

7.1.1 教你快速认识 SignalTap II 调试模块

给 FPGA 设计创建 SignalTap II 调试模块一般有两种方式,第一种笔者称其"STP 方式",另外一种是"IP 方式"。所谓的 IP 方式是用户通过 MegaWizard 在自己的设计中实例化一个 SignalTap II 模块,所以这种方式建立的调试模块已经嵌入到设计中。

通过 STP 方式给设计添加 SignalTap II 调试模块的好处如下:

- 直接利用 Quartus II 图形界面；
- 手动配置 STP 细节；
- STP 与用户设计隔离；
- 模块可以轻易在设计工程中使能或者去使能；
- 可以连接 ELA 到工程任何层次的信号。

下面简单介绍使用 STP 文件实例化 SignalTap II 调试模块的基本步骤：
- 创建.STP 文件；
- 给模块指定采样时钟；
- 指定采样深度；
- 添加需要观测的信号到 STP 文件；
- 指定触发条件；
- 指定存储模式（可选）；
- 设置 JTAG，即与硬件正确建立连接。
- 保存.STP 文件并和工程一起编译（保存时会提示是否将当前 STP 使能）；
- 编译结束下载配置器件；
- 开始采集数据进行调试。

而创建一个新的.STP 文件方法也有 3 种，分别是：
- 方法 1：直接选择 Tool→SignalTap II Embedded Logic Analyzer 菜单项。
- 方法 2：从工具栏或选择 File→New 菜单项，在弹出的新建窗口选 Verification/Debugging Files 子类，选择 SignalTap II Logic Analyzer。
- 方法 3：在任务窗口的 Verify Design 中选择 On-chip Debugging，并选择 SignalTap II Logic Analyzer。

默认情况下新建的 STP 文件名为 stp1.stp，可以建立多个 STP 文件用于调试不同的子模块；因为同时调试多个模块时要考虑资源的承受能力，当然如果资源足够就没有必要多此一举了。

7.1.2 教你快速创建第一个 SignalTap II 调试模块并调试

这一小节通过一个例子告诉读者如何快速使用 SignalTap II。假设已经建立了一个工程，则从 Quartus II 的 Tools 菜单里启动 SignalTap II 主界面，如图 7-1 所示。

简单介绍下图 7-1 的主界面。首先当主界面被启动后，有一个默认名为 auto_signaltap_0 的 Instance，可以右击它来进行重命名，同时也可以进行 Instance 创建、删除等操作，如图 7-2 所示。

如果设计中只有一个 Instance，则建议没有必要对其进行操作，下面开始进行其他设置。JTAG 配置区域跟 Quartus II 的下载软件没有区别，指定 Hardware 中的电缆（同一台计算机也许连接有多条电缆）、device 中选择当前 JTAG 上的某个器件

第 7 章 对你的 FPGA 设计进行调试和测试

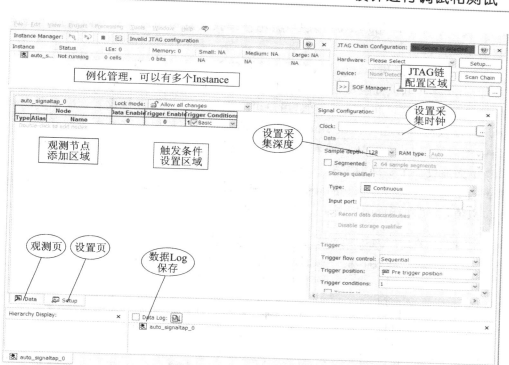

图 7-1 SignalTap II 设置主界面

（链上有可能有多个器件），最后是选择正确的配置文件，即 sof 文件。

接下来在 JTAG 配置区域的下方，是 Signal Configuration 区域，这里建议（如果不进行高级应用的时候）只设置两个参数，一个是采样时钟，另一个是采样深度。可以将系统时钟指定为 SignalTap II 的采样时钟（也可以通过 PLL 单独产生一个专门时钟，用于 SignalTap II 采样），注意，不要让低频时钟采集高频观测信号。采样深度根据器件情况酌情设置。该区域其他设置先默认即可，后面高级应用中结合实例进行介绍。

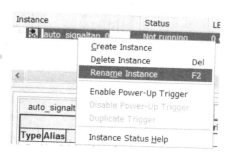

图 7-2 对 Instance 的操作

主界面的下方有个 Data Log 的复选项，建议不要选上，除非需要保存每次观测的数据。曾经碰到一个很好玩的情况，几年前有个朋友不小心将这个选上，后来忘记去掉，经过一些日子调试以后发现一个很大的烦恼，就是工程文件变得非常庞大，那时候 U 盘还不大，当需要将工程转移到其他计算机时发现这个工程居然达到了几百兆，找来找去，最后发现是这个 auto log 选项打开以后忘记关掉了，所以每次触发

SignalTap II 就 auto log save 一帧数据，不仔细找还真不知道什么原因造成工程体积"暴肥"的。

最后是 Data 页和 Setup 页。在 Setup 页的 Node 区域添加设计者需要观测的节点，而 trigger 区域设置触发方式。用过示波器的都知道，示波器指定触发方式有电平、边沿等方法，这里和示波器类似，用户可以根据自己需要进行设置。添加节点在 node 区域双击即可进入 node finder 窗口。所有设置完成以后就是下载配置文件到硬件，然后转到 Data 页 Run 或者 Auto Run 进行调试（这个 Run 也和示波器类似）。

下面通过一个实例创建第一个 SignalTap II 调试模块，假设工程已经建立，这个简单的工程完成一个 0~99 的计数，并分别通过两个 7 段 LED 显示计数值的个位和十位数值，逻辑功能框图如图 7-3 所示。

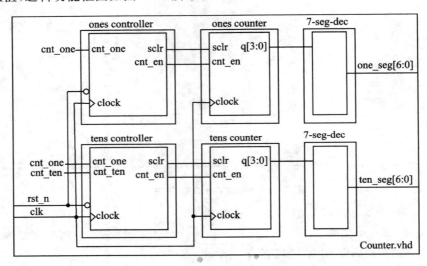

图 7-3 计数器电路功能框图

① 工程综合后（不综合找不到需要观测的 node，即节点）按照前面介绍的方法创建一个新的 SignalTap II 文件，即选择 Tool→SignalTap II Logic Analyzer 菜单项。

② 在如图 7-1 所示的主界面内创建两个 SignalTap II instance，具体步骤如下所示：

➢ 在 Instance Manager 先新建两个 instance（具体操作如图 7-2 所示，选择 Create Instance 即可），图 7-3 电路有两个计数器，这里建立的两个 instance 分别用于观测个位和十位输出。

➢ 右击新创建的两个 instance，选择 Rename，分别取名 instance_one 和 instance_ten（注：实际应用中笔者很少需要两个 instance 以及为 instance 重命名）。

➢ 保存文件为 counter.stp（注：建议文件用不同的名字，笔者通常为了调试不同的模块会建立不同的 STP 文件）。

➢ 由于此时 STP 文件还是空的，所以保存的时候软件会给出一个提示，选 OK

第7章 对你的FPGA设计进行调试和测试

即可。

> 单击 OK 后一般软件还会提示是否将这个 STP 文件在当前工程中使能,选 yes。

③ 先来配置个位 instance,即 intance_one,监测个位数字。(当有多个 instance 的时候,只能有一个处于活动状态,所以一定要确定哪一个 instance 处于活动状态,笔者在实际调试的时候偶尔忘记哪个处于活动状态,所以"run"的时候经常郁闷怎么没有反应,通过双击某个 instance 使之切换到 Active 状态,如图 7-4 所示,活动状态的 instance 图标为彩色,而非活动状态 instance 则为黑色。)

图 7-4 活动和非活动状态的 Instance

> 搜索以及选择 node 到 STP 文件进行分析,直接双击图 7-1 所示的节点添加区域即可进入 node finder 界面,如图 7-5 所示。(注:查找节点有一些技巧,在论坛还是经常碰到有人问"为什么我要找的节点在 SignalTap 里找不到啊?"其实一般原因有两种,一种就是这个节点被 Quartus II 软件优化掉了,另外一种就是查找技巧问题了,建议读者在图 7-5 的 Filter 里选择 Design Entry(all name),这样设计所有节点都能显示出来。需要注意的是这里能显示的并不一定表示可以加入到 SignalTap II 里进行观察,一些不能观测的信号如果加入,则在 SignalTap 里显示为红色。Filter 选择 Design Entry 只是解决找到 node 的问题,被优化掉的节点肯定是不能观测的,还有一种情况显示红色是因为在"lock in"选择的层次结构太高,也就是说,加入的节点只是底层到顶层的连线(wire)而已,实际编译的时候这些也会综合掉的,所以要深入到底层才能加入。如果在 Filter 选择 SignalTap II: pre-synthesis,那么类似上述无法加入的节点就不会被"list"出来。)

> 如图 7-6 所示,笔者加入了 3 个不同层次的个位观测节点。

> Signal Configuration,指定采样时钟,通过 Node Finder 找到时钟,并设置为 SignalTap II 的采样时钟,同时指定采样深度,这里笔者默认;另外,为了便于说明,这里同时设置"Trigger conditions"数量为 2(注:图 7-6 显示的触发条件是默认为 1 的情况)。

> 指定所谓的助记符表(Mnemonic Table),在 Node List 的空白处右击,然后选择 Mnemonic Table Setup,如图 7-7 所示。(注:助记符只是为了调试的时候更易观测,由于本设计希望观察十进制数,而 SignalTap 里是以二进制矢量显示,这个助记符表反映了 7 段码二极管上显示的十进制数和 SignalTap II 里二进制矢量对应关系,读者在具体设计中可以根据实际需要选择性使用,

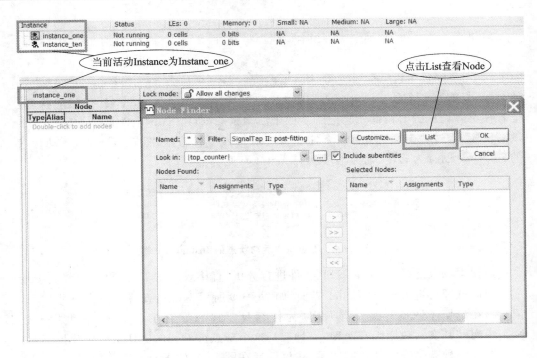

图 7-5 Node Finder

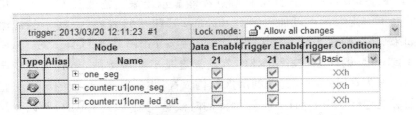

图 7-6 同一个信号不同层次添加到 SignalTap II

图 7-8 是事先准备好的 7 段码二极管助记符表。)

> 接下来设置触发模式(trigger pattern)。这里以 one_led_out 信号为例,右击这个信号总线,在弹出的级联菜单中的 Bus Display Format 子菜单中选择"Counter:width=7",告诉逻辑分析器以刚才导入的助记符来显示这个数据总线的输出,如图 7-9 所示。如果不进行显示模式设置,后面触发条件设置的时候将无法进行助记符触发条件设置,只能选择默认触发条件进行设置。注:可以看到默认都是以十六进制方式显示,这个和 ModelSim 的波形窗口有点类似,显示模式可以设置。笔者曾经使用"Unsigned Line Chart"图形显示 ADC 采样值来验证 ADC 的采样重现模拟信号的波形,如图 7-10所示。

第 7 章　对你的 FPGA 设计进行调试和测试

图 7-7　进行助记符设置及添加

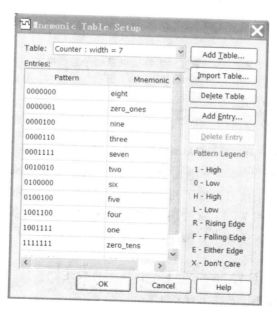

图 7-8　7 段码二极管助记符表设置

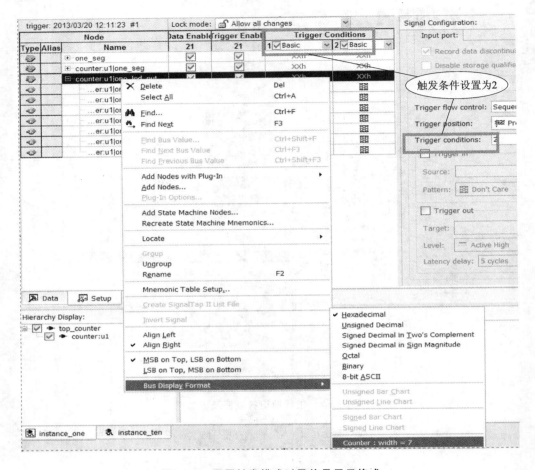

图 7-9　设置触发模式以及信号显示格式

图 7-10　图形显示模式显示 ADC 重建出来的模拟信号

> 设置触发条件,在每一个待观测信号的 trigger condition 下可以设置触发条件。上面给每个信号设置了两种触发条件选择。下面给每个条件指定具体的触发条件。如图 7-11 所示,可以看到如果没有在上一步设置显示模式,就不会有助记符触发条件设置选择,只能设置沿、电平或者手动输入固定数值进行触发。

④ 根据上述方法设置 instance_ten,这里不再赘述。
⑤ 保存 STP 文件并编译工程。
⑥ 硬件配置开始调试。

第7章 对你的FPGA设计进行调试和测试

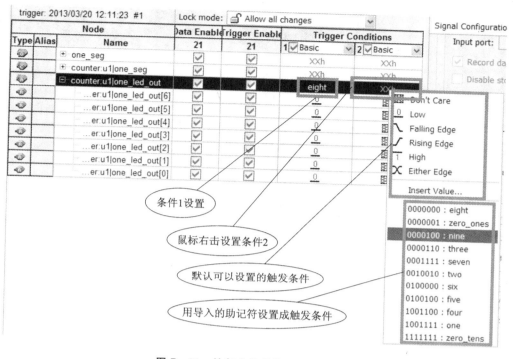

图 7-11 给每个信号指定触发条件

7.1.3 教你使用 SignalTap II 高级功能——Storage Qualification

SignalTap II 给 FPGA 调试带来了方便，但是相应地消耗了器件内置的内存，为了有效地利用这些内存，从 Quartus II 8.1 开始加入了一个新特性——Storage Qualification。这个特性在 Signal Configuration 区域，有读者可能注意到前面在介绍这个区域的时候并没有介绍这个特性，就是为了这里详细介绍（示波器里一般把这个功能模块叫做 Segment 组件，有些示波器厂家这个组件是选配，配置的时候需要另外掏钱购买的）。简单地说就是这个特性可以让设计者有选择地存储某些或者某段信号的内容，当然这个特性并不是说减少了内存的使用，而是定制完 SignalTap 后在当下消耗的内存里如何有效地、更好地展现信号全部特征。如图 7-12 所示，在 SignalTap II 定制页面的 Sgianal Configuration 区域有一个 Storage Qualificationde 设置框。

SignalTap II 有选择地存储显示信号就如图 7-13 一样。我们看到只有被使能的信号被存储，这样就是大大提高了内存的利用率。从图 7-12 可知，Storage Qualifier 设置非常简单，选择 Qualifier 的类型（type）、选择控制信号（input port 只在类型为 input port 的时候有效）以及底部的两个选择项看名字就知道其作用。这里主要介绍 Qualifier 的 6 个类型，如图 7-14 所示。

·161·

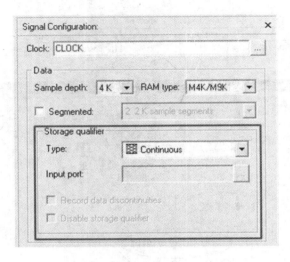

图 7-12 Storage Qualifier 设置框

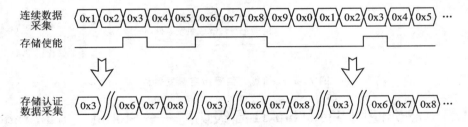

图 7-13 Strorage Qualifier 工作示意图

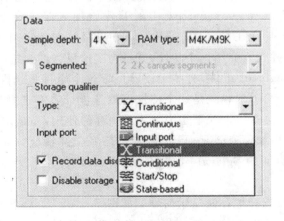

图 7-14 Qualifier 类型

> Continuous，默认设置，即所有选取信号被采样存储，如图 7-15 所示。

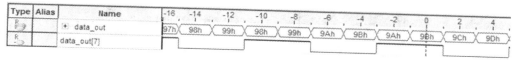

图 7 - 15 使用连续模式捕获数据

- Input Port,选择任何信号作为写使能信号,可以是内部信号也可以是外部引脚,如图 7 - 13 所示;当使能信号为高时存储,如图 7 - 16 所示;使能 qualifier 后,只有在使能信号 data_out[7]为逻辑高电平的时候采样信号才被存储。可以比较图 7 - 15 和图 7 - 16,前者将计数数据全部给与显示,而后者只显示了 data_out[7]为高的数据,相当于让 data_out[7]作为写使能信号。

图 7 - 16 通过指定输入端口模式捕获数据

- Transitional,采样信号只在被选择信号发生变化的时候存储。当这个类型被使能的时候,在 SignalTap 设置页的 node list 会多出两列来显示哪个或者哪些信号被选择了,如图 7 - 17 所示。改变 Strorage Enable 时,工程需要重新编译,改变 Transitional Enable 时不需要重新编译。我们再来通过和连续模式比较来说明,图 7 - 18 是连续模式存储结果,图 7 - 19 是本模式存储结果。可以看到,多余的 IDLE 状态并未被存储,从而节约存储器来存储设计者更需要的数据。

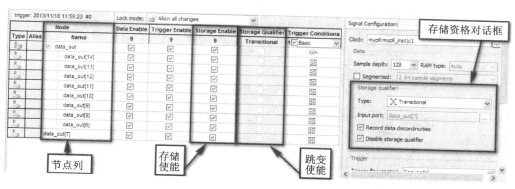

图 7 - 17 设置以信号跳变模式捕获数据

图 7 - 18 连续模式下数据捕获存储并显示

图 7-19 跳变条件模式下数据捕获存储和显示

➤ Conditional，采样信号只在被选择信号设置的触发条件为真的时候才被存储，同样在设置页也会多出两列来显示哪些信号被选择来定义了什么逻辑，如图 7-20 所示。继续进行与连续模式的比较，图 7-21 是连续模式，而图 7-22 是本模式，可以看到后者是在 data_out[6] 和 data_out[7] 都为高的时候才存储并显示。

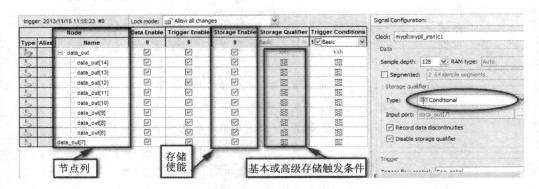

图 7-20 根据条件产生存储写使能设置

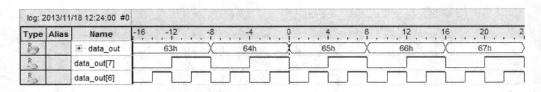

图 7-21 连续模式

图 7-22 条件存储模式

➤ Start/Stop，跟 Conditional 类似，很好理解，基于两个设置好的条件，一个开始一个停止，满足开始条件就开始存储，满足停止条件就是结束存储；同样在设置页也会多出 3 列来显示哪些信号被选择来定义这两个条件，如图 7-23 所示。同样,与连续模式比较,图 7-24 为连续模式,图 7-25 为本模式。可以看到,和图 7-23 设置那样,后者在 data_out[7]:data_out[6] 为"10"开始,"01"结束存储和显示。

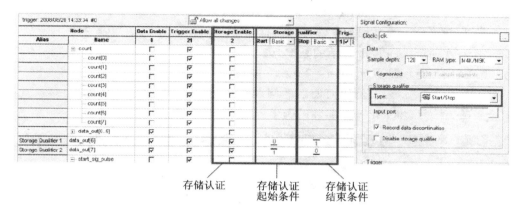

图 7-23 开始/结束模式

图 7-24 连续模式

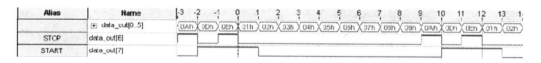

图 7-25 开始/结束模式

➢ State-based,和 Start/Stop 类似,即一个开始状态(Start_store,一个结束状态(Stop_store),这里不具体介绍。

7.1.4 教你使用 SignalTap II 高级功能——Power-up Trigger

SignalTap II 可以实时调试 FPGA,给 FPGA 设计调试带来了极大的便利。通常情况下,SignalTap II 只能探测其运行起来以后器件运行情况,未运行之前的情况就无法探测到。有时候非常需要了解系统上电伊始某些信号的状况(比如有些系统需要上电几秒甚至几毫秒内要完成的某些初始化动作),于是 SignalTap II 加入了 Power-up Trigger 特性从而使这个问题得到了解决,设计者可以方便地观察上电瞬间 FPGA 内部究竟发生了什么(这个特性相当于将"上电"作为触发条件,条件满足后存储一帧数据)。

Power – up Trigger 会在器件上电并加载配置文件后且在设计者手动启动（Run）SiganlTap ELA 前就开始探测并存储触发条件下的信息，具体使用步骤如下：

① 使能 Power – Up Trigger；

② 为 Power – up Trigger 配置触发条件；

③ 重新编译工程并加载器件；

④ 首次 Analizer Run 显示的是 Power – Up Trigger 采集到的数据；

⑤ 持续运行回到 Run – time Trigger 模式。

下面详细介绍，首先是如何使能的问题。其实图 7 – 2 显示了使能 Power – up trigger 的方法，这里给出一个实际的例子，如图 7 – 26 所示。

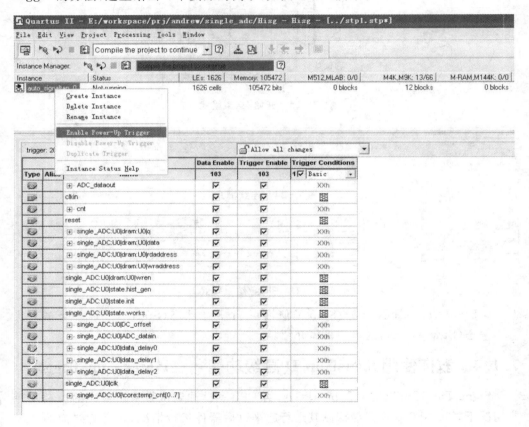

图 7 – 26　在设计的 SignalTap II 中使能 Power – up Trigger

被使能的 Instance 相当于被"复制"了一次，这时候 Instance Manage 下多出一个 Instance，如图 7 – 27 所示，同样需要双击使之处于活动状态。

Power – up Trigger 使能以后会在原始 Instance 下生成一个相似的子（child）Instance，且部分区域标注为蓝色。相当于增加了一个 Instance，可以分别对原始和子 Instance 进行触发条件设置，比如这里设置 Power – up Trigger 的触发条件

第7章 对你的FPGA设计进行调试和测试

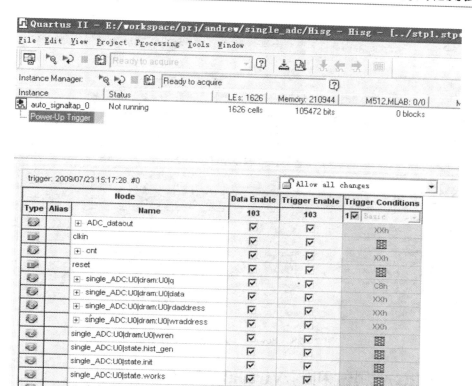

图7-27 Power-up Trigger 被使能以后

是双口RAM的Q端输出为"C8",如图7-27所示。首次运行Analizer Run后显示如图7-28所示。

图7-28只能在单步运行的情况下看到一次,如果重新运行,那么就进入正常调试状态,看到的是原始Instance的结果。如果需要重新看到图7-28所示的结果,那么需要重新上电加载程序。

图 7-28 Power-up Trigger 运行结果

7.2 FPGA 测试利器 Virtual JTAG

建议有条件的设计者还是要学会如何使用 Virutal JTAG(简称 VJI,下同),这里将其定义为"测试利器"而不是调试,这是因为设计者可以利用 Virtual JTAG 来调试 FPGA,更重要的是可以通过其与 FPGA 建立通信。FPGA 硬件以及逻辑设计完成后,功能调试结束,接下来就面临漫长的系统测试,需要分析大量 FPGA 处理的数据,这时候 Virtual JTAG 发挥了其利器的功能,因为它可以像 UART 那样给读者提供通信通道,但比 UART 提供更多的通道、更灵活的配置。

7.2.1 你所要了解的 JTAG

本小节简单介绍一下 JTAG,使读者有个大概印象,更具体的信息可以查看 IEEE1149.1 标准,即 JTAG 标准(JTAG 是 Joint Test Action Group 的简称,JTAG 标准最初由这个组织提出,最终被 IEEE 接受为标准),Altera 的 AN39 也有相关介绍。

现在很多器件都有 JTAG 端口和电路,Altera 的所有器件都具有这个端口和电路,前面说了这是一个 IEEE 标准,所以将 Altera 和 Xilinx 的器件挂在同一个 JTAG 链路中成为了可能。在实际应用中笔者有过类似项目设计,在实例章节将进行相关介绍。另外,笔者在项目调试的时候碰到一点点困扰,即 FPGA 的 JTAG 和 ARM

第7章 对你的FPGA设计进行调试和测试

的JTAG调试接口存在一些冲突,无法做到兼容并存,幸好笔者ARM的JTAG电缆是并口,而FPGA JTAG电缆改用USB-Blaster以后解决了冲突问题。

下面我们来看看JTAG在FPGA中的示意图,如图7-29所示。

如图7-29所示,JTAG的输入引脚包括tck、tms、tdi、trst(可选),输出引脚只

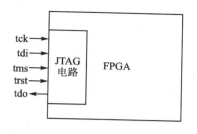

图7-29 JTAG在FPGA中的位置示意图

有tdo。那么进入JTAG电路内部可以发现,还有TAP控制器、带解码逻辑的指令寄存器(IR)以及数据寄存器(DR),记住JTAG遵守了边界扫描测试电路协议。图7-30简单显示了JTAG电路内部的状况,主要是测试存取端口(TAP)控制器、IR和DR。

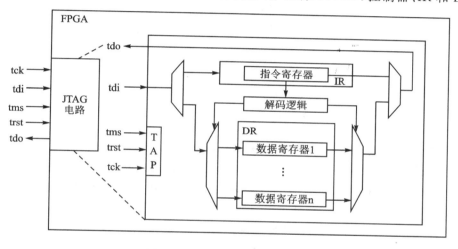

图7-30 JTAG电路内部状况

结合图7-30笔者给出JTAG的主要操作,看IEEE1149.1也就这些内容,除非需要给自己的芯片进行边界扫描设计,那么掌握下述内容足以理解后续Virtual JTAG。JTAG的操作主要有两种:

> IR-scan,将数据加载到指令寄存器(IR)。记住,在quartus_stp下的TCL命令是device_ir_shift。
> DR-scan,将数值移出或者移进各种各样不同的数据寄存器(DR)中,当前具体操作哪一个DR由解码逻辑决定。记住,在quartus_stp下的TCL命令是device_dr_shift。

上述两种扫描都使用tck作为时钟信号,tms作为控制信号,使用tdi将数据送入JTAG,用"tdo"将数据从JTAG送出来。注:在虚拟JTAG中容易将tdi和tdo搞混,注意区别。

JTAG 的应用如图 7-31 所示,主要是边界扫描测试(BST, Boundary Scan Test)。我们看到图中有大量的边界扫描寄存器,测试数据被串行地从 TDI 移入内部逻辑,同时内部的数据可以通过 TDO 移出。这些 3 bit 寄存器单元可以是 I/O 引脚、专用输入或者专用配置引脚,所以设计者可以利用边界扫描寄存器来测试外部引脚连接或者捕获内部数据。

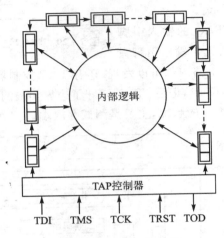

图 7-31　JTAG 的应用

结合图 7-30 和图 7-31,众多的 DR 组成了 JTAG 电路的原始数据路径,为 JTAG 传输提供有效载荷。每一个 DR 都要完成指定的功能,我们所了解的边界扫描单元则组成了最原始的一条 DR 链,那么还有一些其他 DR 链,根据 IC 供应商的定义,它们可以完成诸如身份认证、边界扫描测试时旁路 IC 或者 IC 供应商自定义的某些功能等。那么对于 Altera 器件来说,当用户需要使用 JTAG 当作调试或测试接口时,Altera 给用户额外提供两个 DR 链。后面在 Virtual JTAG 中会看到,这两个额外 DR 链路使得用户可以通过扩展 DR 链来完成一些用户自己定义的应用功能。

至于 IR,主要完成选择 DR 块的作用,有点像 DR 寻址的功能,每个 IR 指令映射于一个特定的 DR 链。

所有的移位寄存器,如图 7-31 所示,都是 JTAG 电路的一部分,主要分为两类:
- Shift Register:用于捕获从 TDI 引脚串行移入的新数据。
- Parallel hold register:连接至每一个 shift register,并保持当前移位完成时的输入值。这些寄存器可以确保在有新数据被移动时,输出是稳定的。

上面简单描述了什么是 JTAG,接下来介绍 TAP 控制器。TAP 控制器首先是一个状态机,控制任何移位操作的开始和结束,并且控制 IR 和 DR 的 shift register 和 parallel hold register 之间的数据流。TAP 控制器由 TMS 引脚来控制,图 7-32 是该状态机的状态示意图。

表7-1列出了TAP控制器状态机的功能描述,建议读者记住几个状态,CDR/CIR、SDR/SIR以及UDR/UIR,后面 Virtual JTAG 用得着。

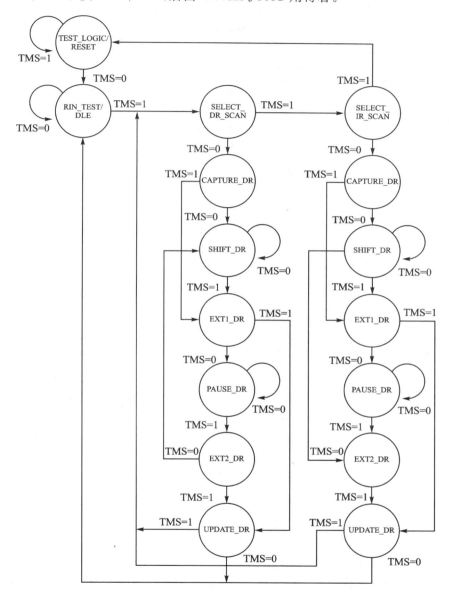

图7-32 TAP控制器状态机

表 7-1 TAP 控制器功能描述

TAP 控制器状态	功能描述
Test – Logic – Reset	JTAG 扫描链的测试逻辑被关闭
Run – Test/Idle	这是一个保持状态，一旦进入，只要 TMS 为低控制器将保持这个状态
Select DR – Scan/Select IR Scan	这是一个过渡状态，这里选择是否进入 DR 或者 IR 状态
Capture DR/Capture IR	在 TCK 上升沿时使能一个从 hold register 往 shift register 加载并行数据
Shift DR/Shift IR	使能 DR 和 IR 链开始移位
Exit1 DR/Exit1 IR	临时暂停状态，并决定是否提前进入 Update 或 Pause 状态
Pause DR/Pause IR	允许指令寄存器和数据寄存器移位被暂时停止
Exit2 DR/Exit2 IR	临时暂停状态，并决定是否提前进入 Update 状态
Update DR/Update IR	使能一个从 shift register 到 hold register 的并行加载。更新发生在 TCK 的下降沿

7.2.2 告诉你什么是 Virtual JTAG

上一小节对 JTAG 有个大概的了解，实际应用中设计者利用 JTAG 主要是用来下载程序、调试程序，有没有人想过通过 JTAG 去访问图 7-31 所示的那些寄存器呢？如果想过，那么你对 Virtual JTAG 的功能有个初步的想法了。

实际上普通设计者是无法直接访问 Altera 器件的 JTAG 电路的，因为 Altera 根本不会向普通客户公开这个电路。不止 Altera，其他芯片厂商都不会向普通客户公开这个信息的，只是告诉用户"我们的 JTAG 电路完全兼容 IEEE1149.1 标准"。

幸运的是，Altera 给用户提供了一种间接访问 JTAG 的方法，注意，我们访问 JTAG 电路并不是真正只是为了访问 JTAG，目的是要通过 JTAG 来访问 FPGA 内部的逻辑设计或者逻辑电路。这条通路一开始对用户是不公开的，后来 Altera 想了一个办法，既不泄漏其 JTAG 电路的秘密，又能给客户提供通过 JTAG 访问 FPGA 的通路，这个方法就是使用 Virutal JTAG Interface(VJI)，笔者称其为虚拟 JTAG。

"虚拟"的意思就是它不是真正的 JTAG，只是在你的设计中提供一个类似 JTAG 一样的接口。这个接口完全模拟 JTAG 扫描操作，使用同一个物理 TAP 控制器(注:这点很重要)，但是它使用自有的 IR 和 DR，也叫 VIR 和 VDR(即 Virtual IR 和 Virtual DR，后面我们知道 VIR 和 VDR 其实就是 Altera 器件 JTAG 电路中的两个 DR)。如果实在不能理解，这里打个比方，好比物理 JTAG 是一个黑盒子，是不能访问的，但是可以通过 VJI 来使用 JTAG 已经建立的通路。这有点像 CPU(MCU 或者 DSP)中的存储器映射(Memory Map)，比如 PCIE 协议中 PCIE 端点只能通过映射的存储器才能访问 CPU 的主存储器，而无法直接对主存储器进行直接访问。

进一步了解 Virtual JTAG 之前，先来了解 Altera 的系统级调试(SLD, System

Level Debug)构造。Altera 所有片内调试工具(Altera 有多个基于 JTAG 的在线调试工具,比如 SignalTap II 等)都需要 JTAG 资源共享前述两个用户可以自定义的 DR 链路,Altera 定义 USER1 和 USER0 指令来选择这两个 DR 寄存器链路,这些数据链路是 Altera 可编程逻辑单元 JTAG 电路的扩展。

由于 Altera 提供了众多的片内工具,如此多的工具共享这两个 DR 链路,那么就必须有一个裁决机制,SLD 就是干这个事的,图 7-33 显示了 SLD 构造的功能模型。

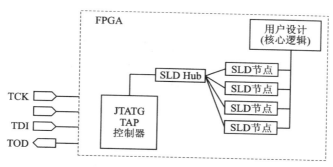

图 7-33 SLD 构造功能模型

有了这个裁决机制以后,所有需要使用 JTAG 资源的工具或者应用就不会发生冲突了,比如可以同时使用 SignalTap II 和 Virtual JTAG 进行设计调试,当然同一时刻只能有一个应用占有 JTAG,由于 JTAG 工作频率很低,所以外部表现得似乎可以同时运行一样而已。SLD 模拟 JTAG 协议的 IR/DR 规范,每个应用或工具像上述 JTAG 那样实现一个 IR 以及一系列 DR。只是要注意的是,所有这些应用定义的 IR 和 DR 都是 USER1 或 USER0 下的一个子集。SLD 的构造包括 3 个子系统,一个是 JTAG 测试访问端口控制器(前已介绍),一个是 SLD Hub,另一个是 SLD 节点。SLD Hub 充当这个裁决者,实际就是一个状态机,这个状态机是 JTAG TAP 控制状态机的一个镜像。而 SLD 节点表现为终端应用的通信通道,每一个需要用到 JTAG 资源的 IP 都有自己的一个 SLD 节点到 SLD Hub 的通信通道。并且每个 SLD 节点都有自己的 IR 和 DR,每个器件最多可以实现 255 个 SLD 节点。

那么对于虚拟 JTAG 来说,sld_hub 和 SLD 节点在 JTAG 标准内形成一个虚拟的 JTAG 扫描链。之所以说它是虚拟的,是因为每个 SLD 节点实例指令寄存器和数据寄存器行为被封装在一个标准 JTAG 协议的 DR 扫描移位之中。

简单来说,物理 JTAG 有 IR 和 DR,而 SLD 系统中的每个 SLD 节点也有 IR 和 DR,但是这些个节点(node)的 IR 和 DR 不直接属于 JTAG 协议下 IR/DR 的一部分,只是物理 JTAG 的 DR(同时我们知道 Altera 给其器件只设置了两组 DR 链路,分别为 USER1 和 USER0)某个子集而已。所以说,USER * DR 子集的 IR 和 DR 不是真正的 IR 和 DR,定义一个虚拟的 IR、DR 和实际物理 JTAG 的 IR、DR 对应。

也就是说,我们称 USER1 和 USER0 子集的 IR、DR 为 VIR、VDR。后面除非特别说明,IR 和 DR 只针对物理 JTAG。

到这里,我们知道了 Altera 给用户提供两个 JTAG DR 链路,用户可以在这两个 DR 链路上扩展出自己的应用,而不能访问 JTAG 的其他 DR 链路和 IR。图 7-34

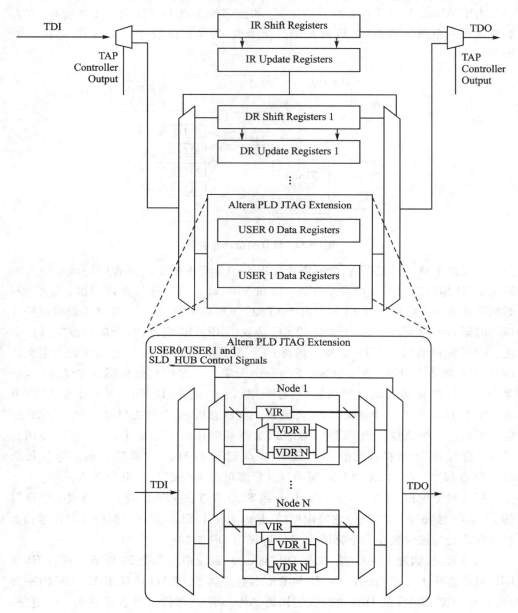

图 7-34　Altera JTAG 扩展功能示意图

第 7 章 对你的 FPGA 设计进行调试和测试

显示了 Altera 的 JTAG 系统扩展应用示意图。如图所示，SLD Hub 从物理 JTAG 的 TAP 控制器状态机独自解码 TMS 并且为内部 JTAG 路径实现一个一样的状态机（称为"SLD Hub 有限状态机"）。所以，SLD HUB 为 VIR 和 VDR 链路执行的功能和 TAP 控制器为物理 JTAG 的 IR 和 DR 链路执行功能是一样的。SLD HUB 使能一个 SLD 节点为 TDI 引脚的一条活动路径，为 VIR 和 VDR 之间选择 TDI 数据，控制任何移位动作的开始和结束，并且控制 VIR 和 VDR 的并行保持寄存器和移位寄存器之间的数据流。

因为所有的 VIR 和 VDR 移位动作都封装在 DR 移位动作中，所以需要一个额外的控制信号来控制选择 VIR 和 VDR 路径。Altera 的 SLD hub 规定 USER1 命令用于选择 VIR 路径，而 USER0 命令用于选择 VDR 路径。如此 SLD hub 有限状态机就如图 7-35 所示。

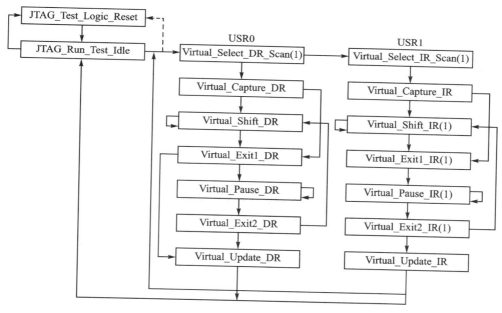

图 7-35 SLD hub 有限状态机

还记得笔者在前面提醒大家要记住表 7-1 中的那几个状态吧，相对于物理 JTAG 来说，Virtual JTAG 对应的状态如图 7-35 所示。

7.2.3 教你如何在设计中使用 Virtual JTAG Interface（VJI）

前面两小节花了很大的篇幅来介绍 JTAG 和 Virtual JTAG，本节介绍如何在自己的设计中使用 Virtual JTAG 接口。

Altera 提供一个 Virtual JTAG Interface（VJI）函数，这个函数就是一个 SLD 节点接口，给设计者提供一个和 JTAG 端口进行通信的接口。图 7-36 是这个函数在实例化时输入输出端口定义。这里笔者没有选中 Create Primitive JTAG State Signal Ports 选项,如果选择,那么 IP 实例化会多出 17 个和 TAP 控制器状态机有关的输出端口,实际应用的时候建议也不要选,除非需要仿真。我们只须了解图 7-36 列出的输入/输出引脚,以及如何在自己的设计中连接这些引脚即可。表 7-2 对 VJI 函数的输入引脚进行了说明,表 7-3 对 VJI 的输出引脚进行了说明,表 7-4 对高级虚拟 JTAG 的状态信号端口进行了说明。

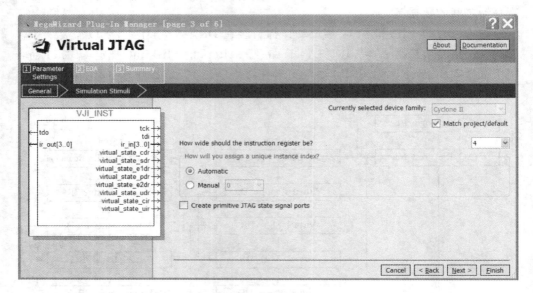

图 7-36 VJI 函数例化

表 7-2 VJI 的输入端口

端口名称	是否必需	描述	备注
tdo	是	写数据到器件的 TDO 引脚	
ir_out[]	否	虚拟 JTAG 指令寄存器输出,其值在 virtual_state_cir 为高电平的任何时刻被采集	要用到 VJI,那么这个端口是必需的

表 7-3 VJI 的输出端口

端口名称	是否必需	描述	备注
tck	是	JTAG 测试时钟	直接接器件的 TCK 引脚,所有 SLD 节点共享这个信号
tdi	是	TDI 输入数据,当 virtual_state_sdr 为高时,数据被移入 VJI 实例	所有 VJ 实例共享这个信号
ir_in[]	否	虚拟 JTAG 指令寄存器数据,当 virtual_state_uir 为高时,数据被锁存	要用到 VJI,那么这个端口是必需的

第7章 对你的FPGA设计进行调试和测试

表 7-4 High-level Virtual JTAG State Signals

端口名称	是否必需	描述	备注
virtual_state_cdr	否	显示虚拟JTAG处于CDR状态	提示用户准备捕获DR的数据
virtual_state_sdr	是	显示虚拟JTAG处于SDR状态	在此状态下,要求为该器件建立JTAG链路,用户在此时可以将数据通过VJI移入或移出
virtual_state_e1dr	否	显示虚拟JTAG处于E1DR状态	
virtual_state_pdr	否	显示虚拟JTAG处于PDR状态	
virtual_state_e2dr	否	显示虚拟JTAG处于E2DR状态	
virtual_state_udr	否	显示虚拟JTAG处于UDR状态	用户在此时可以获取稳定的数据
virtual_state_cir	否	显示虚拟JTAG处于CIR状态	提示用户开始接收IR指令
virtual_state_uir	否	显示虚拟JTAG处于UIR状态	用户在此时可以获取虚拟JTAG指令

以上对VJI函数有个初步的了解,下面开始介绍如何使用这个函数,用户可以在自己的逻辑中实例化多个VJI,只是笔者还没有发现实例化多个VJI的必要性。因为用户可以通过指令寄存器编码出各种不同的指令,ir_in[*]的位宽,最大是32,所以用户可以编码的指令非常多,理论上是2^{32}个指令。而数据寄存器DR也是由用户自己定义,比如数据位宽可以在用户逻辑里进行设定。

实例化好了VJI函数之后,就可以开始进行如图7-37所示的相关粘合逻辑设计。虚拟JTAG除了JTAG数据路径和控制信号外,对用户最重要的信号是VIR指令。用户可以在virtual_state_uir被置位时读取当前VIR指令来解码下一步逻辑动作。所以粘合逻辑需要至少完成以下几个动作:

> 解码VIR逻辑;
> 解码VIR后连通对应的VDR链路;
> VDR链路和自己应用逻辑之间的接口逻辑。

在逻辑设计中要确保TCK(10 MHz)到系统时钟之间跨时钟域的安全操作,所以表7-4中的状态信号给逻辑提供可靠的握手信号。

完成了VJI函数的例化,下面开始进行图7-37所示的粘合逻辑的设计开发。假设我们的原始设计如图7-38所示。

给这个工程加入VJI接口以后,设计原理框图如图7-39所示。

这里给出一个简单的例子,ir_in[]的数据位宽为4 bit,那么解码逻辑根据实际逻辑解码出4个命令(4 bit最多16个命令),代码如下所示:

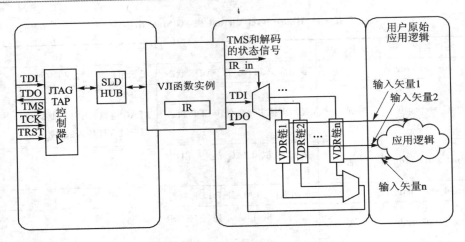

图 7-37 VJI 粘合逻辑设计示意图

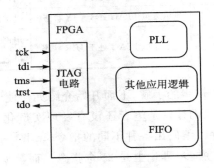

图 7-38 FPGA 原始逻辑设计

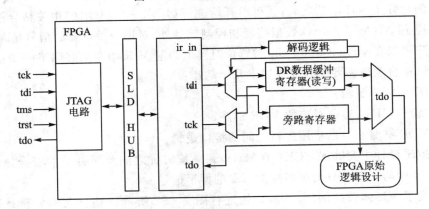

图 7-39 添加 VJI 到 FPGA 设计中

```
constant usedw_instr    : std_logic_vector(3 downto 0) := "0001"; -- 1
constant reset_instr    : std_logic_vector(3 downto 0) := "0010"; -- 2
constant fiford_instr   : std_logic_vector(3 downto 0) := "0011"; -- 3
```

第 7 章 对你的 FPGA 设计进行调试和测试

```
constant fifowr_cmd         : std_logic_vector(3 downto 0) := "0100"; --4
```

这 4 个命令分别是读 FIFO 的有效字（即指令 1）、系统复位（即指令 2）、从 FIFO 中读出数据（即指令 3）、向 FIFO 写入数据（即指令 4）。为这 4 个指令定义的 DR 缓冲寄存器如下所示：

```
signal usedw_instr_reg: STD_LOGIC_VECTOR (AddrWidth-1 DOWNTO 0);
signal reset_instr_reg,reset: std_logic;
signal read_instr_reg,write_instr_reg: std_logic_vector(DataWidth-1 DOWNTO 0);
```

具体逻辑如何进行控制，分别通过 3 个进程来说，第一个来看通过虚拟 JTAG 给逻辑送一个复位信号：

```
----reset_instr Instruction Handler-----------------------------
process(tck)
begin
    if tck'event and tck = '1' then
        if reset_instr = '1' and sdr = '1' then
            reset_instr_reg <= tdi;
        end if;
    end if;
end process;
```

第二个来看通过虚拟 JTAG 读取 FIFO 的有效字：

```
----usedw_instr Instruction Handler-----------------------------
process(tck)
begin
    if tck'event and tck = '1' then
        if usedw_instr = '1' then
            if cdr = '1' then
                usedw_instr_reg <= usedw;
            elsif sdr = '1' then
                usedw_instr_reg <= tdi&usedw_instr_reg(AddrWidth-1 downto 1);
            end if;
        end if;
    end if;
end process;
```

下面的进程完成从 FIFO 中读出一个数据：

```
----read_instr Instruction Handler-----------------------------
process(tck)
begin
    if tck'event and tck = '1' then
```

```
        if read_instr = '1' and cdr = '1' then
            read_instr_reg <= dataout;
        elsif read_instr = '1' and sdr = '1' then
            read_instr_reg <= tdi&read_instr_reg(DataWidth-1 downto 1);
        end if;
    end if;
end process;
```

以上基本包含了所有粘合逻辑。另外，Altera 建议在虚拟 JTAG 空闲的时候最后将 TDI 和 TDO 回路连接起来，所以还需要定义一个旁路寄存器，而其处理进程如下所示：

```
-----Bypass register----------------------------------------
process(tck)
begin
    if tck'event and tck = '1' then
        bypass_reg <= tdi;
    end if;
end process;
```

完成以上逻辑还不够，还差最后一步即虚拟 JTAG 的 TDO 处理：

```
-----Node TDO Output----------------------------------------
process(usedw_instr, reset_instr,
read_instr,usedw_instr_reg,reset_instr_reg,read_instr_reg,bypass_reg)
begin
    if usedw_instr = '1' then
        tdo <= usedw_instr_reg(0);
    elsif reset_instr = '1' then
        tdo <= reset_instr_reg;
    elsif read_instr = '1' then
        tdo <= read_instr_reg(0);
    else
        tdo <= bypass_reg;
    end if;
end process;
```

至此，一个基本完备的虚拟 JTAG 设计完成了，编译工程并下载到 FPGA 就可以通过 JTAG 以及 Quartus II 软件的 quartus_stp 输入 TCL 命令与你的设计进行通信了。

7.2.4 教你用脚本创建自己的 GUI 虚拟 JTAG 测试平台

前面详细了解了虚拟 JTAG，并且介绍了如何在自己的 FPGA 设计中添加自己

第 7 章　对你的 FPGA 设计进行调试和测试

的虚拟 JTAG 模块。本小节介绍如何通过脚本利用虚拟 JTAG 来调试自己的 FPGA。所有有关 JTAG 的 TCL 命令只能在 quartus_stp 下解析。表 7-5 列出了与虚拟 JTAG 一起使用的 TCL 脚本命令。

表 7-5　与虚拟 JTAG 一起使用的 TCL 脚本命令

命　令	命令参数	描　述
Device_virtual_ir_shift	-instance_index <虚拟 JTAG 编号> -ir_value <IR 指令值，即指令编码> -no_captured_ir_value(*) -show_equivalent_device_ir_dr_shift(*)	虚拟 JTAG 的 IR 移动操作，FPGA 可能存在多个 VJ。IR 指令值是数字值
Device_virtual_dr_shift	-instance_index <虚拟 JTAG 编号> -dr_value <移动的具体数据> -length <数据长度> -no_captured_dr_value(*) -show_equivalent_device_ir_dr_shift(*) -value_in_hex(*)	执行 DR 移动操作到虚拟 JTAG。如未指定数据格式，TCL 默认是字符格式
Get_hardware_name	NONE	查询所有编程电缆
Open_device	-device_name <器件名> -hardware_name <电缆名>	选定指定电缆上活动的 FPGA
Clsoe_device	NONE	结束与当前活动 FPGA 通信
Device_lock	-timeout <获得 JTAG 链专用通讯时间>	
Device_unlock	NONE	
Device_ir_shift	-ir_value <> -no_captured_ir_value	IR 移动，物理 JTAG
Device_dr_shift	-dr_value <> -length <> -no_captured_dr_value -value_in_hex	DR 移动，物理 JTAG

*：该参数可选。

如果要更好、更方便地调试和测试，那么就需要一个"应用层"的测试工具，就像我们测试 PCIE 接口一样，在 PC 端编写驱动和应用层测试软件。虚拟 JTAG 一样需要类似的软件，通过 TCL 以及表 7-5 中的命令，可以轻松地"驱动"硬件 JTAG 以及 Altera 的编程电缆来访问你的 FPGA。

表 7-5 已经对这些 TCL 命令有了基本的介绍，笔者这里就不对单个命令进行详细介绍，这里通过一个个具体的实例来介绍，加深理解。

首先，开始测试之前肯定要先检测计算机上连接的编程电缆，下面的代码就是探测 PC 上是否连有电缆（功能与 Quartus II 软件 Programmer 里的 Auto Detect 一样）：

```
foreach hardware_name [get_hardware_names] {
    puts "\n$ hardware_name"
    if { [string match "USB-Blaster*" $ hardware_name] } {
        set usbblaster_name $ hardware_name
    }
}
```

这里是以 USB-Blaster 电缆为例。如果你的计算机上连的是其他电缆，当然也可以通过修改上述代码进行探测，可以看到如果有电缆，那么就获取此电路的"name"并保存在一个全局变量中，以备后续使用。

接下来就需要知道刚才探测到的电缆上是否有需要调试的器件（即 FPGA）了：

```
gets stdin device_num
foreach device_name [get_device_names -hardware_name $ usbblaster_name] {
    if { [string match "@$ device_num*" $ device_name] } {
        set test_device $ device_name
    }
}
```

上述代码先输入一个需要调试的 FPGA 编号，接下来是查看电缆上是否有这个 FPGA，也可以修改上述代码为获取当前电缆上的 FPGA，即 device name，以备后续使用。

编程电缆以及电缆上的器件都查询到了，下一步就是打开需要调试的目标 FPGA。注意，一个 JTAG 链上也许有多个 FPGA，所以查询处理的器件也许有多个，而 JTAG 一次只能打开一个器件，所以需要选择，这里只给出简单的打开代码：

```
open_device -hardware_name $ usbblaster_name -device_name $ test_device
```

在表 7-5 中，我们可以看到有两种 IR/DR 移动命令，一种是虚拟 IR/DR 移动，而另一种是实际 IR/DR 移动。对于实际的物理 JTAG，一般设计者被限制操作权限，但是有两个"读"的操作是被允许的，即读取 FPGA 的 ID code 和 USER code，代码如下所示：

```
device_lock -timeout 10000
device_ir_shift -ir_value 6 -no_captured_ir_value
puts "读取的 IDCODE 为：0x[device_dr_shift -length 32 -value_in_hex]\n"
device_unlock

device_lock -timeout 10000
device_ir_shift -ir_value 7 -no_captured_ir_value
```

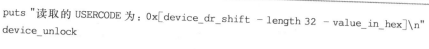

```
puts "读取的 USERCODE 为: 0x[device_dr_shift - length 32 - value_in_hex]\n"
device_unlock
```

可以看到,上述代码中使用到了 device_lock 和 device_unlock 命令,这两个命令就是给一段 JTAG 操作占用一段连续的 JTAG 时间。注意,IDCODE 的 IR 指令值固定为 6,一样地,USERCODE 的 IR 指令值固定为 7,这两个参数都是 32 bit 长。

最后,关键是设计者如何通过 VJI 向 FPGA 传递参数以及从 FPGA 读出需要的参数。下面分别介绍,首先是经 VJI 从 FPGA 读出数据:

```
device_virtual_ir_shift - instance_index 0 - ir_value 1;# 发送 virtual jtag 命令 1
set counter1 [device_virtual_dr_shift - instance_index 0 - length 4 - value_in_hex];
```

可以看到(这里省略了 lock 和 unlock 命令),第一句先是进行 VIR 移动,将 VIR 指令传给 FPGA,即告诉 FPGA 当前执行的是什么命令,那么 FPGA 的解码逻辑就解码出相应的命令,并通知逻辑准备好数据。这里的 IR 值为 1,我们知道这个命令是读 FIFO 的 USEDW。然后第二句是 VDR 移动,这里是从 FPGA 往外将 FIFO 的 USEDW 移出并保存在 counter1 中。下面来看看另外一种方向的通信:

```
device_virtual_ir_shift - instance_index 0 - ir_value 2 - no_captured_ir_value
device_virtual_dr_shift - instance_index 0  - length 4 - dr_value $ update_value -
value_in_hex - no_captured_dr_value
```

可以看到,第一句话还是 VIR 移动,给 FPGA 发送指令,这里是 2,这是给 FPGA 一个 reset 信号,即向 FPGA 写入一个参数或数据。第二句就是这个"写"的动作,即 VDR 移动。

需要注意的是,上述代码中 instance_index 的参数值为"0",这是因为笔者实验的时候只有一个实例,所以默认就是 0。而写入的数据长度为 4 bit,写入的数据在参数 dr_value 后面。

至此,如果使用 TCL 脚本来建立测试平台就介绍得比较完整了。最后一个技巧介绍给读者的是如何产生图形化测试平台。首先是将上述 TCL 脚本全部放到一个 .tcl 脚本文件中,根据我们在自动化产生 Quartus II 工程以及自动化使用 ModelSim 进行仿真中介绍的同样方法,建立一个批处理(batch)文件,就可以自动化运行脚本。完成自动化运行脚本,并不会出现 GUI 界面,还需要在 .tcl 文件最前面加入 init_tk 即可启动一个图形化界面,当然,TCL 代码中必须要有 tk 的图形模块,这些不是这里介绍的重点,有兴趣的可以参考 TCL/TK 书籍。GUI 的测试平台如图 7-40 所示。

这样,图形化调试、测试平台已经搭建起来了,读者可以在此基础之上通过搭积木的方法添加自己的测试模块。笔者在实际工作中给自己的调试平台建立得非常丰富,可以完成各项调试和测试任务,比如:

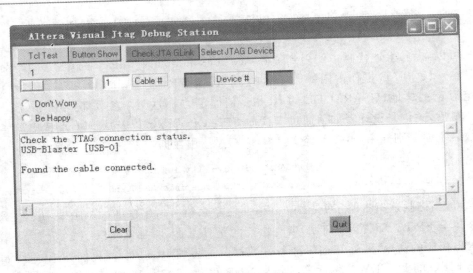

图 7-40 GUI 测试平台

- 具备给 FPGA 发生一个系统复位功能；
- 读取 FIFO 的 usedw、full 以及 empty 标志信息；
- 给 FPGA 发一个命令，让其将 FIFO 填满数据；
- 通过 TCL 将 FIFO 里的数据一次读出来，读出来的数据可以显示在当前 text 框里，同时可以存储在一个文件里供离线分析；
- 从一个文件里往 FPGA 的存储器或者外挂的存储器里写入大量的初始数据；
- 读取系统内部状态标志，一次可以读取 32 个标志"位"；
- 向系统写入参数，写入的参数可以通过输入窗口进行设定；
- 加入 SDRAM 单个写控制按钮，写入的地址和数据通过参数设置窗口设定；目前支持设置的地址和写入的数据是一样的；
- 加入 SDRAM 大批量写按钮；写入的数据是通过逐一读取当前目录下文件里的数据写入，写入的地址根据逐次写入操作加 1，起始地址默认是 0；
- 加入 SDRAM 读按钮，此按钮可以支持单个读以及批量读 1 024 个地址数据；当滑动条设置为 0 时为批量读，非 0 时为单个读；批量读默认从 0 开始读 1 024 个数据，单个读的地址由参数设置窗口设定。

笔者改进后的虚拟测试平台如图 7-41 所示，后期还加入了对基于 FPGA 的 TDC 测试内容，主要放在平台的菜单项中。这里不深入介绍了，下一章的实例介绍中会少量涉及虚拟 JTAG 测试平台的使用。

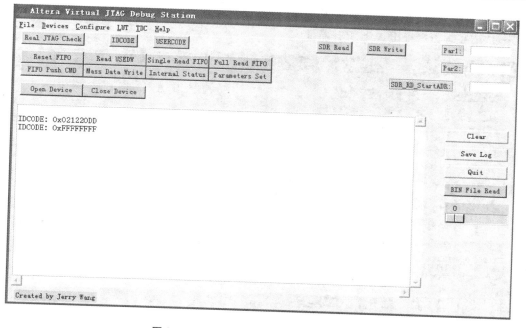

图 7-41 完善后的虚拟 JTAG 测试平台

7.2.5 单个 JTAG 连接多条电缆、多 FPGA 在虚拟 JTAG 中的应用

这个标题有点歧义,其实笔者要表述的是实际工作中的状况,即笔者和同事在实验室里共用一台调试计算机,为了避免频繁地拔插电缆,所以计算机上连接了多根 Altera 的编程电缆。那么对于笔者的板子来说又是一个 JTAG 连上多 FPGA 的情况,所以有了上述标题。

对于上述情况,虚拟 JTAG 是如何处理的呢? 这是这里需要说明的问题。由于以前没有这样玩过,基于上述原因这次在实验室为了调试方便,在一台计算机上插了 3 根电缆,其中,一根 Byteblaster、两根 USB Blaster 电缆。我们来看看 Virtual JTAG 测试平台是如何识别的吧,如图 7-42 所示。

从图 7-42 可以发现,平台还是能够识别出这 3 根电缆的,那么到底具体是如何做的呢? 其实就是下面这句话即可,foreach 语句会遍历找到所有插在本计算机的电缆。

foreach hardware_name [get_hardware_names]

同时可以发现,遍历的结果是同时发现了计算机上连接的 3 根电缆,并提示哪些电缆连有器件哪些电缆没有连接,且能识别出分别连的是什么器件。这里有个问题是,电缆[usb-1]连的 JTAG 上有 2 片 FPGA,这里只列出了一个器件。这是因为当时写 TCL 程序的时候遍历了电缆,而每根电缆上多连的器件没有遍历,所以默认找到的是器件1(注:电缆编码从0开始,器件编码从1开始)。我们同样可以使用 foreach 去遍历每根电缆上所有器件。

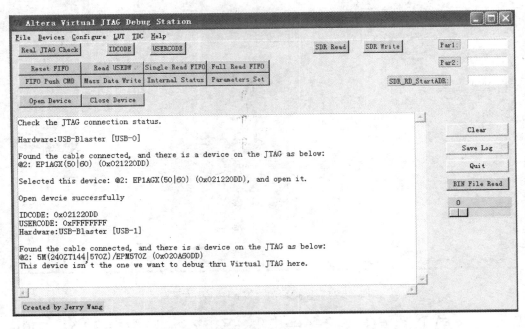

图 7-42　虚拟 JTAG 平台识别多电缆多 FPGA

为了调试方便,把 Virtual JTAG 平台稍做修改,由于 Virtual JTAG 每次只能打开一个 device,那么就设计一个菜单可以选择当前打开的是哪个电缆上的哪一个器件,如图 7-43 所示。

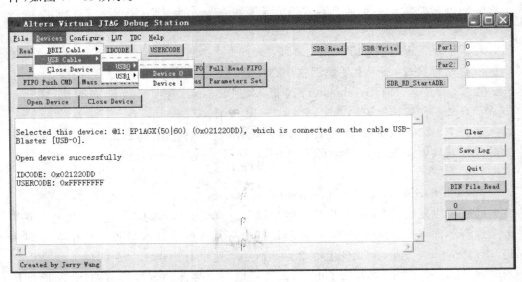

图 7-43　多电缆多 FPGA 菜单支持

7.3 工程更改管理(ECO)

在进行基于 FPGA 的 TDC 设计的时候需要设计皮秒级别的延时线,在控制延时线的时候发现低端的器件(如 Cyclone III)非常容易,而在使用高端的器件(如 AriaGX)的时候则非常困难。这里所说的困难是指 Quartus II 软件自动编译的时候进行的控制,所以为了更好地在 Altera 的高端 FPGA 中也实现 TDC 设计就需要用到工程更改管理(ECOs)来进行手动布局布线。

7.3.1 ECO 及其基本操作流程

说到 ECO 不得不介绍 Chip Planner 和 Resource Property Editor 这两个工具。说到底,ECO 只是一个工程管理,实际进行工程修改还得在 Chip Planner 或者 Resource Property Editor 中进行。也就是说后二者进行修改之后最后需要 ECO 来管理并实现而已。

Quartus II 软件中的 Chip Planner 可以查看 Altera 器件内部结构以及编辑器件内部逻辑资源的功能和参数设置。为了方便用户查看每次 Chip Planner 对设计做了哪些改动,Chip Planner 建立一个文件以记录管理设计中所有的更改过程,这也就是工程管理(ECO)。

可编程逻辑工程设计中,在设计之初或是当所有系统单元都已经设计完成后,对工程设计都可能做一些改动。ECO 是在设计全编译之后,如综合和布局布线都已经完成后对设计的功能做的小改动。可以直接在设计数据库上做 ECO 更改,而不是在源代码或者设置文件上更改,这样就不需要运行全编译来尝试这些修改。在工程设计后期,可编程逻辑设计的大量时间和努力都放在了分析时序上,而对于一个高效设计,支持 ECO 对可编程逻辑设计流程还是很重要的。

这里主要介绍 ECO 应用在网表级的操作流程:

① 工程全编译后,使用 Chip Planner 查看设计布局布线详细信息,从中确定需要更改的资源。比如像笔者的设计是 TDC 的延时线有问题,那么就可以直接找到该延时线被布局的地方。

② 在 Chip Planner 中找到需要更改的单元后右击,在弹出的级联菜单中选择 Locate in Resource Property Editor,进入资源属性编辑器就可以编辑对应的单元的内部属性。在实际操作过程中,由于笔者主要是修改 ALM 的属性,所以找到要修改的 ALM 直接双击就进入资源属性编辑工具了。

③ 修改完之后 ECO 已经记录了所有的修改,所以记得在 Chip Planner 里打开 Change Manager 工具,那么在 Chip Planner 右下方应该有一个窗口列出了所有修改的记录,另外有两个按钮,分别是 Check and Save All Netlist Changes 和 Revert to Last Saved Netlist。

④ 单击 Check and Save All Netlist Changes 按钮进行 ECO 布局，ECO 在后台自动调用 Fitter 和 Assembler 并完成相应动作。

根据上述过程可以看到，通过 ECO 我们不需要对工程进行全编译就可以对设计进行微小修改，大大节约了设计调试时间。

图 7-44 显示的是 Chip Planner 视图，这时候 Change Manager 窗口里是空白的，说明还没有 ECO 修改记录。双击深蓝色的那个 ALM 进入资源属性编辑器进行修改，如图 7-45 所示，比如给本来没有任何连接的 DATAA 连接上一个信号。

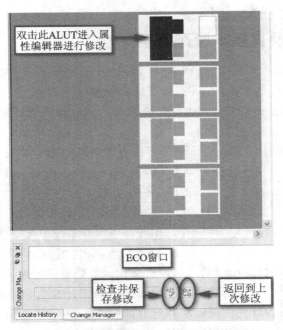

图 7-44 Chip Planner 中的 ECO 窗口

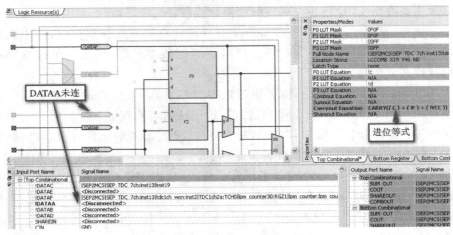

图 7-45 进入 ALM 的属性编辑窗口

第 7 章　对你的 FPGA 设计进行调试和测试

注意图 7-45 和图 7-46 的区别,笔者在图 7-45 的基础上给 DATAA 接了一个信号,这里具体的做法就是直接复制 DATAC 上的信号到 DATAA 上面,可以看到属性编辑器里右侧的"等式"自动发生了变化,而且左下方的端口连接窗口对应端口也自动发生变化,并在发生变化的地方用突出色做出标记。

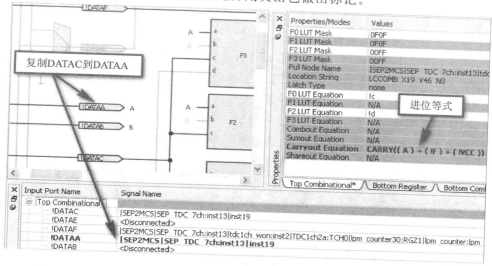

图 7-46　修改后属性编辑器的变化

修改后回到 Chip Planner 可以发现如图 7-47 所示的变化,首先是图 7-44 中显示为灰色的按钮已处于活动状态,其次是 ECO 窗口列出了所做修改的记录。设计者可以单击左边的按钮让 Quartus II 软件检查并保存网表,这个过程只对修改部分进行重新 FIT,然后产生一个新的配置文件,所以 ECO 修改大大节约了调试时间。如果对已做修改不满意,还可以通过单击右边的按钮返回到上次修改之前的状态。以上就是 ECO 的基本流程。

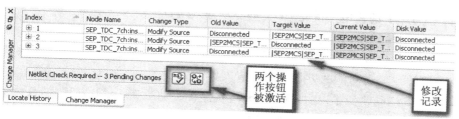

图 7-47　手动修改后 ECO 窗口变化

7.3.2　ECO 那些事儿之属性编辑器

我们知道,ECO 所谓的修改设计一般是通过一个叫资源属性编辑器的工具来完成的。QuartusII 在工程的任何地方都可以通过"locate"命令进入资源属性编辑器即 Resource Properties Editor，当进行 ECO 时，笔者习惯先打开 Chip Planner 再通过双击其中需要编辑的单元进入属性编辑器，因为 ECO 最终还是需要在 Chip Planner 中完成。

在属性编辑器里可以编辑的单元有 LE、ALM、PLL、I/O Element、RAM 以及 DSP 模块。进行 TDC 设计的时候笔者仅需要修改 LE 或者 ALM 和 PLL，所以这里以及后续章节笔者只以这两者为例来详细说明如何使用属性编辑器。

1. 逻辑单元(LE)的属性

Quartus II 手册的第 17 章详细介绍了 LE 而简单介绍了 ALM 属性，这里先详细介绍 LE 的属性，后面通过几个实例来比较 LE 和 ALM 属性的异同。下面先介绍 LE 可修改的属性。

(1) 工作模式

逻辑单元 LE 可以工作在正常模式和算术模式两种模式。当 LE 配置工作在正常模式时，4 输入查找表 LUT 能实现 4 输入变量的所有功能。当 LE 配置工作在算术模式时，LUT 可以理解为两个 3 输入子 LUT。第一个 3 输入子 LUT 产生相加"和"信号输出，第二个子 LUT 用于产生进位输出信号，该信号仅仅能驱动另一个 LE 的进位输入信号。

(2) LUT 方程式(EQUATION)

用户可以通过修改逻辑方程式而更改当前 LUT 实现的功能。当 LE 配置为正常模式时，用户仅仅能修改 SUM 加法方程式。当 LE 配置为算术模式时，用户不仅能更改 SUM 方程式，还可以修改 CARRY 进位方程式。

当 LUT 方程式被更改了后，QuartusII 软件就自动更改了 LUT 的掩码。

为了更改由 LUT 实现的功能，首先用户必须了解 LUT 如何工作。一个 LUT 实际上是由内部的存储单元来实现逻辑功能的，而这个逻辑功能是其输入变量的函数。每一个存储单元能保存一个逻辑值，0 或 1。Altera 比较老的器件族最小逻辑单元是 LE，里面的 4 输入 LUT 有 16 个存储单元。LUT 在其存储单元中保存了 16 个输出值，而 LUT 的输出又由此 LUT 的驱动输入端口的信号所决定。

(3) LUT 掩码(MASK)

LUT 实现什么功能、输出什么值都是由 LUT 掩码决定的。为了产生 LUT 掩码，必须算出要实现功能的方程式的真值表。

当 LUT 掩码改变了以后，Quartus II 软件将自动更新 LUT 方程式，反之亦然。表 7-6 是 LUT 掩码真值表，最后一列输出要根据不同的 LUT 方程式才能得到，后面会给出几个例子来说明。

表 7-6 LUT 掩码真值表(由上到下依次从 LSB→MSB)

D 输入	C 输入	B 输入	A 输入	输出
0	0	0	0	X
0	0	0	1	X

续表 7-6

D 输入	C 输入	B 输入	A 输入	输出
0	0	1	0	X
0	0	1	1	X
0	1	0	0	X
0	1	0	1	X
0	1	1	0	X
0	1	1	1	X
1	0	0	0	X
1	0	0	1	X
1	0	1	0	X
1	0	1	1	X
1	1	0	0	X
1	1	0	1	X
1	1	1	0	X
1	1	1	1	X

（4）同步模式

每个 LE 的寄存器都包含同步加载（sload）和同步清除（sclr）信号，用户可以进行取反修改。如果某个 LE 使用了 sload 或者它的取反值，那么该 LE 所在的 LAB 里所有 LE 只能使用此 sload 及其取反值。例如某个 LAB 里的两个 LE 用到 sload，那么这两个 LE 的 sload 值必须一样。同样规则也适用于 sclr。

（5）寄存器级联模式

如果用户使能了寄存器级联模式，那么 Cascade-in 端口连到寄存器的数据输入端。寄存器级联模式大部分是用于设计需要实现一系列移位寄存器的时候。用户可以通过更改 Cascade-in 端口的连接或不连接而更改寄存器级联模式。如果用户需要产生这个端口，那么源端寄存器必须在目的端寄存器的正上方，这样才可以级联起来。

（6）单元延时表

单元延时表（Cell Delay Table）描述了从 LE 的输入到输出的传输延时。图 7-48 是从 Quartus II 12.1 的手册里摘录下来的图示，但是笔者实际使用的 Quartus II 11.1 用属性编辑器查看 LE 的属性时候并没有看到所谓的单元延时表。如果能查看到这个属性，对于 TDC 的设计参考意义还是非常大的，可惜笔者并没有找到。笔者获得类似图 7-48 所示的延时信息是通过 TimeQuest 才查看到的，后面结合实例会有所展示。

2. PLL 的可编辑属性

属性编辑器允许用户修改 PLL 的配置参数，如输出时钟的相移、占空比等，下面

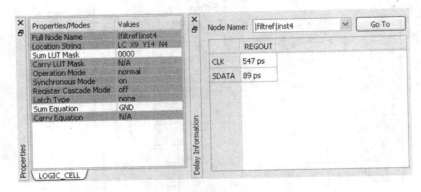

图 7-48 逻辑延时信息

是可以更改的属性:
- 输入频率;
- M V_{co} 比例因子;
- M 初始值;
- M 值;
- N 值;
- M 计数器延时;
- N 计数器延时;
- M2 值;
- N2 值;
- SS 计数器;
- 电荷泵电流;
- 环路滤波器阻抗(Loop filter resistance);
- 环路滤波器容抗(Loop filtercapacitance);
- 计数器延时;
- 计数器上限(Counter high);
- 计数器下限(Counter low);
- 计数器模式;
- 计数器初始值;
- V_{co} Tap。

(1) 调整占空比

利用下面公式可以单独为某个输出时钟调整占空比:

$$High\% = \frac{计数器上限}{计数器下限}$$

(2) 调整相移

利用下面公式可以单独为 PLL 的输出时钟调整相移:

相移＝（V_{co}周期×0.125×V_{co}因子）＋（V_{co}初始值×V_{co}周期）

PLL 工作在正常模式下时，V_{co} 因子、V_{co} 初始值和 Period V_{co} 都由下列公式得到：

$$V_{co}因子＝计算器延时－M\ V_{co}因子$$
$$V_{co}初始值＝计数器初始值－M\ 初始值$$
$$V_{co}周期＝输入时钟周期×N＋M$$

当 PLL 工作在外部反馈模式的时候，V_{co} 因子、V_{co} 初始值和 V_{co} 周期都由下列公式得到：

$$V_{co}因子＝计数器延时－\ M\ V_{co}因子$$
$$V_{co}初始值＝计数器初始值－\ M\ 初始值$$
$$V_{co}周期＝\frac{输入时钟周期×N}{计数器上限＋计数器下限}$$

当然还有通过其他公式去修改 PLL 的输出时钟的频率以及频谱扩展等，这里不一一描述，详细可以查看 Quartus II 手册。对于 TDC 设计最重要的是要调整时钟的相移，后续章节还会不断结合实例进行展示。

3. 利用属性编辑器进行属性编辑举例

首先举一个通过属性编辑器修改 PLL 属性的例子。根据上述调整相移的部分，我们知道通过修改对应输出时钟的 V_{co} Tap 或者 Counter Initial 来修改此时钟的相移，如图 7-49 所示。

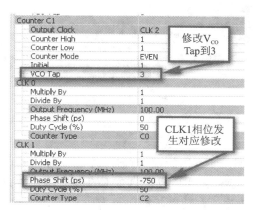

图 7-49　利用 ECO 手动修改 PLL 输出的相位

这个例子在 TDC 设计中的应用，主要是在没有随机脉冲之前利用 PLL 的输出来测试 TDC 的性能。通过属性编辑器，我们可以通过皮秒级别的相移完全达到测试 TDC 的目的。另外，设计调试过程中发现在测试 ADC 的时候也可以用得到，由于 ADC 的采样时钟和 FPGA 的系统时钟异步，所以 FPGA 采集 ADC 输出数字信号可能没有对齐其安全窗口，从而导致数据错误，可以通过属性编辑器逐步调整时钟的相位找到合适采样窗口,这个 SDRAM 也有类似的应用。

下面回到本节的重点,即通过属性编辑器来对 LE 或 ALM 的属性进行编辑。图 7-50 是 Cyclone III 里某个 LE,Carry 方程式是"！C♯！B",Carry LUT 掩码为 "3F3F",那么根据表 7-6 可以得出符号"♯"是逻辑或。

图 7-50 用于笔者弄清楚符号"♯"在 Altera 的属性编辑器到底表示什么逻辑功能,最新的所有资料上都没有查到(也许以前老版本的 Quartus II 手册上有,可惜找不到了)。如果不弄清楚这些符号的功能,根本看不懂方程式。类似的符合还有一个"美刀"符号"$",继续找找例子反推(图 7-50 中有符号 $,但是方程式太复杂很难推导)。找个简单点的方程式,图 7-51 是在 ArriaGX 的某个 ALM 中的方程式和掩码。

Properties/Modes	Values
Sum LUT Mask	C33F
Carry LUT Mask	3F3F
Operation Mode	arithmetic
Latch Type	none
Sum Equation	B & (C $!D) # !B & (!D # !C)
Carry Equation	!C # !B

图 7-50 LUT 方程式和掩码

Properties/Modes	Values
F0 LUT Mask	5A5A
F1 LUT Mask	5A5A
F2 LUT Mask	0505
F3 LUT Mask	0505
Full Node Name	|SEP_tdc_dubuq|SEP_TDC_6ch:inst2|tdc1ch_won:
Location String	LCCOMB_X24_Y25_N22
Latch Type	none
F0 LUT Equation	N/A
F1 LUT Equation	a $ c
F2 LUT Equation	
F3 LUT Equation	!a & !c
Combout Equation	N/A
Sumout Equation	SUM((!A $ (!C)) + (SHAREIN) + (CIN))
Carryout Equation	CARRY((!A $ (!C)) + (SHAREIN) + (CIN))
Shareout Equation	SHARE((A & C))

图 7-51 推导异或符合

图 7-51 中 F1 LUT 方程式是"a $ c",其掩码是 5A5A,根据表 7-6 可以推导符号 $ 是逻辑异或符号。

只有弄清楚上述 Altera 专用的逻辑符号,才能放心去修改掩码或者方程式。在 TDC 设计中,一般只需要修改 LE 或者 ALM 的数据输入端口,需要注意的是,这些修改会导致 Quartus II 软件自动更新掩码或者方程式,需要确认更新后的内容是否符合设计需求。

7.3.3 ECO 那些事儿之 LE 与 ALM

这里继续上一节,希望站在 ECO 的角度上来给读者展现 LE 和 ALM 的异同,后面笔者在介绍基于 FPGA 的 TDC 实例时会介绍 LAB 结构,会站在另一个角度展现 LE 和 ALM 的异同。

第 7 章 对你的 FPGA 设计进行调试和测试

本小节描述如何在属性编辑器里对 LE 以及 ALM 进行手动修改。重点比较 LE 与 ALM 在属性编辑器中的区别,通过这些比较就可以很容易理解为何在 Altera 的高端 FPGA 中实现 TDC 功能的难度要比其低端器件高很多。

1. LE 在属性编辑器中概览

前面详细描述了 LE 的属性,由于笔者主要使用 ECO 修改 TDC 设计,所以这里重点关注 LE 的算术模式。在算术模式下,LUT 可以理解为两个 3 输入子 LUT。第一个 3 输入子 LUT 产生相加"和"信号输出,第二个子 LUT 用于产生进位输出信号。当 LE 配置为算术模式时,用户不仅能更改 SUM 方程式,还可以修改 CARRY 进位方程式。如图 7-52 所示,右侧的 SUM 等式和 Carry 等式都是可修改的,当然也可以通过修改 SUM 和 Carry LUT 掩码来间接自动更新等式。

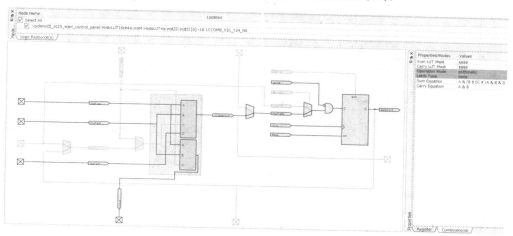

图 7-52 配置成算术模式 LE 属性编辑器概览

从图 7-52 可以看出,虽然 LUT 分成了两个子 LUT,但是求和输出(Sumout)只与 LUT(注意与 LE 的区别)的输入有关,这个从图左侧的视图或者右侧的 SUM 等式都可以清楚看到。这点是 LE 与 ALM 最大的区别,后面详述。

另外,注意图 7-52 右侧等式里的符号"#"和"$",前面已经对其所代表的含义进行了推导,理解其含义对于利用 ECO 修改 LE 和 ALM 很重要。为了便于比较,图 7-53 给出的是当 LE 配置为 Normal 模式下时,其属性编辑器的概览。可以看到,左侧只有一个 LUT,而右侧的 Carry 掩码以及 Carry 等式均为"N/A"状态。

2. ALM 在属性编辑器中概览

Altera 的宣传资料在介绍 ALM 的时候通常如图 7-54(此图在后面介绍 LAB 的时候还会用到)那样进行简单介绍。ALM 的工作模式比 LE 多出了几个,其实主要模式还是 Normal 和算术模式。图 7-54 为 ALM 的 Normal 模式。

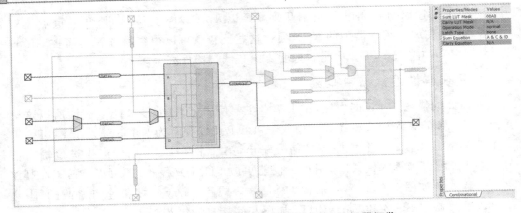

图 7-53 配置成 Normal 模式 LE 属性编辑器概览

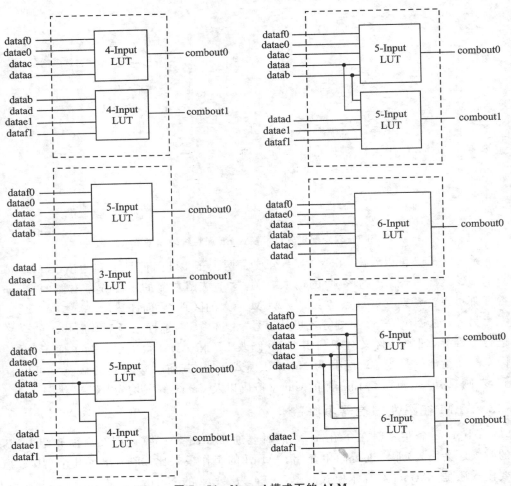

图 7-54 Normal 模式下的 ALM

如果只看图 7-54，似乎和图 7-53 的 LE 没什么太大区别（多个 LUT 及 LUT 的输入更多），其实除了图 7-54 表面的这些区别之外，如果深入到属性编辑器可以发现更多细节的不同处，如图 7-55 所示。

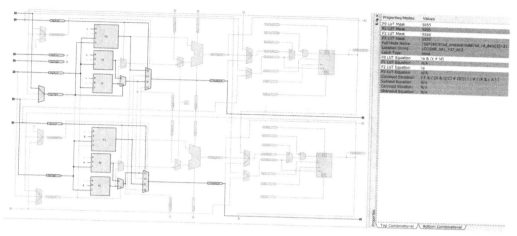

图 7-55　配置在 Normal 模式下 ALM 属性编辑器概览

虽然 Normal 模式不是本文的重点，但是这里还是有必要比较并列举出图 7-53 和图 7-55 的主要差别点，有些差异在算术模式下一样。

- ALM 包含 2 个 ALUT，所以属性栏分别包含 TOP 和 BOTTOM 两栏；
- ALM 的属性编辑器里属性栏没有显示当前查看的 ALM 的工作模式；
- 每个 ALUT 被分为 3 个子 LUT，上面的分别为一个 F0 LUT 和 2 个 F2 LUT，下面分别为一个 F1 LUT 和 2 个 F3 LUT；
- ALM 内包含有 2 个加法器，不像图 7-52 中的 LE 需要 LUT 自己实现加法功能；
- 多了 DATAF、DATAE 端口，而且这两个端口和其他端口在进入到 ALM 内部路径是有区别的；
- 端口 DATAD 也和 LE 有些许区别。

上面列举的这些差异都是造成 Altera 高端 FPGA 器件中实现 TDC 功能难度增大的原因。那么，逻辑实现 TDC 功能还需要利用逻辑单元的算术模式，其在属性编辑器中概览如图 7-56 所示。

比较图 7-55 和图 7-56，明显区别是 ALM 中的加法器以及寄存器都被利用起来了，而且右侧的属性栏里多了有关寄存器的两项。

3. 利用属性编辑器手动修改 ALM

前文里也举了几个利用属性编辑器简单修改 ALM 的例子，特别是在推导符号"♯"和"$"功能的时候。这里首先给出的一个例子是对《Altera FPGA/CPLD 设

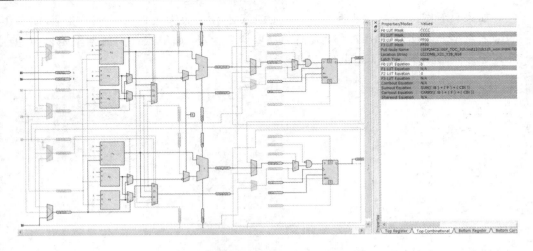

图 7-56 配置在算术模式下 ALM 属性编辑器概览

计——基础篇》中关于属性编辑器一段描述的存疑。在该书的第 179 页的表 5-1 中列出了 LUT 掩码真值表(对比上述笔者给出的表 7-6)。图 7-57 展示了实际输入 DATAD 和 DATAC 的真值,即分别为 FF00 和 F0F0,那么 DATAA 和 DATAB 的真值也很容易知道,这和该书籍上的描述不一致,该书将 ABCD 正好弄反了。

Properties/Modes	Values
F0 LUT Mask	FF00
F1 LUT Mask	FF00
F2 LUT Mask	0F0F
F3 LUT Mask	0F0F
Full Node Name	|SEP_tdc_dubuq|SEP_TDC_6ch:inst6|tdc1ch_won:
Location String	LCCOMB_X38_Y35_N0
Latch Type	none
F0 LUT Equation	d
F1 LUT Equation	N/A
F2 LUT Equation	!c
F3 LUT Equation	N/A
Combout Equation	N/A
Sumout Equation	SUM((!D) + (!C) + (!VCC))
Carryout Equation	CARRY((!D) + (!C) + (!VCC))
Shareout Equation	N/A

图 7-57 LUT 输入真值

接下来我们注意,虽然 ALM 有 8 个输入,但是每个子 LUT 的方程式只能包含 A、B、C 和 D,不能包含 F_0、F_1、E_0 和 E_1,而 Sumout 方程式和 Carryout 方程式中可以包含,而我们知道这两个方程式不能直接进行修改。

图 7-58 是图 7-57 对应的 ALM 原理视图,3 个子 LUT 的输入只有 DATAC 和 DATAD,这和图 7-57 中的求和及进位方程式相符。如果把 DATAC 移到 DATAF,会发生什么呢?

如图 7-59 所示我们发现,这时候 Quartus II 并没有自动更新 LUT 掩码以及方程式。如果使用 ECOs 得到的结果是不对的,因为方程式中使用的 DATAC 根本没

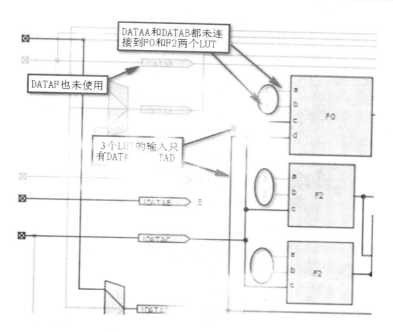

图 7-58 修改前 ALM 上半部分

有任何连接,那么还需要手动修改 LUT 方程式,使得 Sumout 方程式由 SUM((！D)+(！C))+(！VCC)变成 SUM((！D)+(！F))+(！VCC),同样的,Carryout 方程式也会得到自动更新。注意,这里的目的不是要改变逻辑功能,只是简单将 DATAC 上的信号移到 DATAF(这点在以后的 TDC 设计中非常重要,因为我们不是要改变功能,而是要改变路径,即信号 path)。

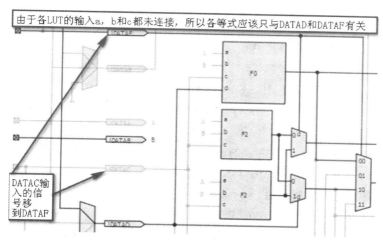

图 7-59 只是将 DATAC 移动到 DATAF

那么应该修改哪个子LUT方程式呢？分析图7-59,应该是修改F2子LUT方程式,但是怎么修改呢？经过尝试,发现修改方程式到"！d"即可,如图7-60所示,修改F2子LUT方程式导致其他方程式及掩码得到了自动更新。至于为何是"！d"还未搞清楚,反正是跟DATAD有关系,记住"实践是检验真理的唯一标准"。

Properties/Modes	Values
F0 LUT Mask	FF00
F1 LUT Mask	FF00
F2 LUT Mask	00FF
F3 LUT Mask	00FF
Full Node Name	|SEP_tdc_dubuq|SEP_TDC_6ch:inst6|td
Location String	LCCOMB_X38_Y35_N0
Latch Type	none
F0 LUT Equation	d
F1 LUT Equation	N/A
F2 LUT Equation	!d
F3 LUT Equation	N/A
Combout Equation	N/A
Sumout Equation	SUM((!D) + (!F) + (!VCC))
Carryout Equation	CARRY((!D) + (!F) + (!VCC))
Shareout Equation	N/A

图7-60　修改子LUT方程式并自动更新求和及进位方程式

上面这个例子充分回答了之前笔者所说ALM与LE的差异会如何导致实现TDC功能难度的增加,同时这个例子也解释了我们应该如何在高端FPGA中正确地进行TDC设计的修改。

7.3.4　ECO那些事儿之ALM的DATAF端口

这一小节详细介绍一下ALM的DATAF端口,前面详细介绍了ALM和LE的差异,其中之一就是ALM多了DATAF和DATAE端口,随着笔者基于FPGA的TDC设计的不断深入,越发感觉到DATAF端口细节的重要性。

1. ALUT子LUT掩码真值

首先列举一些常识,LUT(ALUT的子LUT,打开属性编辑器,Top ALUT分为一个F0和两个F2子LUT,Bottom ALUT分为一个F1和两个F3子LUT)只有DATAA端口的输入时其16位LUT掩码真值为AAAA,只有DATAB端口的输入时其16位LUT掩码真值为CCCC,只有DATAC端口的输入时其16位LUT掩码真值为F0F0,只有DATAD端口的输入时其16位LUT掩码真值为FF00。端口DATAE和DATAF不直接作为子LUT输入。

上述信息是笔者应用属性编辑器的时候观察总结得到,而如果查阅器件handbook,对于ALM工作算术模式的描述是这样的,ALM工作在算术模式时使用两组各包含2个4输入LUT以及2个专用全加器。如图7-61所示,2个4输入LUT共享DATAA和DATAB输入端口。这几个ALUT的DATA端口在ALM内的具体路径可以参考实例章节的"基于FPGA的TDC那些事儿之设计资源LAB"中的

ALM 内部结构图,或者查阅相关器件手册,笔者后续会基于属性编辑器详细剖析。

注:图 7-61 展示了端口 DATAE、DATAF 与笔者观察总结属性编辑器的差异,由于 DATAE 和 DATAF 不直接驱动属性编辑器中的"子 LUT",所以通过 ECO 方式修改子 LUT 等式或者掩码的时候需要特别小心。

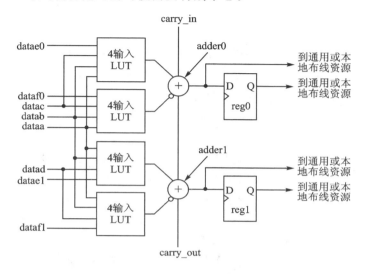

图 7-61　工作在算术模式的 ALM

2. 针对 DATAF 解剖 ALM

7.3.3 小节中对于 ALM 配置为 Normal 和算术模式都给出了其在属性编辑器中概览。图 7-62 给出 DATAF 端口进来信号的第一条可能路径,图 7-63 是该 ALM 两个 ALUT 的逻辑属性。其中图 7-63(a)显示 F2 LUT 的等式为"! a&! b&! c",而 F2 的掩码真值为"0101",这个真值可以根据上一小节的单个端口输入的真值推导得到,即"!(AAAA)&!(CCCC)&!(F0F0)"="(5555)&(3333)&(0F0F)"="0101"。观察 COMBOUT 等式,分别与 F0 LUT 等式、F2 LUT 等式以及 DATAF 有关,而此时 DATAF 不参与构成子 LUT 等式。

图 7-64 显示了一个更复杂的例子,DATAF 的路径和图 7-62 一样,同时 DATAE 走的也是这种路径,而且图 7-64 是一个 7 输入查找表的具体实现。

以下是图 7-64 的组合逻辑输出等式,由于太长,图 7-64 无法全部展示:
(E & (F & ((! A & ((! B) # ((! C))) # (A & (C & ((D) # (B)))))) # (! E & (F & ((! B & (((C & D)))) # (B & (! A $ ((C)))))) # (E & (! F & ((! B & ((! A) # ((C & D))))) # (! E & (! F & ((! B & (C & D))))

图 7-62 和图 7-64 显示的都是 ALM 配置在 Normal 模式下 DATAF 进入 ALM 的一种路径。下面我们来看看当 ALM 配置成算术模式时,DATAF 进入

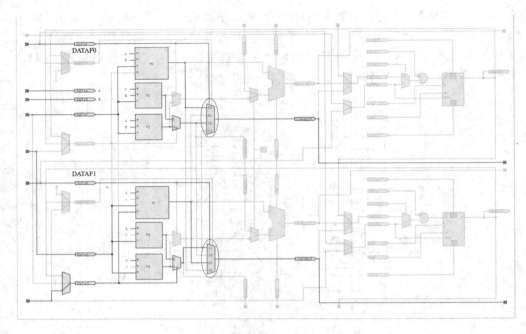

图 7-62 DATAF 端口信号进入 ALM 后可能路径(一)

图 7-63 ALUT 属性栏

ALM 的路径。

图 7-65 显示了当 ALM 被配置为算术模式时，DATAF 进入 ALM 的路径（该图左边绿色圈所示），同时图中中间红圈所示和图 7-62 中的路径一样，只是这里的 combout 等式为 N/A，即其没有 fan out。另外注意图 7-65 右侧属性栏中的 F0 和 F2 LUT 等式，虽然同样为"! d"，但是 F0 LUT 的输出作为加法器一个输入，而 F0 LUT 的输入只有 DATAD，所以其输出也只与 DATAD 有关，对应 Sumout 和 Carryout 等式中的"D"项。同理，观察 DATAF 位于最左边圆圈的路径，尽管它没有"直

第 7 章　对你的 FPGA 设计进行调试和测试

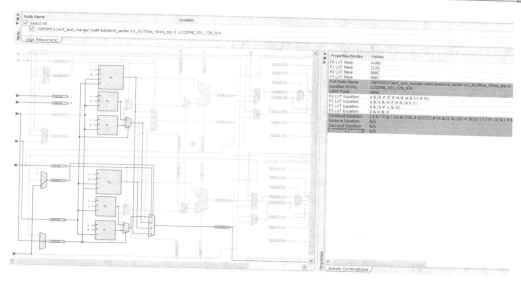

图 7-64　7 输入 LUT 功能实现

接输入"到 F2 LUT,但是此时 DATAF 就是 F2 LUT 的唯一输入,并且 F2 LUT 的输出作为加法器的另一个输入,对应 Sumout 和 Carryout 等式中的"! F"项。

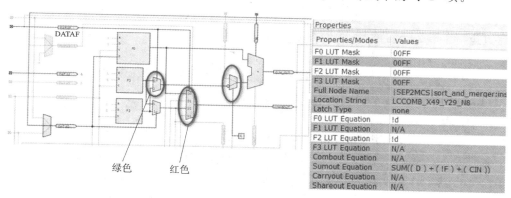

图 7-65　算术模式下 DATAF 进入 ALM 的路径

根据上述分析,DATAE 和 DATAF 虽然没有作为 F*子 LUT 的直接输入,但是 F2 和 F3 LUT 这两种 3 输入子 LUT 构成了图 7-61 中 ALUT 的下面的那个 4 输入 LUT。

图 7-65 显示了一个非常简单的加法器例子,DATAF 和 DATAD 直接作为加法器的两个输入,尽管 DATAF 被取反了(图中最右边圆圈模块就是取反)。另外,信号在 ALM 端口处是不是首先被取反了? 如图 7-65 所示的 F0 LUT 的等式为 ! d,输入为 DATAD,F0 LUT 到加法器是直通的,并没有取反器,为何 SUMOUT 表现为"D"呢? 所以推断端口处信号均被"取反",可以放大图 7-65 端口处,发现 DA-

TA 前似乎有取反符号"!",从属性编辑器可以找到很多例子来印证上述猜测。

7.4 对你的 FPGA 进行正确配置

不管 Xilinx 还是 Altera,FPGA 的配置模式或者方法多样,尤其是 Altera 器件,比如 AS 模式、PS 模式、FPP 模式、AP 模式等。一般逻辑设计者可能不会关心到硬件的设计,但是 FPGA 的硬件设计者对于 FPGA 的配置设计是一个基本要求,当然一般不可能要求每个 FPGA 硬件设计者对每一种配置模式都很熟悉,但是由于每个人的设计习惯、方法以及使用的器件不同从而在产品研发中设计 FPGA 的加载模式也不一样。这里简要介绍下 Altera 的各种不同配置模式。

(1) Jtag 模式

毋庸置疑,Jtag 模式是读者用得最多的模式,也有少数人不留 Jtag 模式,比如就留 AS 模式。这里笔者的建议是至少在调试阶段 Jtag 模式一定要留,不然调试很麻烦,可以在产品定型以后再丢弃 Jtag 口。特别是在板子上有 AS 的时候反而可以把 AS 加载的 10 针座子丢弃,因为可以通过 Jtag 口给 EPCS 写程序,这样仅留一个 Jtag 座子即可。

(2) AS 模式

这个模式很简单,记得把模式选择设置好就可以了。注意,AS 模式中配置芯片可以通过 Jtag 口将 JIC 文件直接烧入。

(3) AP 模式

AP 模式只有 Cyclone III 器件支持,硬件设计连接可以参考其 handbook 以及 Configuration handbook。

(4) PS 模式

这里把 PS 和 FPP 一起讲,无非一个串行、一个并行。这两种模式传统使用 Altera 的 Enhance 配置芯片或者 Processor+Memory 这种形式。近期看似乎 Altera 不打算推其 Enhance 配置芯片了,理由有三:一是 Enhance 配置芯片本来使用的是通用 flash 芯片核;二是 Enhance 配置芯片没有出新的更大容量的芯片(而 EPCS 系列已经出了 EPCS128 和 EPCS256 等大容量配置芯片);三是最新的 Altera 选型手册上在介绍配置方式的时候仅介绍了 AS(串行)和基于 MAX II 的并行方式(加 PFL)。说到 PFL 就是 MAX II+Flash+FPGA 的一种配置方法,其模式是 PS 或者 FPP, Altera 的 AN 手册 an386 有详细介绍。

对 Altera 的配置方法有了简单了解以后,如果读者开发的是中等规模偏下的器件,建议读者使用 AS 模式;大规模器件比如 Stratix IV 及以上的片子,建议使用 PFL 配置模式了。

下面介绍一个笔者在实际工作中碰到的与配置相关的小故事或者小技巧。

第7章 对你的FPGA设计进行调试和测试

1. 控制FPGA上电、配置以及初始化时间

有些系统有上电顺序要求,这里要讨论的不是各种电源的上电顺序(电源上电顺序可以通过电源管理芯片实现),而是如何控制系统中不同主芯片开始工作的顺序。比如这么一个系统,硬件设计为PCI的插卡,板卡主要包含ETX(或者x86等CPU)以及FPGA,由于一般PCI接口通过FPGA来控制实现,所以如果系统上电后FPGA的配置、初始化时间太长必然影响到板卡CPU对于PCI总线接口的访问,而且大部分情况下系统要求CPU通过PCI卡对系统进行初始化等配置的过程,如果FPGA"起来"太慢肯定会影响系统的配置。当然这个问题可以通过电源管理实现FPGA先上电、CPU后上电来解决,不过这里想通过FPGA内部的一些特性来解决这个问题。

要解决这个问题首先要了解FPGA上电初始化过程,这里以Altera的ArriaGX的AS模式来进行研究。

第一步,控制POR时间:

FPGA的AS配置主要分为3个过程:复位、配置和初始化过程。在配置之前,还有一个POR过程,即一上电FPGA经过一个POR后才开始整个配置流程。而POR的时间可以控制,通过控制PORSEL引脚控制POR的时间,当PORSEL接高时POR的时间大约是12 ms,当PORSEL接低时POR的时间大约是100 ms。

第二步,控制配置、初始化时间:

POR之后,FPGA进入正常的配置过程。下面来详细研究这3个过程,看看哪些地方用户可以进行控制。

首先,这复位过程是在POR的时候就开始了,POR的时候nconfig和nstatus均为低电平,进入复位过程,POR结束后FPGA释放nconfig信号,nconfig信号被外部上拉电阻拉高,由此进入配置过程。

其次,配置过程。FPGA产生DCLK时钟,在该时钟的同步下FPGA向配置芯片发送配置命令或者地址以及读取配置数据。而DCLK可以有两种速度,一种20 MHz,另一种40 MHz,且对应的配置方式分别叫AS和Fast AS,只有容量EPCS16及以上的配置芯片支持Fast AS,所以通过提高DCLK时钟速率从而达到减少配置时间的目的。

最后,初始化过程。当所有的配置数据传输完毕以后,FPGA释放config_done信号,该pin被外部10 kΩ电阻上拉到高,FPGA是检测到CONFIG_DONE为高电平后进入到初始化过程。FPGA的初始化时钟源有两种选择,一种是FPGA内部产生DCLK的晶体分出的一个10 MHz的时钟,另一个是通过CLKUSR引脚控制可选时钟。默认情况下,FPGA采用内部10Mhz时钟作为初始化时钟;如果要采用第二种时钟,则首先要在Quartus II软件中使能Enable user – supplied start – up clock (CLKUSR)选项(选择Settings→Device→Device and pin options→General→本选

项),如图7-66所示。

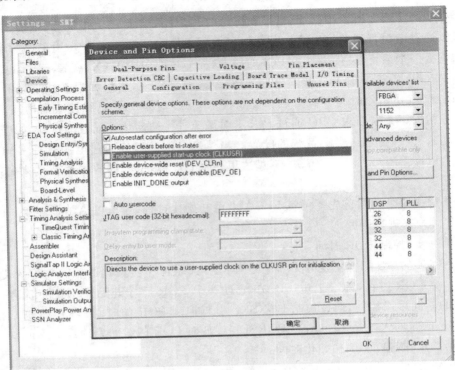

图7-66 使能用户初始化时钟设置

当上面可选项被使能以后 CLKUSR 引脚将作为 FPGA 初始化时钟源，用户可以在外部给该引脚提供一个时钟用来控制初始化时间。这种情况下，FPGA 总共需要 299 个时钟周期完成初始化，CLKUSR 支持最高时钟是 100 MHz。Altera 没有提供默认情况下初始化的时间（即官方没有提供默认情况下经过多少个 10 MHz 时钟周期完成初始化），所以一般使能 CLKUSR 是用来推迟 FPGA 退出初始化的时间，这里是研究能否通过 CLKUSR 来减少 FPGA 的初始化时间，这就必须要求我们获得 Altera 官方默认情况下 FPGA 的初始化时间。图 7-67 是 AS 配置模式时序图。其中，初始化时间（即 t_{cd2um}）在配置手册的一个表里有最大和最小数据，分别是 100 和 20，但是该表没有单位，参考 PS 模式相应的参数，应该是 μs。即默认情况下初始化时间最少也要 20 μs，那么使能 CLKUSR 后初始化最小时间是多少呢？公式如下：

$$t_{CD2CU} + (299 \times CLKUSR\ period)$$

式中，t_{CD2CU} 为从 CONFIG_DONE 变高到 CLKUSR 被使能的时间，手册的 AS 模式下给出的时间是 100 ns，所以上式最小值应该是 100 ns+299×10 ns=3090 ns，即不到 4 μs。

第 7 章　对你的 FPGA 设计进行调试和测试

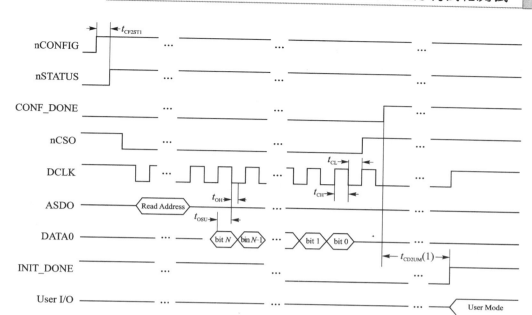

图 7-67　Altera AS 配置模式时序图

上面讨论的是如何减少 FPGA 的配置、初始化时间，当然有些应用场合可能需要增加该时间，同样通过以上反过程可以达到目的。

2. 教你如何产生 JIC 配置文件

FPGA 的配置模式为 AS 的时候，其配置芯片（EPCS 系列）可以通过 JTAG 口来进行烧写，被烧写的文件叫 JIC 文件，需要将 SOF 文件转换得到。下面介绍两种将 SOF 文件转换成 JIC 文件的方法。

方法一：全编译完成后在 Quartus II 软件选择 File→Convert Programming Files 菜单项进入转换界面，如图 7-68 所示。

如果设计中希望将多个 SOF 文件转换到一个 JIC 中，那么就需要在图 7-68 中先单击 Add Sof Page 增加一个 Sof 页，这样就可以多加入一个 SOF 文件，也可以加入多个 SOF 页。另外，图 7-68 没有加入 Flash Loader，实际转换的时候需要根据实际使用的 FPGA 型号添加即可。

方法二：通过脚本方式自动产生，步骤如下：

① 如图 7-69 所示设置好 jic 转换所有设置选项，并保存到转换设置文件，如 jic_auto_gen.cof。

② 创建脚本文件 generate_jic_programming_file.tcl，脚本内容如下：

```
set module [lindex $ quartus(args) 0]
  if [string match "quartus_asm" $ module] {
    # Include commands here that are run after the assembler
```

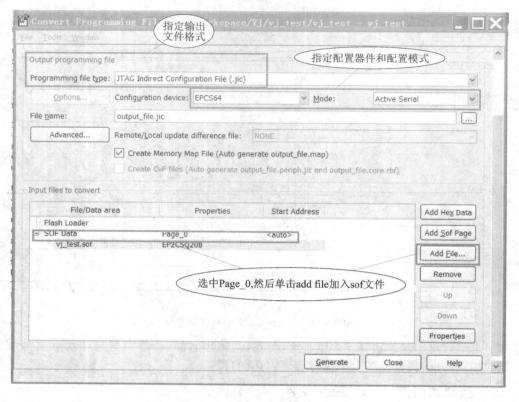

图 7-68 配置文件转换界面

```
post_message "Running after assembler"
set cmd "quartus_cpf - c jic_auto_gen.cof"
    # If the command can't be run, return an error.
if { [catch {open "| $ cmd"} input] } {
    return - code error $ input
  }
}
```

③ 将脚本文件加入到 qsf 文件中,具体格式为 set_global_assignment - name POST_MODULE_SCRIPT_FILE "quartus_sh:generate_jic_programming_file.tcl"。

以上步骤完成后,Quartus II 软件会自动在 Assembler 后产生 jic 文件。笔者只在转换单个 SOF 到 JIC 时做过试验,如果需要转换多个 SOF 到 JIC,那么上述脚本应该需要修改。另外,脚本如果不插入到 QSF 文件应该也可以通过手动方式调用前面介绍的 Quartus II 解析工具进行解析。还有一个地方这里要说明,笔者在用 Quartus II 11.1 版本做此实验的时候发现,转换设置区域 Convertion setup file 会在加入 Flash loader 或者 SOF 文件的时候莫名消失,注意图 7-68 和图 7-69 的区别,这也许是该版本下的一个小 Bug。

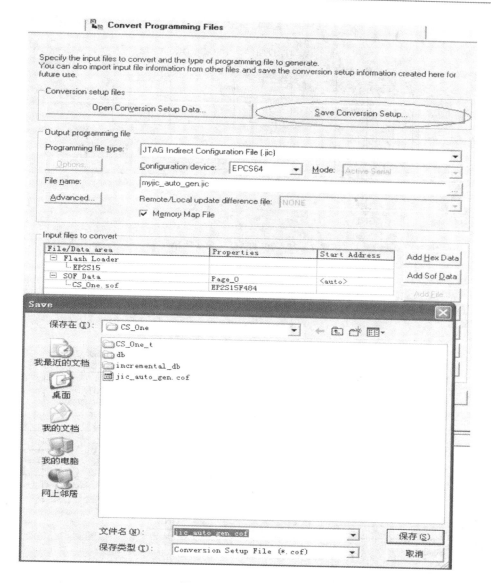

图 7-69　保存转换设置

3. Altera 单 JTAG 链上多 FPGA 结构 JIC 文件的产生及配置

前面介绍 JIC 的产生，这里介绍一个笔者项目碰到的实际情况，即一个 JTAG 链有两片 FPGA，而这两片 FPGA 共用一片 EPCS64 作为配置芯片，如图 7-70 所示，而其 AS 配置电路如图 7-71 所示。

图 7-72 是 JIC 文件转换时的设置，跟单片时区别不大，唯一不同就是在 SOF Data 区域要加入多个 sof 文件。

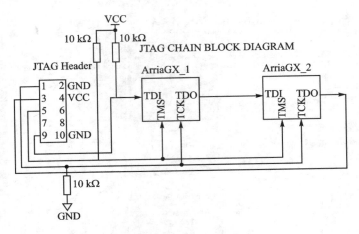

图 7-70 单 JTAG 链多 FPGA

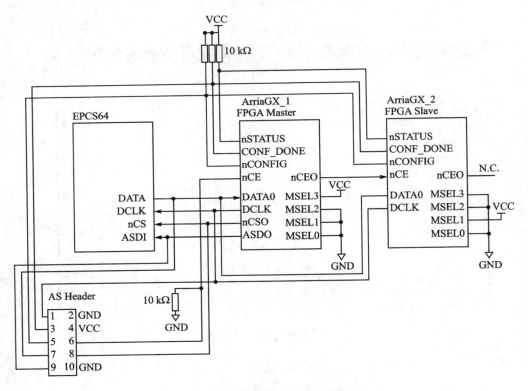

图 7-71 一片 EPCS64 配置两片 FPGA

这里还需要提及的是在图 7-72 的 JIC 文件转换设置界面里,有个 Mode 设置项,可以选择 Active Serial x4,如图 7-73 所示。笔者选择的是 x1 模式,x4 没有试过,应该对应的是快速 AS 加载模式。

第 7 章　对你的 FPGA 设计进行调试和测试

图 7-72　多个 sof 文件转换成 JIC 文件

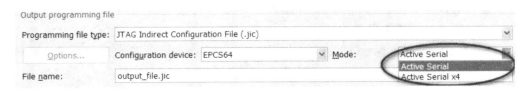

图 7-73　转换的时候 Mode 的选择

下面开始介绍如何下载 JIC 文件到 EPCS 芯片中去。一开始笔者犯了一个错误,如图 7-75 所示,导致了一个错误提示,并下载失败。如果只单独增加一个 JIC 文件,如果这时候单击 start 就会报如下错误:

Error (209031): Device chain in Chain Description File does not match physical device chain -- expected 1 device(s) but found 2 device(s).

实际上,这种结构在通过 JTAG 下载 SOF 文件的时候也不能只加载一个器件的 SOF,必须链上所有器件的 SOF 文件都下载进去,这样程序才能下载成功,因为硬件上所有器件的 config_done 引脚都接到一起了,所以链上任何一个器件未加载都会导致整个链路加载失败(因为 configure done 无法拉高)。

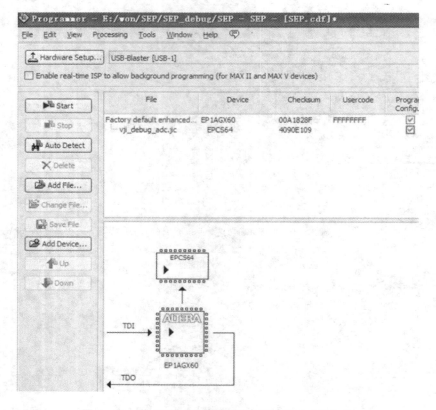

图 7-74 单 JTAG 链多器件结构单独增加 JIC 文件

所以,在烧写 JIC 文件的时候必须像这种结构直接烧写 SOF 文件那样,除了 flash loader 以外,其他所有器件也必须加载程序。图 7-75 显示了给链上第一片 FPGA 分配为 flash loader,并为其加入 JIC 文件。那么剩下的器件就加上任意可用的 sof 文件即可,反正也只是临时性的烧写进去,如图 7-76 所示。

所有文件加入完毕后如图 7-77 所示,这个时候必须注意的是,就像前面所说的那样必须所有器件同时加载,不然会导致下载失败,即在 Program/Configure 列必须选中所有选项。笔者做了个实验,只选中 JIC 对应的器件,下载后就会出现如图 7-78 所示的错误提示。

最后,按照图 7-77 所示设置好以后,单击 start 下载所有 FPGA,同时烧写配置文件到 EPCS 配置芯片中。整个配置流程的信息如图 7-79 所示。

可以发现,整个下载过程耗时 1 分 40 秒。这里有个问题可以留给读者思考:这里介绍的是将第一片 FPGA 作为 flash loader,那么第二片可否作为 flash loader 呢?

第 7 章　对你的 FPGA 设计进行调试和测试

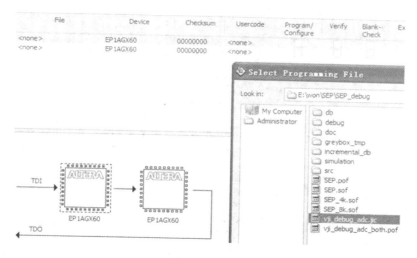

图 7-75　给 flash loader 加入 JIC 文件

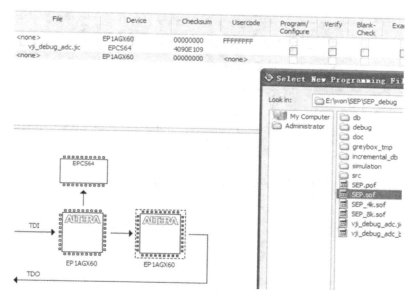

图 7-76　剩下的器件加入任意可用的 sof 即可

4. 分享一个配置故事——"Autu Detect"虚惊一场

新做的板子焊接完了,准备上电调试。在打开 Altera 独立的 programer 进行 JTAG 探测的时候发现能探测到 JTAG 链上的 2 个器件,但是均提示"unkown",如图 7-80 所示。根据以往经验,这个提示表示无法识别链上器件,当时就吓到了,以为 JTAG 电路会有什么问题,不过经过实际下载测试程序验证电路并无问题。但是究竟为何出现这种现象呢,经过一番探究,终于找到了缘由。

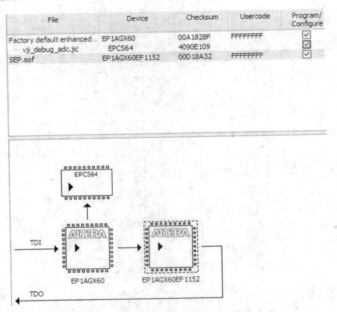

图 7 - 77 JTAG 链上所有器件加入配置文件完成

```
Type Message
 (i) Info (209016): Configuring device index 1
 (i) Info (209017): Device 1 contains JTAG ID code 0x021220DD
 (i) Info (209007): Configuration succeeded -- 1 device(s) configured
 ⊗ Error (209062): Flash Loader IP not loaded on device 1
 ⊗ Error (209012): Operation failed
```

图 7 - 78 单 JTAG 链多器件结构下只加下载 flash loader 的时候报错

```
Type Message
 (i) Info (209060): Started Programmer operation at Tue May 15 11:53:55 2012
 (i) Info (209016): Configuring device index 1
 (i) Info (209017): Device 1 contains JTAG ID code 0x021220DD
 (i) Info (209016): Configuring device index 2
 (i) Info (209017): Device 2 contains JTAG ID code 0x021220DD
 (i) Info (209007): Configuration succeeded -- 2 device(s) configured
 (i) Info (209018): Device 1 silicon ID is 0x16
 (i) Info (209044): Erasing ASP configuration device(s)
 (i) Info (209023): Programming device(s)
 (i) Info (209011): Successfully performed operation(s)
 (i) Info (209061): Ended Programmer operation at Tue May 15 11:55:35 2012
```

图 7 - 79 整个下载过程的 message

通过图 7 - 80 可以看到读回来的信息，除了 unknown 以外还有正确的 idcode，认为链路应该没有问题，所以大胆加载测试程序，进一步验证了笔者的判断。

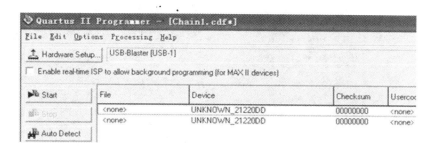

图 7-80 独立安装的 programer 探测 JTAG 链

然后打开测试工程,从工程里打开 programer,再进行 auto detect,发现有如图 7-81 所示的提示。

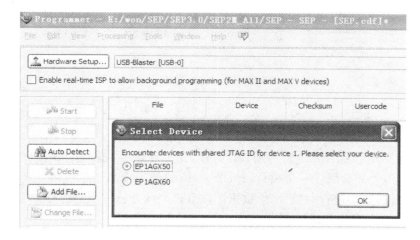

图 7-81 从 Quartus II 软件里打开 programer 工具进行 auto detect 时的提示

从图 7-81 的提示可以明确得到两个信息:①EP1AGX50 和 EP1AGX60 共享 IDCODE;②当有不同器件共享 IDCODE 的时候,独立的 programer 只能识别 IDCODE 无法区分不同的 device,所以给出了所谓"unknown"device。

从图 7-81 提示中选择正确的器件后,正常显示的下载界面如图 7-82 所示。

另外,网上可以查到各家芯片公司不同芯片的 BSDL 文件以及 JTAG ID,链接如下:http://bsdl.info/details.htm? sid=4b76a725cd64f39b88ca59b002289d77。

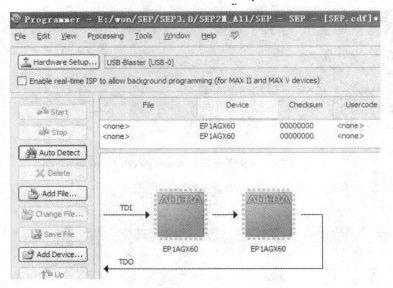

图 7-82 正常显示

7.5 小 结

本章主要介绍了 Altera 器件的调试方法,比如使用 SignalTap II 进行 FPGA 开发的调试。另外还介绍了一个项目测试的方法,即使用虚拟 JTAG 接口可以对任何项目进行测试,比如进行参数设置、数据读取后再离线分析等。最后介绍了一种人工手动修改 FPGA 布局布线的方法,即 ECO。

第 8 章
设计实例应用分析

本章通过几个具体的例子来说明如何进行 Altera 器件开发,大部分例子都是笔者在自己项目中的具体应用,有些例子比较简单,比如 Altera 的 FIFO 应用、FPGA 外挂 SDRAM 的应用。FIFO 的使用很常见,而且也很实用,很多人都知道是怎么一回事了,最初笔者也觉得没有介绍的必要,但是通过论坛了解还是有很多人对 FIFO 的使用有疑惑,于是这里在介绍 FIFO 基本应用的基础上,侧重介绍如何在实际项目中使用 FIFO。

同样的道理也存在于 SDRAM,这应该是一个老掉牙的技术,现在都玩 DDRx,似乎"看不起"SDR 了。笔者要强调的是 SDR 是其他所有 DDRx 的基础,同样地,笔者在介绍基本 SDR 应用基础时侧重介绍 SDRAM 在笔者项目中用于查表的特殊应用。总之,不在于技术本身,而在于设计技巧的体会,希望能起到举一反三的作用。

其他的应用实例,比如在 FPGA 中实现 TDC,应该是介绍的重点,希望给读者一个不一样的 FPGA 设计思路。笔者想传递的信息是 FPGA 实现 TDC 是可行的,希望读者有类似应用的时候避免笔者当初设计时所走的弯路。

至于高速串行接口设计应用,似乎是一个热点,但是笔者不认为这个将成为设计者的难点,因为大概了解下 Altera 的设计指导就应该能完成设计。关键点在于"高速"且"串行"上,FPGA 的设计是一方面,硬件设计是另一方面,这里侧重 FPGA 设计方面给出一个设计的仿真实例,另外给出一个笔者设计项目中使用的高速串行点对点传输例子来讲解高速串行设计方法。

8.1 如何设计应用 Altera 的 FIFO

FIFO 是 FPGA 工程师非常偏爱的模块,在信号处理中可以用于数据缓存,在通信接口设计中可以用于数据交换缓存等应用场合。设计者中存在有关于自己设计 FIFO 和使用厂家 FIFO 模块的争论,支持前者的认为自己设计的 FIFO 不受器件的限制，这样有利于设计代码的移植。笔者还是比较喜欢使用厂家提供的模块或者函数，因为始终认为那种为了代码可移植性而放弃现成的模块是受到传统 ASIC 设计思想的影响，对于简单的 FPGA 设计来说，笔者建议多采用厂家提供的免费的模块或者函数。

8.1.1 教你如何设计自己的同步 FIFO

在介绍 Altera 的 FIFO 模块之前，下面先给出笔者自己设计的同步 FIFO，这个 FIFO 在笔者的板子可以跑起来。通过这个例子读者可以直观地了解 FIFO 的内部结构，因为毕竟 Altera 给用户的也只是一个黑匣子而已。

```vhdl
library ieee;
use ieee.std_logic_1164.all;
use ieee.std_logic_unsigned.all;
use ieee.std_logic_arith.all;

entity SFIFO is
        generic (
                FIFOwidth   : positive := 16;
                depth       : positive := 45;
                almost_empty_value: positive := 5;
                almost_full_value: positive := 40
                );
    port
    (
      clk     :  in    std_logic;
      rst     :  in    std_logic;
      wq      :  in    std_logic;
      rq      :  in    std_logic;
      datain  :  in    std_logic_vector(FIFOwidth - 1 downto 0);
      qout    :  out   std_logic_vector(FIFOwidth - 1 downto 0);
      almost_empty:    out   std_logic;
      almost_full:     out   std_logic;
      empty   :        out   std_logic;
      full    :        out   std_logic
    );
end SFIFO;
architecture Behavioral of SFIFO is
signal wr_pt: integer range depth-1 downto 0;
signal rd_pt: integer range depth-1 downto 0;
signal empty_t: std_logic;
signal full_t: std_logic;
```

```vhdl
type ram is array(depth - 1 downto 0) of std_logic_vector(FIFOwidth - 1 downto 0);
signal dualram: ram;
signal addra: integer range depth-1 downto 0;
signal addrb: integer range depth-1 downto 0;
signal dataout: std_logic_vector(FIFOwidth - 1 downto 0);
signal usedw: integer range depth-1 downto 0;
signal almost_empty_t: std_logic;
signal almost_full_t: std_logic;
begin
-- write_pointer is created --------------------------------
process(rst, clk)
begin
  if rst = '1' then
     wr_pt <= 0;
  elsif clk'event and clk = '1' then
     if wq = '1' and full_t = '0' then
        if rd_pt > wr_pt then
           if rd_pt - wr_pt >1 then
              if wr_pt < depth - 1 then
                 wr_pt <= wr_pt + 1;
              else wr_pt <= 0;
              end if;
           end if;
         else
         if wr_pt - rd_pt /= depth - 1 then
            if wr_pt < depth - 1 then
               wr_pt <= wr_pt + 1;
            else wr_pt <= 0;
            end if;
         end if;
       end if;
     end if;
   end if;
 end process;
addra <= wr_pt;
---- read_pointer is created --------------------------------
process(rst, clk)
begin
     if rst = '1' then
        rd_pt <= 0;
      elsif clk'event and clk = '1' then
         if rq = '1' and? empty_t = '0' and rd_pt /= wr_pt then
```

```
  --必须要加最后一个条件,否则读指针不会停止累加
            if rd_pt < depth - 1 then
                rd_pt <= rd_pt + 1;
            else rd_pt <= 0;
            end if;
         end if;
      end if;
  end process;
  addrb <= rd_pt;
  ---Calculate the usedw and Generate almost empty and full flag---------------
  process(rst,clk)
begin
            if rst = '1' then
                usedw <= 0;
            elsif clk'event and clk = '1' then
                if wq = '1' and rq = '0' and full_t = '0' and usedw < (depth - 1) then
                    usedw <= usedw + 1;
                elsif wq = '0' and rq = '1' and empty_t = '0' and usedw > 0 then
                    usedw <= usedw - 1;
                else
                    usedw <= usedw;
                end if;
            end if;
  end process;
  process(rst,clk)
begin
            if rst = '1' then
                almost_empty_t <= '1';
                almost_full_t <= '0';
            elsif clk'event and clk = '1' then
                if usedw <= almost_empty_value then
                    almost_empty_t <= '1';
                else
                    almost_empty_t <= '0';
                end if;
                if usedw >= almost_full_value then
                    almost_full_t <= '1';
                else
                    almost_full_t <= '0';
                end if;
            end if;
  end process;
```

```
        almost_full <= almost_full_t;
        almost_empty <= almost_empty_t;
        -- FIFO status judge-------------------------------------
        process(rst, clk)
        begin
            if rst = '1' then
                empty_t <= '1';
            elsif clk'event and clk = '1' then
                if wr_pt = rd_pt then
                empty_t <= '1';
                else
                empty_t <= '0';
                end if;
            end if;
        end process;
        empty <= empty_t;
        process(rst, clk)
        begin
            if rst = '1' then
                full_t <= '0';
            elsif clk'event and clk = '1' then
                if wr_pt > rd_pt then
                    if (wr_pt - rd_pt) = depth - 1 then
                    full_t <= '1';
                    else
                    full_t <= '0';
                    end if;
                else
                    if (wr_pt + 1) = rd_pt then
                    full_t <= '1';
                    else
                    full_t <= '0';
                    end if;
                end if;
            end if;
        end process;
        full <= full_t;
        -- generate a dual port ram    ----------------------------
        process(clk)
        begin
            if clk'event and clk = '1' then
                if wq = '1' then
```

```
      dualram(addra) <= datain;
    end if;
    if rq = '1' then
     dataout <= dualram(addrb);
    end if;
   end if;
  end process;
  qout <= dataout;

end Behavioral;
```

有兴趣的读者可以将上述代码拿到自己的板子上运行查看效果,相信这个同步FIFO的效果和Altera的同步FIFO应该不会有太大差别,但是笔者还是喜欢使用Altera的模块,因为已经有强大的Altera团队来为我们确保FIFO功能和性能,尽管对自己设计的FIFO充满信心,但还是想节约自己花在FIFO验证上的时间。

同样的事情,笔者也花费时间在异步FIFO的验证上,但是也没有在设计中使用自己设计的异步FIFO,只是作为认识该FIFO的过程。

8.1.2 教你如何使用Altera的同步FIFO

本小节先介绍Altera同步FIFO的使用。所谓的同步FIFO是指读和写的时钟是同一个时钟。这里省去FIFO实例化的过程,直接介绍FIFO的使用,FIFO的控制主要分为FIFO写控制和FIFO读控制。一般只要控制好读、写信号就能很好地控制FIFO的操作了,一般容易出问题的是在如何保证不往已满的FIFO里写入数据以及如何保证不向已空的FIFO发送读命令。

通常来说,为了避免上述两个问题,FIFO的指示信号FULL和EMPTY可以给设计者提供正确的空、满标志信息。由于同步电路有一个Latency问题,也就是说,当设计者通过FULL来控制其写动作的时候往往会在FIFO刚满的时候再次写入一个数据到刚满的FIFO里去,同样的道理,通过EMPTY来控制读的时候,会在FIFO刚空的时候错误地发送一个读刚刚空的FIFO的读命令。所以FIFO实例化的时候还有一组指示信号,即almost full(将满)和almost empty(将空)指示。也就是说,在FIFO即将满或空的时候这组标志信号被置位,比如可以设置在FIFO还有5个数据就要写满的情况下将almost full置位,而在FIFO里还剩5个数据的时候将almost empty信号置位,这样就避免了上述错误写"满FIFO"和错误读"空FIFO"的问题了。

以上给出了同步FIFO读写的简单控制,不过在实际项目设计中有一个特殊情况存在,即设计必须确保将FIFO中的数据读空,该设计中各级FIFO示意图如图8-1所示。

从图8-1可以看到,FIFO的应用除了数据缓存以外还涉及数据的合并,比如融合FIFO的写,必须在前一级两种FIFO(PPU FIFO和时间信息FIFO)里都有数据

第8章 设计实例应用分析

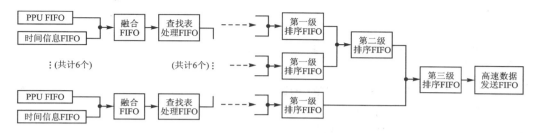

图 8-1 FIFO 级联

时(即都非空)才会产生一次写请求。这是对写的特殊要求,而对于读的特殊要求就是必须保证将每一级 FIFO 的数据读空,不许留"死角"。所以在该项目实际应用当中,笔者还是主要由 FULL 和 EMPTY 信号来控制读写操作。

为了更好地描述图 8-1 中的情况,笔者设计了 3 个 FIFO,第一级两个 FIFO,第二级一个 FIFO,给第一级两个 FIFO 在某个条件满足的情况下连续地写入计数值,第一级两个 FIFO 都非空的时候读出数据合并后写入第二级 FIFO 中。

那么首先来看看 FIFO 的写控制,通常的做法是通过判断 FULL 是否有效来获知 FIFO 是否还有空闲位置。通过上面论述我们知道,如果只这么简单地判断会造成"写满"误操作,即继续往已满的 FIFO 写入数据,如图 8-2 中圆圈所示。

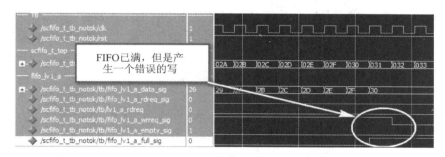

图 8-2 错误控制 FIFO 写,导致对已满的 FIFO 进行错误写操作

图 8-2 这种误操作带来的直接后果是当前写入的数据会"刷新"上一次写入位置的数据,这相当于丢失上一个数据。这种直接使用 FULL 来控制写操作的代码如下所示:

```
if cnt(5) = '1' and fifo_lv1_a_full_sig = '0' then
    fifo_lv1_a_wrreq_sig <= '1';
    fifo_lv1_a_data_sig <= cnt(6 downto 0);
else fifo_lv1_a_wrreq_sig <= '0';
end if;
```

如果将上述代码修改如下:

```
if cnt(5) = '1' and fifo_lv1_a_full_sig = '0' and fifo_lv1_a_usedw_sig<15 then
```

```
            fifo_lv1_a_wrreq_sig <= '1';
            fifo_lv1_a_data_sig <= cnt(6 downto 0);
        else fifo_lv1_a_wrreq_sig <= '0';
        end if;
```

经过上述修改后(注意本例中的 FIFO 深度是 16),当 FIFO 满了以后,逻辑会及时控制而不再往已经满了的 FIFO 里写入数据了,效果如图 8-3 所示。当 FULL 拉高以后,FIFO 的 Wreq 被及时拉低。

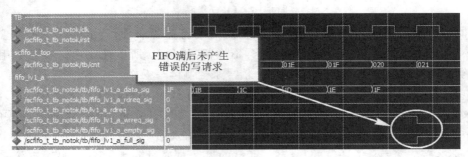

图 8-3 正确控制 FIFO 写,避免对已满 FIFO 进行误写操作

我们总结一下 FIFO 的写控制。简单通过 full 信号控制 fifo 的写,如果不是连续写 FIFO 一般不会出问题,一旦需要连续地往 FIFO 里压入数据,那么当 FIFO 压满之后,FIFO 将 full 信号置位,但是这个动作不会立即通知到用户,所以用户会在不知情的情况下又往已经写满的 FIFO 进行一次写的操作。为了避免这种情况发生必须通过使用 full 信号和 usedw 信号一起来控制 FIFO 的写。

下面接着来看看 FIFO 的读操作控制。"读空",在前面论述中的意思是指一种读已空 FIFO 的误操作。下面笔者要谈论的是一种相对较特殊的 FIFO 读应用,即"读空"FIFO。这里的"读空"是连在一起的动词,而前面论述的"读空"中的空是描述 FIFO 一种状态的形容词。注意这里的"读空"和前述提到的"读空"误操作的区别,这里是指如何真正安全地将 FIFO 的数据一个不留地读出来,即在没有后续数据写入的情况下,如何把 FIFO 里剩余的数据安全地一个不落地读出来。

上面已经谈到了这种特殊 FIFO 读操作的目的,所以不用"almost"空标志信号控制 FIFO 的读操作。那么到底为什么要读空 FIFO 呢?这是由项目中数据流的特点决定的。系统有非常多路数据,而数据流又是随机的,后端需要根据时间信息来处理这些数据。所以如果是 almost 空标志信号,那么就有可能在某种情况下导致某些数据被"Block"在 FIFO 中很长时间,进而使得这些数据因为时间关系而失效,而这对系统来说是不允许的,所以系统要求数据要被"及时"并"安全"地读走。

综上所述,笔者项目的目的是要读空 FIFO,同时防止再去读已经被读空了的 FIFO。这句话虽然有些拗口,但却是笔者项目设计的关键所在,即如何防止对已经空了的 FIFO 再次采取读操作。采取"读空"误操作的后果就是数据处理的时候所有

FIFO 最后读出的那个数据被处理了两次,这显然也是不对的。

那么首先展示一下这种误读操作(简单通过 empty 来控制读)。如果连续地从 FIFO 里弹出数据,当弹出最后一个数据的时候,FIFO 会给 empty 信号置位,但是这个动作需要一个时钟之后才能通知到用户,所以这时候逻辑不会停止读,那么在 user 不知情的情况下就产生一个对空 FIFO 的读操作,如图 8-4 所示,画圈的地方都是在空标志被置位后又产生了错误的读操作。

图 8-4　简单通过 EMPTY 控制 FIFO 读,导致对已空 FIFO 进行误读操作

上述通过 EMPTY 信号简单地控制 FIFO 读的代码如下所示:

```
if ((fifo_lv1_a_empty_sig = '0' and fifo_lv1_a_usedw_sig>0) or
fifo_lv1_a_full_sig = '1') and ((fifo_lv1_b_empty_sig = '0' and
fifo_lv1_b_usedw_sig>0) or fifo_lv1_b_full_sig = '1') and
fifo_lv2_full_sig = '0' and fifo_lv2_usedw_sig<15 then
        fifo_lv1_a_rdreq_sig <= '1';fifo_lv1_b_rdreq_sig <= '1';
else fifo_lv1_a_rdreq_sig <= '0';fifo_lv1_b_rdreq_sig <= '0';
end if;
```

上述代码是放在进程里,修改后将控制逻辑放在进程外面:

```
fifo_lv1_a_rdreq_sig <= '1' when ((fifo_lv1_a_empty_sig = '0' and
fifo_lv1_a_usedw_sig>0) or fifo_lv1_a_full_sig = '1') and
((fifo_lv1_b_empty_sig = '0' and fifo_lv1_b_usedw_sig>0) or fifo_lv1_b_full_sig = '1')
and fifo_lv2_full_sig = '0' and fifo_lv2_usedw_sig<15 else '0';

fifo_lv1_b_rdreq_sig <= '1' when ((fifo_lv1_a_empty_sig = '0' and
fifo_lv1_a_usedw_sig>0) or fifo_lv1_a_full_sig = '1') and
((fifo_lv1_b_empty_sig = '0' and fifo_lv1_b_usedw_sig>0) or fifo_lv1_b_full_sig = '1')
and fifo_lv2_full_sig = '0' and fifo_lv2_usedw_sig<15 else '0';
```

读控制信号修改后,能保证不对空的 FIFO"读"了,如图 8-5 所示。

实际上,在项目中如何控制 FIFO 的读非常关键,笔者实际工作过程中采用过 3 种不同的控制方法,上面介绍的是第一种方法。这种方法其实判决 FIFO 非空的条件是 USEDW 大于 0 且空标志 empty 信号为 0,或者满标志信号 full 为 1。但是控制读有效信号的语句必须放在代码进程外面。其实效果就是 empty 为 1 的时候读信号绝对不能为 1。

第二种方法是在进程内的描述方法,就是空标志 empty 为 0 成立且(相与)

图 8-5　正确控制 FIFO 读，避免对已空 FIFO 误读

USEDW 大于 1 或者满标志 full 信号为 1 二者有一成立即可，代码如下所示：

　　if (fifo_lv1_a_empty_sig = '0' and (fifo_lv1_a_usedw_sig>1 or fifo_lv1_a_full_sig = '1')) and (fifo_lv1_b_empty_sig = '0' and (fifo_lv1_b_usedw_sig>1 or fifo_lv1_b_full_sig = '1')) and fifo_lv2_full_sig = '0' and fifo_lv2_usedw_sig<15 then
　　　　fifo_lv1_a_rdreq_sig <= '1';fifo_lv1_b_rdreq_sig <= '1';
　　　　else fifo_lv1_a_rdreq_sig <= '0';fifo_lv1_b_rdreq_sig <= '0';
　　　　end if;

注意上述代码中还需要判决下一级 FIFO 是否为空，所以要确保读第一级 FIFO 的时候，第一级的两个 FIFO 不能有空 FIFO，同时还要确保第二级 FIFO 不能已满。即确保不读空的第一级 FIFO，也不写满的第二级 FIFO。

这就是笔者所谓的 FIFO 级联操作。图 8-6 是 FIFO 级联操作的仿真结果，注意，程序中已经按照上述分析对"读空"和"写满"误操作进行规避。

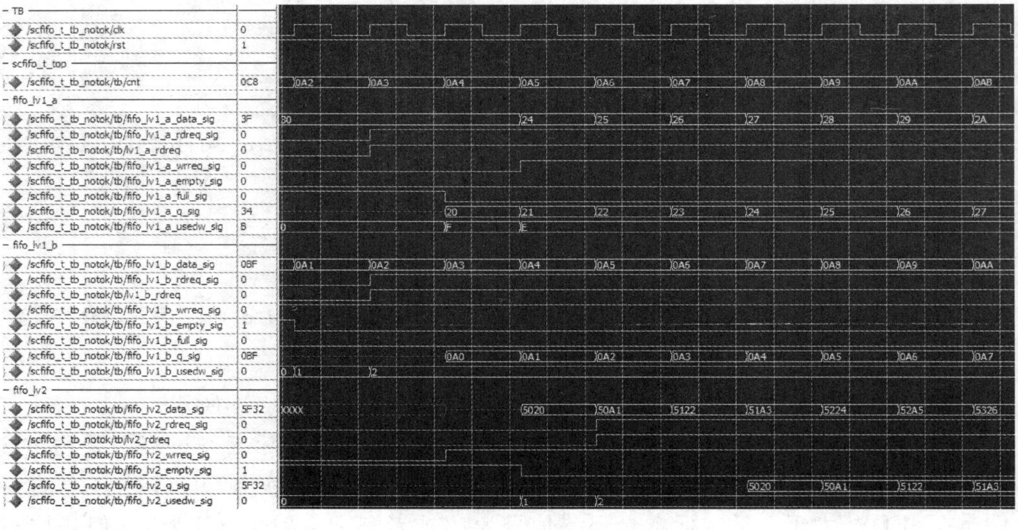

图 8-6　FIFO 级联操作

另外，还有一种控制方法就是分两步：第一步根据空标志 empty 信号产生一个读操作的中间信号（其实就是将 empty 取反打一拍）；第二步是将此中间信号和 emp-

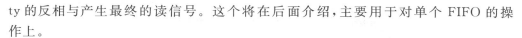

ty 的反相与产生最终的读信号。这个将在后面介绍,主要用于对单个 FIFO 的操作上。

实际调试的时候发现只能采用第三种方法来控制 FIFO 的读操作,上述第二种方法控制 FIFO 读的条件是 empty 为 0 的同时 usedw 要大于 1。但是经过实际调试发现这样控制 FIFO 读的后果是 FIFO 里总是有一个数据无法读出,所以就达不到项目要求的将 FIFO 读空的目的了。

项目之所以采用这种方式来控制 FIFO,根源是为了解决实际情况中遇到的下面这两种状况。第一种情况:假如 FIFO 里有很多数据,比如一个已满的 FIFO,这时候 FIFO 一段时间没有数据需要写入,只是需要将 FIFO 里的所有数据读出,注意这里只是假设一种极端情况,就像电影里的慢放一样。那么当读到 FIFO 只剩下一个数据的时候,上述第二种方法能确保将这最后一个数据读出后不会再误发一个读,即读已经空的 FIFO 这样误操作。第二种情况:系统上电后 FIFO 必然是空的,假如这时候有一个数据满足条件被写到了 FIFO,但是后面很长时间没有满足条件的数据了,我们的系统要求一旦 FIFO 里有数据就得立即将数据读出来。如果是这种情况那么上述第二种方法是不会产生读 FIFO 控制的,因为控制条件是需要 usedw 大于 1,而这时候 usedw=1,不符合条件。所以为了及时将 FIFO 读空,就需要使用第三种方法。

8.1.3 教你如何使用 Altera 的异步 FIFO

所谓的异步 FIFO 其实是 FIFO 的读/写时钟不是同一个时钟,笔者用得最多的是读/写时钟同频不同相的场合,比如 GXB 和逻辑之间的数据切换就需要用到异步 FIFO,如果不用异步 FIFO 至少 Quartus II 会给出一个警告。在介绍 Altera 异步 FIFO 使用之前,首先简单介绍一下异步 FIFO 工作原理。

异步 FIFO 的接口信号包括异步的写时钟(wr_clk)和读时钟(rd_clk)、与写时钟同步的写有效(wren)和写数据(wr_data)、与读时钟同步的读有效(rden)和读数据(rd_data)。为了实现正确的读写和避免 FIFO 的上溢或下溢,通常还应该给出与读时钟、写时钟同步的 FIFO 的空标志(empty)和满标志(full)以禁止读写操作。

下面给出异步 FIFO 的功能模块图,如图 8-7 所示。

可以看出,写地址产生模块根据写时钟和写有效信号产生递增的写地址,读地址产生模块根据读时钟和读有效信号产生递增的读地址。FIFO 的操作如下:在写时钟 wr_clk 的上升沿,当 wren 有效时,将 wr_data 写入双口 RAM 中写地址对应的位置中,始终将读地址对应的双口 RAM 中的数据输出到读数据总线上,这样就实现了先进先出的功能。

写地址产生模块还根据读地址和写地址关系产生 FIFO 的满标志。当 wren 有效时,若写地址+2=读地址,full 为 1;当 wren 无效时,若写地址+1=读地址,full 为 1。读地址产生模块还根据读地址和写地址的差产生 FIFO 的空标志。当 rden 有

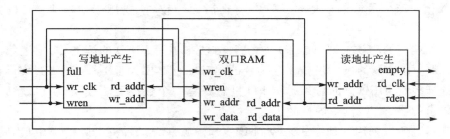

图 8-7 异步 FIFO 内部模块图和接口信号

效时,若写地址-1=读地址,empty 为 1;当 rden 无效时,若写地址=读地址,empty 为 1。按照以上方式产生标志信号是为了提前一个时钟周期产生对应的标志信号。

由于空标志和满标志控制了 FIFO 的操作,因此标志错误会引起操作的错误。如上所述,标志的产生是通过对读/写地址的比较产生的,当读/写时钟完全异步时,对读/写地址进行比较时,可能得出错误的结果。例如,在读地址变化过程中,由于读地址的各位变化并不同步,计算读/写地址的差值可能产生错误的差值,导致产生错误的满标志信号。若将未满标志置为满标志,可能降低了应用的性能,降低写数据速率;而将满置标志置为未满时,执行一次写操作,则可能产生溢出错误,这对于实际应用来说是绝对应该避免的。空标志信号的产生也可能产生类似的错误。

以上简单介绍了异步 FIFO 原理,至于什么时候会用到异步 FIFO,这里不再赘述。如果读者想自己设计异步 FIFO,也可以参考上述原理来进行设计,笔者曾经深入研究过异步 FIFO 原理且已经代码化,经过仿真也可以正常使用,不过项目中大部分时候笔者还是使用 Altera 提供的异步 FIFO 模块。

Altera 异步 FIFO 的读写控制可以采用前面介绍的同步 FIFO 第三种读方法来进行设计,代码非常简单:

crossclk_rdreq_sig <= crossclk_fifo_rdreq_sig and (not rdempty_sig);

上述代码中 crossclk_rdreq_sig 为异步 FIFO 的读控制信号,而 crossclk_fifo_rdreq_sig 则是为了控制 FIFO 读的中间信号,这个中间信号在进程中只要 FIFO 为非空且需要读 FIFO 的时候就可以控制将其置高。而进程外的上述语句只是为了确保不要读已空的 FIFO。

8.2 教你如何向他人转移设计时保护自己的知识产权

这一节简单介绍设计保密的例子,这是一种特殊的案例。一般你的 FPGA 设计完成产品交付给客户即可,只是有的时候为了保护自己设计的知识产权,特别防止竞争对手恶意盗版复制,你可能需要更进一步的加密设计。这种对设计的"防护"措施,可以分两方面来介绍。

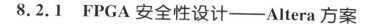

8.2.1 FPGA 安全性设计——Altera 方案

器件生产、现场更新和固件远程重构的工作外包可能会导致 FPGA 被复制、克隆或盗版。这是不可回避的问题，很多企业产品器件焊接、固化等都需要外包，这时候就会存在上述风险。即便生产所有流程都不外包，FPGA 中的配置比特流也有被"盗取"的风险。

我们知道 FPGA 一般分两种，一种是基于 SRAM 结构，另外一种是基于反熔丝（Antifuse）或者 FLASH 结构。两种 FPGA 各有优劣势，对于安全性来说第二种是最安全的，但是目前技术无法将这种 FPGA 做得很大和无法满足足够复杂设计需求。第一种 FPGA 不安全甚至非常脆弱，是因为一旦系统上电，盗版者就能轻而易举地获取 FPGA 的位流。我们这里讨论的 FPGA 安全性就是针对基于 SRAM 结构 FPGA 来进行的。

对于 FPGA 的攻击一般分为 3 种：
- 复制（copy），有时候叫克隆（clone）；
- 反向工程（reverse engineering）；
- 篡改（tampering）。

Altera 从 Stratix II 开始在高端器件中对于配置比特流提供了 128 bit AES 密钥保护，可以参考 Altera 的 an341 了解相关详细情况。2009 年 Altera 又推出了 Cyclone III LS 系列，该系列也可以提供 AES 密钥保护，而且是 256 bit，同时该系列可以采用"划分 FPGA 设计，实现冗余和信息安全"，详细内容可以参考 Altera 的 application note an589。这里介绍的是如何给我们的 FPGA 配置比特流添加 128 或者 256 bit 密钥保护。

1. 实现安全配置流程

安全配置流程分 3 步：
Step1：生成密钥可编程文件和加密配置数据；
Step2：将可编程密钥文件写入 FPGA；
Step3：用加密配置数据配置 FPGA。
下面分步骤进行介绍。
Step1：生成密钥可编程文件和加密配置数据
第一步，完成设计生成配置需要的 sof 文件，这是一般的 FPGA 开发流程。
第二步，向 Altera 或者其代理申请可以使能安全性设计的 license。
第三步，生成密钥文件（key file）和加密配置文件。

完成以上三步，那么 Step1 就算完成了。第一步是属于普通的 FPGA 开发，不需要过多介绍；而申请 license 可以就近找 Altera 代理即可。这里详细介绍下 Step1 里的第三步，这一步又可以分为以下几步：

① 从 Quartus II 软件选择 file→Convert Programming Files 菜单项，打开 Convert Programming Files 对话框，如图 8-8 所示。

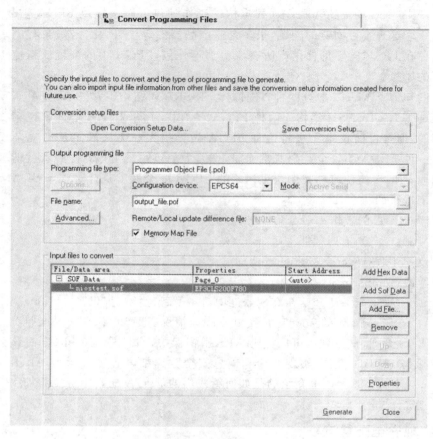

图 8-8　FPGA 配置文件转换工具界面

② 在图 8-8 中做如下选择设置：
ⓐ 从 programming file type 下拉列表框中选择生成的配置文件类型；
ⓑ 若使用配置器件，从 configuration device 下拉列表框选择对应器件；
ⓒ 从 Mode 下拉列表框中选择模式；
ⓓ 在 File name 文本框中指定生成的配置文件的文件名以及保存地址；
ⓔ Input file to convert 框中选中 SOF data（注：需要转换多个 sof 文件时，单击右边 Add Sof Data 来增加）；
ⓕ 单击 Add File 添加要被转换加密的 sof 文件；
ⓖ 高亮选中加入的 sof 文件；
ⓗ 单击属性按钮 Properties，则弹出 SOF file Properties：Bitstream Encryption 对话框，如图 8-9 所示；

第 8 章　设计实例应用分析

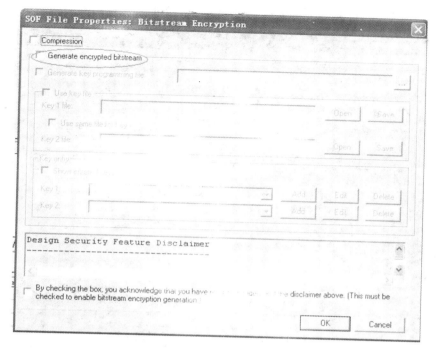

图 8-9　SOF File Properties：Bitstream Encryption 对话框

注：假如之前没有获得使能加密设计的 license，则该 SOF file 属性对话框如图 8-10 所示。

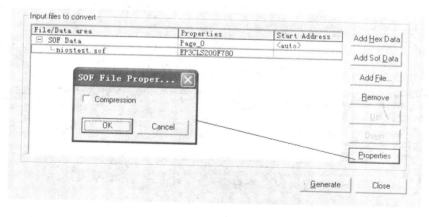

图 8-10　未获得加密 license

① 属性对话框中选中 Generate Encrypt Bitstream；

② 选中 Generate Key Programming File，并指定生成的 epk 文件的路径以及文件名；

③ 输入 key；key 输入有两种方式，一种是通过键盘（又可分为 PC 键盘和系统小

键盘两种,如图 8-11 所示),一种是通过导入 key 文件来实现。

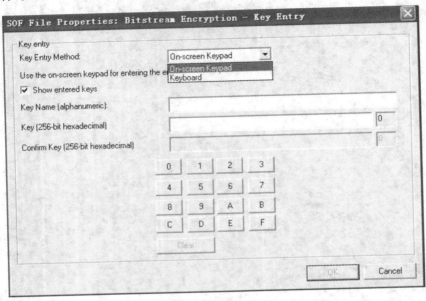

图 8-11 为需要加密的比特流设置密钥

如图 8-9 所示,单击 Add 进入图 8-11 所示的手动输入 key 对话框,单击 Edit 也可以进入该对话框,而 Key Entry Method 则选择使用大键盘还是对话框中的小键盘输入。

① 设置好 key1 和 key2 以后,阅读加密设计声明,选择同意后即可单击 ok 完成 ekp 文件和加密配置文件的生成。

③ 说明一下 key 文件,即密钥文件。密钥可以通过文件的形式导入到 FPGA,.key 文件其实就是符号文本格式的文件,文件的格式如图 8-12 所示。

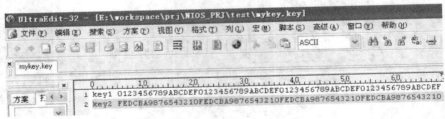

图 8-12 密钥格式

Step2:将可编程密钥写入 FPGA

在给 FPGA 写入密钥之前,先确保 FPGA 可以被编程,另外硬件设计上必须提供保持密钥的电池。FPGA 获得密钥后,可以接收加密和非加密的配置数据流,但是当任何密码错误时都会导致 nstatus 引脚上产生一个低电平,即 FPGA 持续自我

第 8 章　设计实例应用分析

复位。

写密钥 ekp 文件的方法跟 jtag 模式下载基本相似,模式也是 jtag 模式,添加 ekp 文件即可开始编写,如图 8-13 所示。Cyclone III LS 与 Stratix III、Stratix IV、Arria II GX 不同点是在编写的时候少了 Configure Volatile Design Security Key 选项。

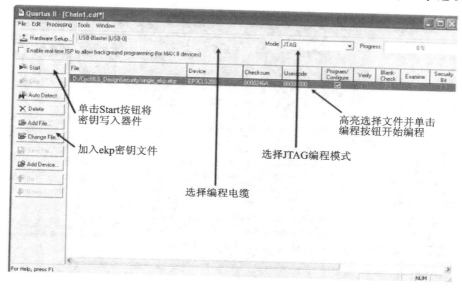

图 8-13　向 FPGA 写入密钥

Step3:用加密配置数据配置 FPGA

这一步省略。

2. 安全配置

下面是一个 Stratix IV 安全设计后配置全过程。
第 1 步:对具有密钥的 Stratix IV 器件进行编程。
第 2 步:加密钥配置文件,存储在存储器中。
第 3 步:接收并解密加密配置文件。

8.2.2　如何加密转移自己的设计

上面介绍的是如何利用 Altera 提供的加密特性给 FPGA 的配置文件加密,其安全性还是比较高的。实际设计过程中某个 FPGA 的设计需要多个团队完成,而团队之间又不希望相互透露自己的设计技术,这时候就需要用到加密转移自己的设计。

这时候笔者认为有 3 种方法可以采用,虽然加密性不高,但是毕竟强于直接向外"裸露"自己的设计。

第一种方法就是在优化一章已经介绍到的增量编译中的 bottom-up 方式,将自己的设计作为一个子模块或者分区(partition),设计完成以后生成一个 QXP 文件传

深入理解 Altera FPGA 应用设计

递给合作单位。

　　第二种方法是将自己的设计编译成 VQM 网表文件传递给合作单位，具体做法：首先在 sttings 里按照如图 8-14 所示生成 VQM 选项，这样设计就生成了一个叫做 *.vqm 的网表文件。

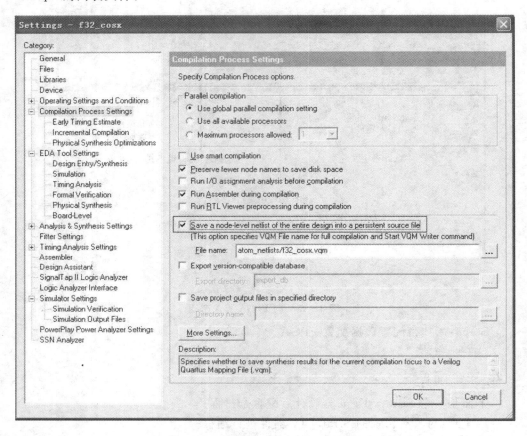

图 8-14　工程编译后生成 VQM 网表文件

　　那么对于使用网表者，可以把 VQM 文件当作一般的子模块来调用。如果是 VHDL，则进行 component 例化以及调用，当然网表提供方要提供网表顶层的管脚定义说明；如果没有，直接打开 vqm 文件也可以看得到。另外，使用网表文件方还要将网表文件加入到工程，或者放在工程当前目录下即可。

　　第三种方法跟第二种方法类似，就是通过第三方综合工具生成网表文件，所以工程中对于需要保密的部分就做成黑盒子(black box)。第三方综合工具生成的网表文件一般是 EDF 文件，使用的时候将 EDF 文件放到工程目录即可，工程中按照第二种方法在设计中调用黑盒子即可。

　　在 Quartus II 工程中还应指定产生网表的第三方综合工具，可以在选择 settings

→EDA Tool Settings→Design Entry/Synthesis,在对话框的 Specify options for processing input files created other EDA tools 栏中指定 Tool name,如图 8-15 所示。

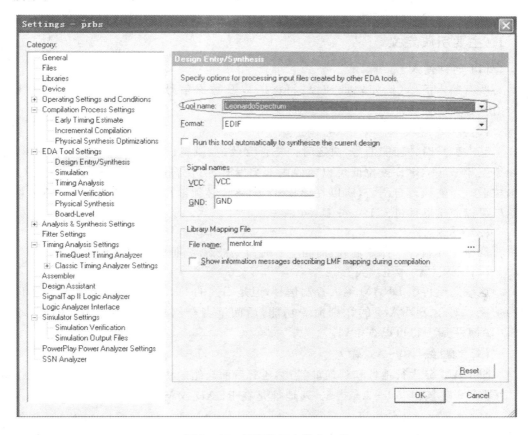

图 8-15　指定第三方综合工具

8.3　FPGA 外挂接口之 SDRAM

　　SDRAM 应该说是一项比较"古老"的技术,随着时代以及技术的进步,DDR3 都出来了,可以满足更高数据吞吐和更快的处理速度的要求。但是如果是为了个学习 FPGA 的接口控制,SDRAM 控制器是个不错的学习目标。本节先对 SDRAM 芯片控制做一个简单介绍,然后落实到具体的逻辑设计上,最重要的是笔者会结合自身项目介绍一种 SDRAM 在实际产品中相对"特殊"的应用——查表。

8.3.1　SDRAM 芯片

　　市场上见得最多的 SDRAM 供应商有美光、三星和现代等,这里基于美光进行介绍。笔者也查看过其他厂商器件的手册，发现大同小异，相同封装基本都可以相互替代使用，主要区别是时钟频率、地址空间以及读写延时等。

这里不是要把 SDRAM 手册内容照抄在此，只是将笔者认为在后续逻辑设计中比较重要的内容进行介绍。

1. 主要引脚定义

(1) 时钟输入

所有输入信号（比如地址和控制信号）以及数据信号都必须同步在时钟的上升沿。

(2) CKE 输入

其实就是时钟使能信号，决定时钟是否有效，在逻辑设计的时候需要进行控制。在突发模式下，CKE 被拉低可以暂停内部突发时钟；在自刷新模式下，只有在 CKE 被拉低时才能执行自刷新，所以在此模式下 CKE 必须被拉低；其他模式下，CKE 被拉低可以使得器件进入 Power Down 模式。

(3) $\overline{CS}$ 输入

低电平开始一个命令输入，而高电平时命令被忽略，但是当前操作会继续。

(4) $\overline{RAS}$、$\overline{CAS}$、$\overline{WE}$ 输入

这些属于传统 DRAM 输入控制信号，但是不同的 DRAM 这些信号组合成不同的功能。对于 SDRAM 的详细命令功能，后面笔者会给出命令列表，在任何一个 SDRAM 手册上也可以查得到。

(5) 地址线(A0~Ax)输入

SDRAM 分为行地址和列地址（当然还有后面介绍的块地址 BA），行地址在 ACTIVE 命令时候由 A0~Ax 指定，列地址是在 READ 或 WRITE 命令时候由 A0~Ax 中的全部或一部分指定。一个命令发送到 SDRAM 时，BA 已经给 SDRAM 提供了块地址。地址线中的 AP（一般为 A10）用于选择 Prechage 模式功能行为，SDRAM 控制器在一个 Precharge 命令、READ 或者 WRITE 命令输入的时候控制 AP 来决定 Precharge 行为。在 Precharge 命令的时候，AP 为高来选择所有 bank，低的时候选择当前块地址选择的块。当 WRITE 和 READ 命令的时候，其后跟的 Precharge 行为在 AP 为高的时候为自动充电（auto precharge），在 AP 为低的时候必须单独输入 Precharge 命令来启动一个预充电动作。

需要注意的是，SDRAM 的行列地址是由 A0~Ax 复用得到。块地址和行地址在 ACTIVE 命令的时候同时被加载，接着在一个读或者写命令周期，块地址和列地址被同时加载，这样整个地址译码完成。

(6) DQM0~DQM3 输入

DQM 用于控制数据总线，一根 DQM 最多管 8 根数据线。所以根据使用的 SDRAM 芯片总线的位宽可以知道该芯片 DQM 的数量，比如笔者使用的是最大支持 16 bit 位宽,所以只有 DQMH 和 DQML 两根 DQM 信号。

DQM 具体如何控制 SDRAM 的数据总线？首先来看读,类似 OE 信号,高电平 SDRAM 输出关闭,低电平输出打开,读的时候 DQM 的 Latency 是 2 个时钟周期。写的时候,高电平意味着输入数据不被写入到存储单元里,低电平时数据才被允许写入到存储单元,写时 DQM 的 Latency 是 0。

(7) DQ0 到 DQx 数据输入输出

这是 SDRAM 的数据总线。

2. SDRAM 基本操作命令

SDRAM 有很多操作模式,比如 READ、WRITE、突发、刷新以及充电等。了解这些不同模式或者命令是写好 SDRAM 控制器的基础。这些命令或者模式在 SDRAM 芯片的手册上都有很详细的说明,这里笔者不过多赘述,这里列出基本的操作模式以及各种不同命令。

首先,SDRAM 都是在时钟上升沿锁存所有的控制信号,同时数据也是同步于时钟。所以所有的控制时序只要遵循或同步于工作时钟,那么一切就显得那么简单。我们来看看简单的 SDRAM 读和写时序,如图 8-16 和图 8-17 所示。

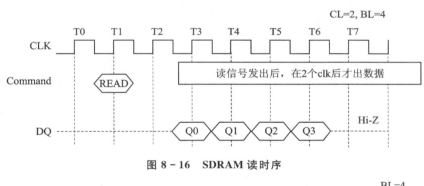

图 8-16 SDRAM 读时序

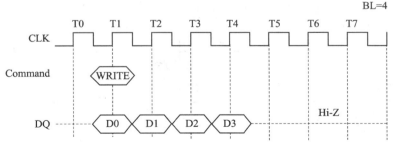

图 8-17 SDRAM 写时序

以上都是 SDRAM 的基本读/写时序,大部分时候 SDRAM 的读/写控制都是这么简单。注意上述图中的 CL 和 BL,BL 是突发长度,CL 根据芯片不同会不同,设计者在设计 SDRAM 控制器的时候都要设置 CL 和 BL。

当然图 8-16 和图 8-17 是一个已经简化的突发长度为 4 的读/写实现,其完整的操作过程还应该有许多其他的命令,后面会详细介绍。笔者这里要说的是 SDRAM 控制的所有命令都是一些逻辑电平的组合,这些逻辑电平来自于设计者 $\overline{CAS}$、$\overline{RAS}$、$\overline{WE}$ 等控制信号。所以通过这些控制信号,一般就可以定义出来 ACTIVE、READ、WRITE 和 PRECHARGE 命令等。其实应该还有一个刷新命令,这个比较重要,后面将给出详细介绍。在列出各种命令译码表之前,还需要强调的是每个命令被 SDRAM 正确采集到的时序,如图 8-18 所示。

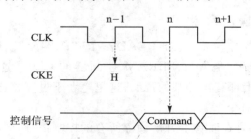

图 8-18 控制命令被正确采用的时序

如图 8-18 所示,这个时序主要取决于 CKE 和 CLK 上升沿以及控制信号之间的关系,当输入一个命令时,CKE 必须在采集命令时钟上升沿的前一个时钟被置高。

图 8-19 是一个 128 MB SDRAM 命令列表。

序号	命 令	Symbol	CKE		$\overline{CS}$	$\overline{RAS}$	$\overline{CAS}$	$\overline{WE}$	DQM	地 址		
			n-1	n						BA0, BA1	A10	A9-A0 A11
1	模式寄存器设置命令	MRS	H	×	L	L	L	L	×	L	L	V
2	自动刷新命令	REF	H	H	L	L	L	H	×	×	×	×
3	自刷新命令	SELF	H	L	L	L	L	H	×	×	×	×
4	自刷新退出命令	—	L	H	L	H	H	H	×	×	×	×
					H	×	×	×	×	×	×	×
5	为选择的块预充电	PRE	H	×	L	L	H	L	×	V	L	×
6	为所有块预充电	PALL	H	×	L	L	H	L	×	×	H	×
7	块激活	ACT	H	×	L	L	H	H	×	V	V	V
8	写命令	WRIT	H	×	L	H	L	L	×	V	L	V
9	带自动预充电的写	WRITA	H	×	L	H	L	L	×	V	H	V
10	读命令	READ	H	×	L	H	L	H	×	V	L	V
11	带自动预充电的读	READA	H	×	L	H	L	H	×	V	H	V
12	突发操作停止	BST	H	×	L	H	H	L	×	×	×	×
13	无操作	NOP	H	×	L	H	H	H	×	×	×	×
14	设备选择	DESL	H	×	H	×	×	×	×	×	×	×
15	数据输入/输出使能	—	—	—	—	—	—	—	L	—	—	—
16	数据屏蔽	—	H	×	×	×	×	×	H	×	×	×

图 8-19 SDRAM 命令

这个表在任何 SDRAM 芯片手册里都能找得到,设计 SDRAM 控制器的时候,根据不同的操作,选择发送相应的命令到 SDRAM 即可,具体如何做,下面会详细介绍。

3. SDRAM 上电后初始化操作

这里笔者不介绍详细的 SDRAM 结构,只要知道上电 SDRAM 内部电路的逻辑状态为未定义状态即可(其实内部为一个类似电容结构,所以才需要不断给其"充电",否则数据会丢失)。为了确保正确地操作 SDRAM,每次上电以后 SDRAM 都必须进行初始化。

初始化主要完成以下 5 项工作:
- 给芯片提供电源和时钟,这时需要确保 CKE 和 DQM 为高电平,而其他控制信号为 NOP 或 DESL 状态。
- 供电和时钟稳定后,需要确保保持 CKE、DQM 高电平以及其他控制信号为 NOP 或 DESL 状态至少 200 μs。
- 为所有块预充电。
- 执行自刷新至少 8 次。
- 执行模式寄存器设置命令,初始化模式寄存器。

所以,SDRAM 控制逻辑在上电伊始必须完成上述初始化工作。图 8-20 为初始化时序图。

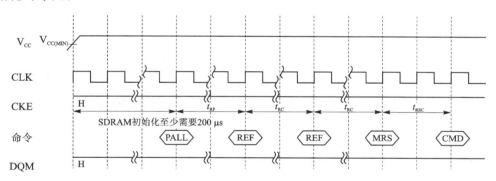

图 8-20 初始化 SDRAM

8.3.2 SDRAM 控制器逻辑设计

前面复习了 SDRAM 芯片的大致信息,让读者了解了 SDRAM 的基本操作,详细内容还需要查阅相关芯片手册。这一小节开始介绍具体的 SDRAM 控制逻辑设计。在上一小节最后其实已经介绍到了 SDRAM 的初始化,SDRAM 上电经过初始化以后,就可以准备接受设计者的正常访问了,但是用户如果要正确访问 SDRAM 还需要设计比较复杂的控制器,这是本小节要介绍的主要内容。

1. SDRAM 芯片内部状态机介绍

要写好 SDRAM 访问控制逻辑，必须要写好几个状态机，那么我们就必须首先理解 SDRAM 芯片内部控制命令之间切换状态机。图 8-21 显示的是 SDRAM 芯片内部状态机框图。

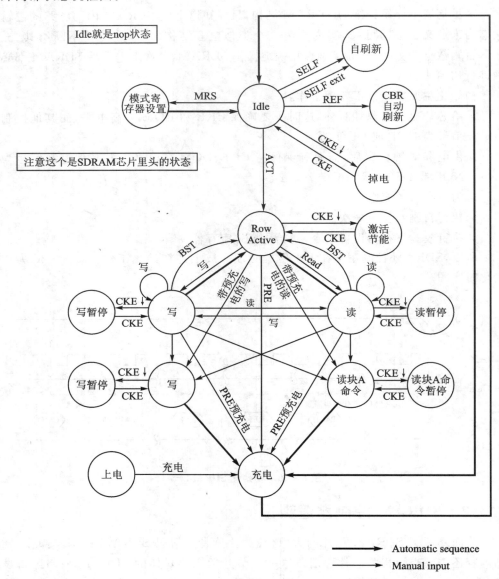

图 8-21　SDRAM 芯片内部控制状态机

(1) Idle

即所有操作的起始状态,ACTIVE、模式寄存器设置以及刷新等命令都必须在器件处于 Idle 状态时才能发送。其实笔者认为 Idle 状态还要首先完成上述初始化过程,也就是说逻辑设计者必须确保 SDRAM 已经完成了初始化以后才能发上述命令。

(2) Row Active

在本状态下行地址被选择,而具体操作(读或者写)并未执行。在 Idle 状态下给器件发送一个 ACTIVE 命令就可让器件从 Idle 进入 row active 状态。

(3) Precharge(充电)

在充电状态下,当前行的操作结束并开始操作下一行(关闭当前行,打开下一行)。器件收到一个 Precharge 命令使得器件自动进入 idle 状态。

(4) Read and Write(读和写)

在读和写状态,读和写操作被执行。在 row active 状态下发送一个读或者写命令就可以进入当前状态,同时加载列地址。当读和写完成时,器件自动返回到 row active 状态。

(5) Read and write with auto precharge(带预充电的读/写)

当器件收到的是自动充电读或写的命令时进入本状态,器件在本状态下,当读或写完成后自动进行充电并返回到 Idle 状态。

(6) Suspend(暂停)

当器件处于任何读或者写操作时,如果 CKE 引脚被外部控制器拉低,那么器件进入本状态,而且读和写操作被临时终止。

(7) Mode register setting(模式寄存器设置)

模式寄存器可以在器件所有 Bank 处于 Idle 状态下被设置,当数据被写入模式寄存器后,器件自动返回 idle 状态。

(8) CBR(auto) refresh(CBR 自动刷新)

CBR 刷新命令可以在器件所有块处于 Idle 状态下执行,当一个 CBR 刷新命令输入时,器件所有块的某个行被选定并被刷新。刷新结束后,器件自动返回 Idle 状态。

(9) Self refresh(自刷新)

自刷新命令可以像 CBR 刷新命令那样在器件所有块处于 Idle 状态下执行,在自刷新状态下,器件自动执行刷新动作;在此期间,器件不需要外部控制器发送额外的刷新命令。器件跳出自刷新状态会自动返回 Idle 状态。

(10) Power down

在 Idle 或者 Row active 状态下,如果 CKE 被外部控制拉低,那么器件就进入本状态。在本状态下,除了 CKE 和 CLK 所有输入缓冲都被关闭,器件功耗降低。要返回原始状态(Idle 或 Row active),只要将 CKE 重新拉高即可。

2. SDRAM 外部控制器逻辑设计

根据上述分析,我们现在基本可以开始 SDRAM 外部控制器逻辑设计了,其实主要是完成上述初始化以及芯片状态机的控制。实际设计的时候,还必须要分别分析 SDRAM 的读周期和写周期。所以外部控制器逻辑主要分 3 部分,初始化以及模式寄存器设置、SDRAM 写以及 SDRAM 读控制。以下分别列出了 SDRAM 的读写周期过程:

1) SDRAM 的读周期
ACTIVE   Read   Command   CAS Delay   Data Output
Auto Precharge   Idle

2) SDRAM 的写周期
ACTIVE   Write Command   Data Input   Auto Precharge
Auto Refresh   Idle

读写操作基本过程是这样的,在 Active 命令同时使行地址有效(行地址寻址),行地址确定之后,就要对列地址进行寻址了(行列地址线共用)。另外,关于读和写命令是怎么发出来的,其实没有一个信号是发送读或者写的明确命令,而是通过芯片的可写状态的控制来达到读或者写的目的,显然 $\overline{WE}$ 信号就是一个关键,$\overline{WE}$ 无效时当然就是读取命令。列寻址信号与读写命令是同时发出的。虽然地址线与行寻址共用,但是 $\overline{CAS}$ 信号可以区分开行与列寻址的不同。在 Active 和读或者写命令之间有一个间隔,这个间隔被定义为 t_{RCD},即 RAS to CAS Delay,也可理解为行选通周期(虽然单位为 ns,但一般为 2~3 个时钟周期,笔者项目中 SDRAM 的时钟是 100 MHz,所以选择 2 个时钟周期,即 20 ns)。图 8-22 是 $t_{RCD}=3$ 的时序图。

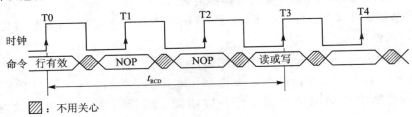

图 8-22 t_{RCD} 等于 3

具体到数据,首先是数据输出即读操作。在选定列地址后,就已经确定了具体的存储单元,剩下的事情就是数据通过数据 I/O 通道——DQ 输出到内存总线上了。但是 CAS 发出之后,仍要经过一定的时间才能有数据输出,从 CAS 与读取命令发出到第一笔数据输出的这段时间,被定义为 CL(CAS 延时),即 CAS 潜伏期。这里介绍下参数 t_{AC}。数据 I/O 总线上有数据输出前的一个时钟上升沿开始,数据即已传向 S-AMP,也就是说此时数据已经被触发,经过一定的驱动时间最终传向数据 I/O 总线进行输出,这段时间称之为 t_{AC}(Access Time from CLK),时钟触发后的访问时间。

这个参数对于逻辑设计的 SDRAM 控制器没有用,可以忽略。图 8-23 是 CL=2 与 t_{AC} 的示意图。

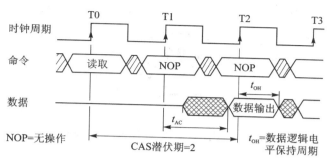

图 8-23 t_{AC} 以及 CL=2 示意图

接着是数据输入即写操作。写也是在 t_{RCD} 之后进行,但此时没有了 CL(记住,CL 只出现在读取操作中),行、列寻址时序和读操作一样,只是在列寻址时 $\overline{WE}$ 为有效状态(Low)。由于数据信号由控制端发出,输入时芯片无需做任何调校,只需直接传到数据输入寄存器中,然后再由写入驱动器进行对存储电容的充电操作,因此数据可以与 CAS 同时发送,也就是说写入延迟为 0。不过,数据并不是即时地写入存储电容,因为选通三极管与电容的充电必须有一段时间,所以数据的真正写入需要一定的周期。为了保证数据的可靠写入,都会留出足够的写入/校正时间(t_{WR},Write Recovery Time),这个操作也被称为写回(Write Back)。t_{WR} 至少占有一个时钟周期或者再多一点(时钟频率越高,周期越多)。

以上简单介绍了 SDRAM 的读/写过程,涉及了几个时间参数,我们在设计 SDRAM 逻辑控制器的时候需要关注的时间参数在芯片手册中能查看到,不同的芯片有一些细微的差别,读者必须根据自身选用的器件进行微调。这里列出这些关键时间参数。

① t_{RCD},前面有描述,Micron 规定至少 18~20 ns(根据芯片等级不同)。

② t_{RP},发送完预充电命令 P,要延时 t_{RP} 时间后才能发送其他命令(不包括 NOP)(Micron 规定至少 18~20 ns)。

③ t_{MRD},发送设置模式寄存器命令后要延时 t_{MRD} 才能发生其他命令(不包括 NOP)(Micron 规定至少 2 个时钟周期)。

④ t_{REF},两个自动刷新命令之间的最大间隔。目前公认的标准是,存储体中的电容的数据有效保存周期上限为 64 ms(当然根据页的大小不同会不同,可以查手册获取该刷新周期)。需要注意的是在自动刷新模式下,每发送一次刷新命令,芯片内有个行计数器,会自动加 1,故实际设计中可以设计一个自循环模块来给存储器进行循环地刷新,以保证数据不丢失。

⑤ t_{RFC},在发送自动刷新命令后,要延时 t_{RFC} 时间才能发送其他命令(Micron 给定最小 60~70ns)。

⑥ CAS Latency(CL)，只有在读的情况下采用，表示发送完读命令后，再延时CAS Latency，SDRAM 就出数据。

⑦ t_{RAS}，这个其实是 Active 命令和充电命令之间的时间间隔要求，美光给出最小 37～44ns，最大不能大于 120 μs。这个时间要求在突发模式下很容易满足，所以一般操作关注较少，但是在 single read 或者 single write 操作模式（即 burst len＝1）下必须十分注意这个参数（Keep it in mind that t_{RAS} should not be violated）。

⑧ t_{WR}，写恢复时间，1 CLK ＋ 7ns 或 1 CLK ＋ 7.5 ns（Auto Precharge）；或者 12～15 ns。

根据以上分析，笔者设计的 SDRAM 外部控制逻辑模块如图 8－24 所示。

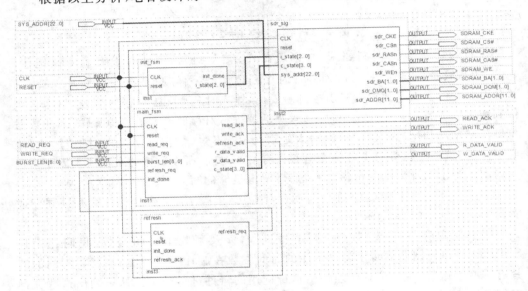

图 8－24　SDRAM 控制器顶层

这个控制器下主要包含 4 个模块，主状态机控制模块、初始化状态机控制模块、刷新循环计数器控制模块及对外引脚控制模块。

引脚控制模块无须介绍，初始化模块前面讲的很清楚，主要完成的就是上电后延时 200～300 μs，执行 8 个刷新命令一个充电命令，然后设置模式寄存器，一切结束后给出一个初始化完成指示信号。初始化模块源代码如下：

```
library IEEE;
use IEEE.std_logic_1164.all;
use IEEE.std_logic_arith.all;
use IEEE.std_logic_unsigned.all;
entity init_fsm is
    PORT(
    CLK:IN STD_LOGIC;--系统时钟 100 MHz
```

```vhdl
    reset: in std_logic;
    init_done: out std_logic;-- 提示初始化是否完成
    i_state: out std_logic_vector(2 downto 0)--状态变量
    );
END init_fsm;
ARCHITECTURE rtl of init_fsm IS
------------------初始化状态机------------------------
    constant i_NOP: std_logic_vector(2 downto 0) := "000";
    constant i_PRE: std_logic_vector(2 downto 0) := "001";
    constant i_tRP: std_logic_vector(2 downto 0) := "010";
    constant i_AR: std_logic_vector(2 downto 0) := "011";
    constant i_tRFC: std_logic_vector(2 downto 0) := "100";
    constant i_MRS: std_logic_vector(2 downto 0) := "101";
    constant i_tMRD: std_logic_vector(2 downto 0) := "110";
    constant i_ready: std_logic_vector(2 downto 0) := "111";
------------------命令状态机------------------------
--SDRAM commands (sdr_CSn, sdr_RASn, sdr_CASn, sdr_WEn)------------
    constant INHIBIT: std_logic_vector(3 downto 0) := "1111";-- 4'b1111
    constant NOP: std_logic_vector(3 downto 0) := "0111";-- 4'b0111
    constant ACTIVE_CMD: std_logic_vector(3 downto 0) := "0011";-- 4'b0011
    constant READ_CMD: std_logic_vector(3 downto 0) := "0101";-- 4'b0101
    constant WRITE_CMD: std_logic_vector(3 downto 0) := "0100";-- 4'b0100
    constant BURST_TERMINATE: std_logic_vector(3 downto 0) := "0110";-- 4'b0110
    constant PRECHARGE: std_logic_vector(3 downto 0) := "0010";-- 4'b0010
    constant AUTO_REFRESH: std_logic_vector(3 downto 0) := "0001";-- 4'b0001
    constant LOAD_MODE_REGISTER: std_logic_vector(3 downto 0) := "0000";-- 4'b0000
-- 依据 $t_{RP}$ = 60 ns,$t_{RFC}$ = 100 ns,$t_{MRD}$ >60 ns 编写,可根据实际使用芯片的 spec 修改
    constant tCK:integer := 10;-- 系统时钟 100 MHz
    constant tMRD:integer := 40;-- 设置模式寄存器后,延时 $t_{MRD}$ 后才能发下个命令
    constant tRP:integer := 40;-- 充电命令发出后,延时 $t_{RP}$ 后才能发下个命令
    constant tRFC:integer := 80;-- 刷新命令发出后,延时 $t_{RFC}$ 后才能发下个命令
-- 初始化的时候确保 CKE 和 DQM 为高;初始化前保持所有其他输入为 NOP 或者 DESELECT 至
-- 少 200 μs(Micron 手册给出的是 100 μs);接着初始化流程为,预充电所有模块,刷
-- 新 8 次,执行模式寄存器设置。
-- 把参数转化成对应的时钟数
    constant NUM_CLK_tMRD:integer := tMRD/tCK - 1;
    constant NUM_CLK_tRP:integer := tRP /tCK - 1;
    constant NUM_CLK_tRFC:integer := tRFC/tCK - 1;
    constant DELAY_300us:integer := 30000;-- 针对系统跑 100 MHz,如果不是则需要修改
    signal en_clk:std_logic;-- 是否允许计数
    signal clk_cnt:std_logic_vector(3 downto 0);-- 对 clk 进行计数
    signal refresh_time:std_logic_vector(2 downto 0);
```

--刷新次数,手册讲2次就可以,这里有8次,不过手册最后也提议如果需要,可以进行超
--过2次AUTO Refresh
```vhdl
signal delay_cnt:std_logic_vector(14 downto 0);-- 延时 300 μs 计数器
signal delay_300us_done:std_logic;-- delay 300us is done
signal istate: std_logic_vector(2 downto 0);
BEGIN
process(clk,reset)
begin
    if reset = '1' then
        init_done <= '0';
        istate <= i_NOP;
        en_clk <= '0';
        clk_cnt <= (others => '0');
        refresh_time <= (others => '0');
        delay_cnt <= (others => '0');
        delay_300us_done <= '0';
    elsif clk'event and clk = '1' then
        if (en_clk = '1') then
            clk_cnt <= clk_cnt + 1;
        else
            clk_cnt <= (others => '0');
        end if;
        if(delay_cnt = DELAY_300us) then
            delay_300us_done <= '1';
        else
            delay_cnt <= delay_cnt + 1;
        end if;
            case (istate) is
                when i_NOP =>
                    if(delay_300us_done = '1') then
                        istate <= i_PRE;
                        en_clk <= '0';--不准备计数
                        clk_cnt <= (others => '0');
                    end if;
                when i_PRE =>
                    istate <= i_tRP;
                    en_clk <= '1';--准备计数
                    clk_cnt <= (others => '0');
                when i_tRP =>
                    if(clk_cnt = NUM_CLK_tRP)then
                        istate <= i_AR;
                        en_clk <= '0';
```

```vhdl
                        clk_cnt <= (others => '0');
                    end if;
                when i_AR =>
                    istate <= i_tRFC;
                    en_clk <= '1';
                    clk_cnt <= (others => '0');
                when i_tRFC =>
                    if(clk_cnt = NUM_CLK_tRFC)then
                        if(refresh_time = 7)then
                            istate <= i_MRS;
                            en_clk <= '0';
                            clk_cnt <= (others => '0');
                        else
                            istate <= i_AR;
                            en_clk <= '0';
                            clk_cnt <= (others => '0');
                            refresh_time <= refresh_time + 1;
                        end if;
                    end if;
                when i_MRS =>
                    istate <= i_tMRD;
                    en_clk <= '1';
                    clk_cnt <= (others => '0');
                when i_tMRD =>
                    if(clk_cnt = NUM_CLK_tMRD)then
                        istate <= i_ready;
                        en_clk <= '0';
                        clk_cnt <= (others => '0');
                    end if;
                when i_ready =>
                    istate <= i_ready;
                    init_done <= '1';
                when others =>
            end case;
        end if;
end process;
i_state <= istate;
end;
```

主状态机控制模块收到初始化完成指示信号以后,才能控制跳转到执行刷新或者读写操作。以下是主控状态机源代码:

```vhdl
library IEEE;
```

```vhdl
use IEEE.std_logic_1164.all;
use IEEE.std_logic_arith.all;
use IEEE.std_logic_unsigned.all;
entity main_fsm is
    PORT(
    CLK: IN STD_LOGIC; --系统时钟 100 MHz
    reset: in std_logic;
    read_req : in std_logic;
    write_req : in std_logic;
    burst_len : in std_logic_vector(8 downto 0);
    refresh_req : in std_logic;
    init_done : in std_logic;
    read_ack: out std_logic;
    write_ack : out std_logic;
    refresh_ack : out std_logic;
    r_data_valid : out std_logic;
    w_data_valid : out std_logic;
    c_state: out std_logic_vector(3 downto 0)
    );
END main_fsm;
ARCHITECTURE rtl of main_fsm IS
------------------初始化状态机----------------------
    constant i_NOP: std_logic_vector(2 downto 0) := "000";
    constant i_PRE: std_logic_vector(2 downto 0) := "001";
    constant i_tRP: std_logic_vector(2 downto 0) := "010";
    constant i_AR: std_logic_vector(2 downto 0) := "011";
    constant i_tRFC: std_logic_vector(2 downto 0) := "100";
    constant i_MRS: std_logic_vector(2 downto 0) := "101";
    constant i_tMRD: std_logic_vector(2 downto 0) := "110";
    constant i_ready: std_logic_vector(2 downto 0) := "111";
--------------------命令状态机----------------------
    constant c_IDLE: std_logic_vector(3 downto 0) := "0000";      --0
    constant c_AR: std_logic_vector(3 downto 0) := "0001";        --1
    constant c_tRFC: std_logic_vector(3 downto 0) := "0010";      --2
    constant c_RW_AR: std_logic_vector(3 downto 0) := "0011";     --3
    constant c_RW_tRFC: std_logic_vector(3 downto 0) := "0100";   --4
    constant c_ACTIVE: std_logic_vector(3 downto 0) := "0101";    --5
    constant c_tRCD: std_logic_vector(3 downto 0) := "0110";      --6
    constant c_READ: std_logic_vector(3 downto 0) := "0111";      --7
    constant c_RD_DATA: std_logic_vector(3 downto 0) := "1000";   --8
    constant c_R_PRE: std_logic_vector(3 downto 0) := "1001";     --9
    constant c_R_tRP: std_logic_vector(3 downto 0) := "1010";     --10
```

第 8 章 设计实例应用分析

```
    constant c_WRITE:std_logic_vector(3 downto 0):= "1011";     --11
    constant c_WR_DATA:std_logic_vector(3 downto 0):= "1100";   --12
    constant c_W_PRE:std_logic_vector(3 downto 0):= "1101";     --13
    constant c_W_tRP:std_logic_vector(3 downto 0):= "1110";     --14
    constant tCK:integer:= 10;   --系统时钟 100MHz
    constant tRP:integer:= 40;   --充电命令发出后,延时 t_RP 后才能发下个命令
    constant tRFC:integer:= 80;  --刷新命令发出后,延时 t_RFC 后才能发下个命令
    --把参数转化成对应的时钟数
    constant NUM_CLK_tRP:integer:= tRP /tCK - 1;
    constant NUM_CLK_tRFC:integer:= tRFC/tCK - 1;
    signal en_m_clk:std_logic; --是否允许计数
    signal clk_m_cnt:std_logic_vector(8 downto 0); --对 clk 进行计数
    signal keep_burst_len:std_logic_vector(8 downto 0); --用于保存 burst length
    signal cstate: std_logic_vector(3 downto 0);
BEGIN
process(clk,reset)
begin
    if reset = '1' then
        refresh_ack <= '0';
        read_ack <= '0';
        write_ack <= '0';
        r_data_valid <= '0';
        w_data_valid <= '0';
        cstate <= c_IDLE;
        en_m_clk <= '0';
        clk_m_cnt <= (others => '0');
        keep_burst_len <= (others => '0');
    elsif clk'event and clk = '1' then
        if(en_m_clk = '1')then
            clk_m_cnt <= clk_m_cnt + 1;
        else clk_m_cnt <= (others => '0');
        end if;
        case (cstate) is
            when c_IDLE =>
                if(init_done = '1' and refresh_req = '1')then  --refresh req
                    cstate <= c_AR;
                    refresh_ack <= '1';  --valid signal
                    en_m_clk <= '0';
                    clk_m_cnt <= (others => '0');
                elsif(init_done = '1'and(read_req = '1' or write_req = '1'))then
                    cstate <= c_RW_AR;
                    keep_burst_len <= burst_len;
```

```vhdl
            end if;
    when c_AR =>    --refresh_ack 值保持一个周期的有效时间
        refresh_ack <= '0';   --invalid siganl
        en_m_clk <= '1';   --prepare for delay
        clk_m_cnt <= (others => '0');
        cstate <= c_tRFC;
    when c_tRFC =>
        if(clk_m_cnt = NUM_CLK_tRFC)then   --if end of tRF delay
            en_m_clk <= '0';   --clear
            clk_m_cnt <= (others => '0');
            cstate <= c_IDLE;
        end if;
    when c_RW_AR =>
        cstate <= c_RW_tRFC;
        en_m_clk <= '1';   --prepare for delay
        clk_m_cnt <= (others => '0');
    when c_RW_tRFC =>
        if(clk_m_cnt = NUM_CLK_tRFC)then   --if end of tRF delay
            en_m_clk <= '0';   --clear
            clk_m_cnt <= (others => '0');
            cstate <= c_ACTIVE;
        end if;
    when c_ACTIVE =>
        cstate <= c_tRCD;
    when c_tRCD =>
        if(read_req = '1')then
            cstate <= c_READ;
        elsif(write_req = '1')then
            cstate <= c_WRITE;
            w_data_valid <= '1';   --通知用户可以改变数据了
        end if;
------------cl = 2 -----read control------------------------
    when c_READ =>
        en_m_clk <= '1';   --prepare for delay
        clk_m_cnt <= (others => '0');
        cstate <= c_RD_DATA;
    when c_RD_DATA =>
        if(clk_m_cnt = 1)then
            r_data_valid <= '1';
        end if;
        if(clk_m_cnt = (keep_burst_len - 2))then
            cstate <= c_R_PRE;
```

```vhdl
                en_m_clk <= '0'; --clear
                clk_m_cnt <= (others => '0');
            end if;
    when c_R_PRE =>
            cstate <= c_R_tRP;
            en_m_clk <= '1';
            clk_m_cnt <= (others => '0');
    when c_R_tRP =>
            if(clk_m_cnt = 1)then
                r_data_valid <= '0';
                read_ack <= '1';
            end if;
            if(clk_m_cnt = (NUM_CLK_tRP + 1))then
                en_m_clk <= '0';
                clk_m_cnt <= (others => '0');
                read_ack <= '0';
                cstate <= c_IDLE;
            end if;
---------------------write control---------------------------
    when c_WRITE =>
            cstate <= c_WR_DATA;
            en_m_clk <= '1'; --prepare for delay
            clk_m_cnt <= (others => '0');
    when c_WR_DATA =>
            if(clk_m_cnt = (keep_burst_len - 2))then
                en_m_clk <= '0'; --clear
                clk_m_cnt <= (others => '0');
                w_data_valid <= '0'; --invalid
                cstate <= c_W_PRE;
            end if;
    when c_W_PRE => --to terminate the burst transmit
            en_m_clk <= '1'; --prepare for delay
            clk_m_cnt <= (others => '0');
            write_ack <= '1'; --产生应答信号
            cstate <= c_W_tRP;
    when c_W_tRP =>
            write_ack <= '0'; --清除写应答信号
            if(clk_m_cnt = NUM_CLK_tRP)then
                en_m_clk <= '0';
                clk_m_cnt <= (others => '0');
                cstate <= c_IDLE;
            end if;
```

```vhdl
            when others =>
                cstate <= c_IDLE;
        end case;
    end if;
end process;
c_state <= cstate;
end ;
```

刷新计数器其实根据器件给出的刷新周期定义一个计数器进行循环计数,从而循环发出刷新命令。以下给出的就是刷新模块源代码:

```vhdl
library IEEE;
use IEEE.std_logic_1164.all;
use IEEE.std_logic_arith.all;
use IEEE.std_logic_unsigned.all;
entity refresh is
    PORT(
    CLK: IN STD_LOGIC;
    reset: in std_logic;
    init_done: in std_logic;
    refresh_ack: in std_logic;
    refresh_req: out std_logic
    );
END refresh;
ARCHITECTURE rtl of refresh IS
signal refresh_cnt:std_logic_vector(9 downto 0);
constant COUNT:integer: = 1562; --刷新计数器,100 MHz 时钟,每次刷新时间 15.625 $\mu s$
BEGIN
process(clk,reset)
begin
    if reset = '1' then
        refresh_req <= '0';
        refresh_cnt <= (others => '0');
    elsif clk'event and clk = '1' then
        if(init_done = '1' and refresh_cnt/ = COUNT) then
            refresh_cnt <= refresh_cnt + 1;
        end if;
        if(refresh_cnt = COUNT) then --刷新时间到,发送刷新请求
            refresh_req <= '1';
        end if;
        if(refresh_ack = '1') then
--收到应答信号,清零;如果未收到应答信号,则一直保持请求信号有效
            refresh_req <= '0';
```

```
            refresh_cnt <= (others => '0');
        end if;
    end if;
end process;
end ;
```

3. SDRAM 在项目中具体应用

以上介绍了 SDRAM 控制逻辑设计,笔者项目中需要存储 6 个比较"庞大"的表格,一张表格的大小是 515×512×8 bit,FPGA 中的 RAM 已经无法容下这么大的 6 张表。所以笔者选择 FPGA 外挂 SDRAM,将表格存放在 SDRAM 中。每张表都是一个 512 乘以 512 的阵列,阵列里每个单元存放 8 bit 数据,所以 SDRAM 的列地址必须大于等于 9,根据分析,美光的 MT48LC8M16A2 已足够,表 8-1 是该芯片地址可配置模式列表。

表 8-1 MT48LC8M16A2 地址表

	32 Meg×4	16 Meg×8	8 Meg×16
Configuration	8 Meg×4×4 块	4 Meg×8×4 块	2 Meg×16×4 块
Refresh count	4K	4K	4K
Row addressing	4K(A0~A11)	4K(A0~A11)	4K(A0~A11)
Bank addressing	4(BA0,BA1)	4(BA0,BA1)	4(BA0,BA1)
Column addressing	2K(A0~A9,A11)	1K(A0~A9)	512(A0~A8)

如果 6 个表存放在一个 SDRAM 里只需要一页地址空间即足够,如图 8-25 所示。

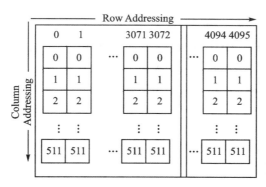

图 8-25 表格存放在 SDRAM 中空间分布

图 8-25 显示的是将 6 张表存放在一片 SDRAM 中的情况,而实际上由于 SDRAM 只有一个数据输入输出端口,而项目要求 6 张表分属于 6 个不同的逻辑模块,这 6 个逻辑模块在实际工作过程中需要随时查询自己的表格。所以就可能造成

模块之间"抢"SDRAM 访问权的问题,所以理论上最好将 6 个表格存放在 6 个不同的 SDRAM 芯片中。实际应用中由于各种原因,只安排 2 个 SDRAM 来存储表格,即 3 张表共享一个 SDRAM,所以逻辑设计的时候必须给 3 个模块进行 SDRAM 访问排队处理。

以上问题并不是笔者项目 SDRAM 应用特殊之一,更特殊情况是由于 SDRAM 的读相当于是查表,而每一次查表只是查一个地址,所以 SDRAM 的读都是 Single READ,根本无法实现突发读,所以带来了"死时间"问题。经过实际上板调试,一个 Single READ 至少需要 70 ns,即 100 MHz 时钟下的 7 个时钟周期,所以 3 个模块至少 210 ns 的死时间,而实际情况更糟,死时间在 210~300 ns 之间。

所谓的"死时间"是后续处理必须等待,而无法进行流水线处理。假如两个事件的最小间隔大于死时间,那么问题不大;一旦小于这个死时间,那么就必须开辟足够的缓存来将未处理的事件缓存起来。另外,如果事件之间的平均间隔时间也小于死时间,那么说明这个设计就是失败的,根本无法符合设计要求。

幸运的是,上述 300 ns 的死时间远远小于笔者需要查表的平均间隔时间,所以可以这样应用。

实际应用的时候,发生一个简单问题,即笔者将刷新总数算错了,如图 8-24 所示器件为 4K,由于笔者设计的时候按照 8K 设计刷新总数,导致每次读 SDRAM 出现部分数据错误,调试了半天才找到是刷新问题。

项目上必须采用 Single Read 和 Single Write 操作模式,图 8-26 为不带自充电 Single Read,而图 8-27 为不带自充电 Single Write 时序图,均为 Without Auto Precharge。Single 操作模式显然大大降低了 SDRAM 读/写效率,为了尽可能地挖掘读写效率,在设计控制器逻辑的时候对各个命令状态的时间需要进行精确控制,前提是保证读/写操作的正确无误。笔者手头有一块基于 EP2C8Q205C8N 的板子,FPGA 外挂的 SDRAM 芯片型号是 K4S641632H-UC60。设计 SDRAM 控制器逻辑进行 single 读写操作并通过 Altera 的 SignalTapII 工具分别抓取读写时序过程。

控制器逻辑的命令状态机 cstate 对应关系如下所示:c_IDLE(0)、c_AR(1)、c_tRFC(2)、c_RW_AR(3)、c_RW_tRFC(4)、c_ACTIVE(5)、c_tRCD(6)、c_READ(7)、c_RD_DATA(8)、c_R_PRE(9)、c_R_tRP(A)、c_WRITE(B)、c_WR_DATA(C)、c_W_PRE(D)、c_W_tRP(E)。

图 8-28 是 single 读的实际 SignalTap 抓取的时序关系图,一个完整的读操作,至少需要 9 个时钟周期,即 90 ns。图 8-28 中的 single 读中的状态"A"有 2 个时钟周期长,由于状态"A"的第二个时钟对应 t_{RP} 时间开始,实际上状态"0"、"5"都可算作 t_{RP} 时间,这样可以把"A"状态减少至 1 个时钟,甚至取消此状态,因为在逻辑设计状态机的时候已经保证了足够的 t_{RP} 时间。先修改保留状态"A"为一个时钟周期,同时将 Read ACK 信号提前一个时钟置位如图 8-29 所示。图 8-29 将状态"A"改为 1 个时钟周期长后,一个读的时间减少到只有 8 个时钟周期;那么把状态"A"取消(即

第8章 设计实例应用分析

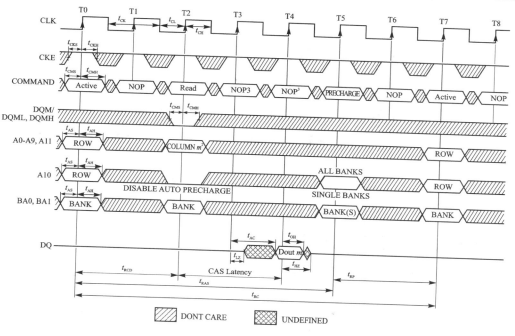

注:
1. 本例中,BL=1,CL=2,突发读时跟一个手动预充电动作。
2. 16 bit 数据模式下,不用管 A9 和 A11;8 bit 模式下,不用管 A11。
3. 此时还不能发刷新命令,否则 t_{RAS} 无法满足要求。

图 8-26 美光 SDRAM 关于不带自充电 Single Read 时序图

跳过此状态)呢？理论上是可行的,实际运行如图 8-30 所示。

图 8-30 直接跳过了状态"A",这样 Read ACK 信号又得提前一个时钟周期置位。实际修改后,一个读周期只需 7 个时钟周期了(实际扣除 Idle,6 个时钟完成一个 Read)。注:这里把 Read ACK 信号提前到 r_data_valid 之前置位是有一定风险的,由于这里是把数据存在 RAM 里,所以实际取数据时往后延了一拍,即 r_data_valid 有效上升沿先改变 RAM 地址;所以在实际应用中 Read ACK 信号不能早于 r_data_valid 信号被置位,后期在项目中使用的时候确实出现过读问题,重新调整回图 8-29 的状态。

图 8-31 是 single 写的实际 SignalTap 抓取的时序关系图,请注意命令状态机每个状态对应的 SDRAM 信号 RAS、CAS 以及 WE 的状态。比如,在 c_state 为 B 的时候对应了"写"命令,此时 RAS、CAS 和 WE 的电平应该是"高"、"低"和"低"。对照图 8-31 发现此状态正好在 c_state 为 B 的下一个时钟,因为逻辑设计中时序逻辑都有一个时钟周期的延迟,所有逻辑均采用时序逻辑设计即 pipeline,所以整个控制逻辑时序是对齐的。图 8-31 中一个完整的写周期至少需要 10 个时钟周期即 100 ns。

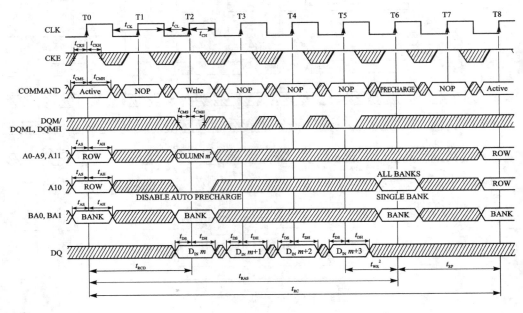

注：

1. 本例中，BL=4，而且写命令后需要人为发送一个刷新命令。
2. D_{IN} m+3 和后面的刷新命令之间间隔不能少于 15 ns，该要求与系统速率无关。
3. 16bit 配置时，忽略 A9 和 A11；8 bit 配置时忽略 A11。

图 8-27 美光 SDRAM 关于不带自充电 Single Write 时序图

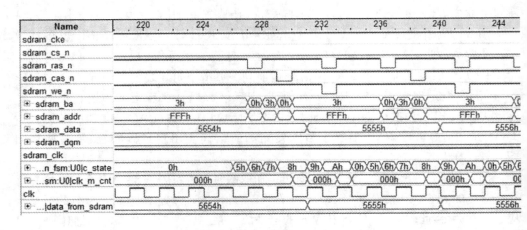

图 8-28 实际读出来的 single 读时序图

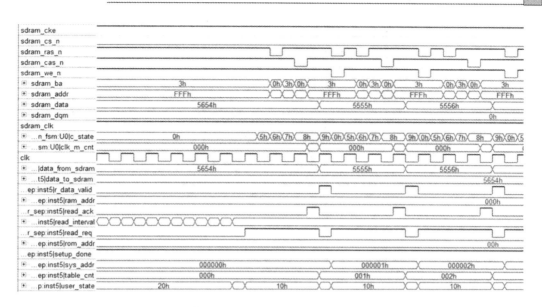

图 8-29　修改 SDRAM 主状态机减少 single 读时间

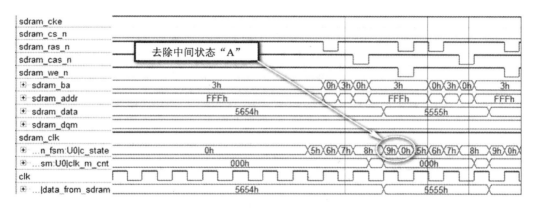

图 8-30　去除状态 A,继续减少 single 读时间

另外,笔者发现图 8-31 中 t_{RAS} 实际是 70 ns,符合条件,而 t_{WR} 是 50 ns,远远符合条件,而且状态"C"有 3 个时钟周期,为了节约时间,是否可改成 1 个呢？这样 t_{RAS} 为 50 ns,t_{WR} 为 30 ns,也还符合条件,从而使得一个写操作减少了 20 ns。另外,0 状态即 Idle 状态占了 2 个时钟周期,需检查逻辑看是否能减到 1 个时钟。

图 8-32 是修改逻辑先减少了状态"C"的时间,这样一个写只需 8 个时钟了。

如果把 Write ACK 置位提前一个时钟周期,那么,一个写周期就只需 7 个时钟周期,但是一定要仔细考虑 Write ACK 信号提前置位会否带来其他不利影响,如图 8-33 所示。

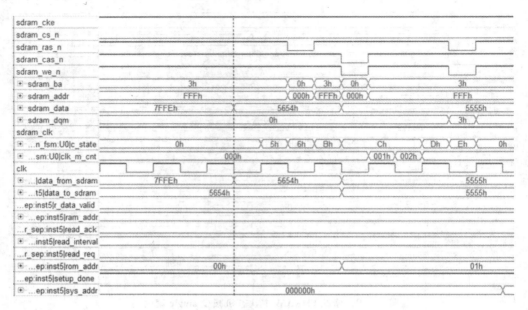

图 8-31 single 写完整时序

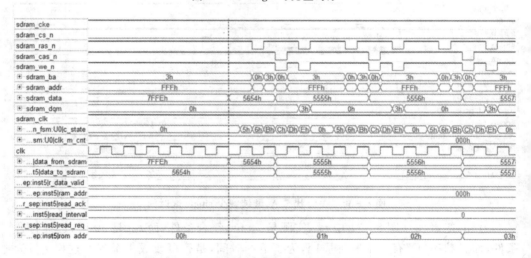

图 8-32 修改逻辑减少状态机状态 C 时间

实际应用中单个 SDRAM 读和写并没有这么冒险,而是采用如图 8-29 和图 8-32 这种安全操作。如前所述,时序太紧张会导致实际读的时候出现问题,虽然项目希望读的时间越短越好(读的时间越短意味着系统死时间越小)。

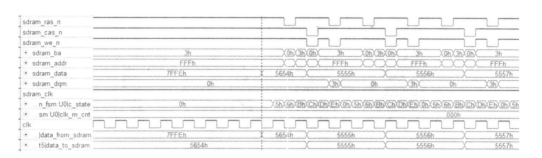

图 8 - 33　只需 7 个时钟周期的 single 写

8.4　高速串行接口设计没有看上去那么难

高速系列 FPGA 集成了高速串行 I/O 口，Altera 叫 GXB，而 Xilinx 称为 RocketIO。此外，Altera 器件中的 LVDS 模块也挺好用的，用户可以根据自身设计速率选择合适的器件，比如如果速率只有几百兆的时候就没有必要选择带收发器的器件。本节不对 LVDS 进行介绍，只介绍 Altera 的 GXB 使用。

目前 Altera 带 GXB 的器件有 Stratix GX、Stratix II GX、Arria GX、Arria II GX、Stratix IV GX、Stratix V GX、Cyclone IV GX、Arria V GX 等系列，用户可选择面还是比较广的，目前笔者正在使用的是 Arria GX 和 Stratix IV GX 这两款。而且笔者只使用了 GXB 的 Basic 模式，没有套用任何协议，所以数据传输也都是点对点传输（笔者经常形容 Basic 模式下数据在收发器之间"裸奔"），本节也只介绍收发器的 basic 模式应用。

8.4.1　GXB 模块介绍

在介绍 GXB 应用之前，笔者先介绍什么是 GXB，详细的信息可以查看相关手册。这里以 Altera 比较经典的 Stratix II GX 为例来介绍 GXB，读者使用时一定要注意各个系列 GXB 之间的细微差别。

对于用户来说，GXB 是 Altera 提供给我们的一种专用硬件资源，与 FPGA 内嵌 RAM 和 DSP 模块一样，本质上来说 GXB 还是一种"I/O"。该模块的结构如图 8 - 34 所示。

所以，这种串行链路结构分为了接收和发送两大部分，收和发在 Quartus II 中可以单独实例化，也可以一起例化。后面将介绍如何实例化 GXB 模块，这里对 GXB 进行简单介绍。整个收发器主要分为以下几大部分（如图 8 - 35 所示为 Arria GX 的 GXB 通道结构图）：

➤ 发送器路径；
➤ 接收器路径；

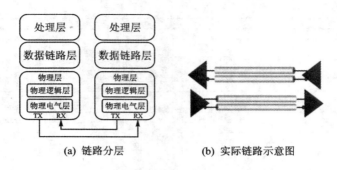

图 8-34 GXB 结构

- 复位逻辑;
- 时钟模块。

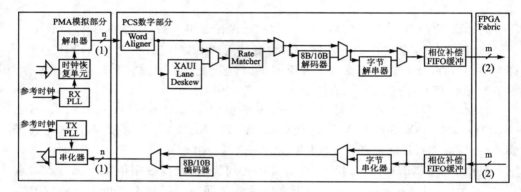

图 8-35 GXB 通道结构示意图

1. 发送器路径

发送器主要分为数字和模拟两大部分,其中数字部分叫 PCS(Physical Coding Sublayer),而模拟部分叫 PMA(Physical Media Attachment)。

(1) 发送器 PMA

发送器的 PMA 主要包含了发送缓冲器、发送器时钟倍频单元(CMU)以及串化器,如图 8-36 所示。

图 8-36 中的 TX 缓冲器模块除了物理上对接差分 TX 引脚外,还集成了可编程预加重和 VOD 功能;同时该缓冲器集成了适应 CML 标准匹配电阻,所以设计 PCB 的时候外部无需额外的匹配电阻。这些内置可编程配置在用户实例化 GXB 发送模块的时候可以进行相应的设置,以匹配不同的应用,比如匹

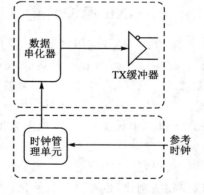

图 8-36 发送器 PMA 模块

配不同的速率或者添加不同的信号预加重。

图 8-37 是 CMU 的详细结构图，主要由发送 PLL、中央时钟分频模块以及发送器本地时钟分频模块组成。

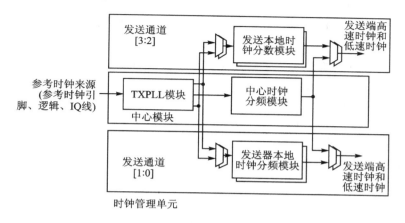

图 8-37　CMU 模块

中央时钟分频模块可以为一个收发器模块提供时钟，Altera 的一个 GXB 模块包括 4 个收发通道。发送器的 coreclkout 也是由中央时钟分频器产生，用于 FPGA 逻辑使用。而每个发送器都有自己的本地时钟分频器，在实例化 GXB 时看到的 tx_clkout 就是由这个分频器产生。

串化器模块就是将逻辑内部并行数据串化成串行数据，有两种模式选择，Single Width 和 Double Width。一次 8 bit 或 10 bit 为 Single Width，一次 16 bit 或 20 bit 为 Double Width，其中 10 bit 和 20 bit 是带 8 bit/10 bit 编码，串化后的数据低比特先传。

(2) 发送器 PCS

从图 8-35 可知，发送器的 PCS 模块主要包含了发送器相位补偿 FIFO、字节串化模块以及 8 bit/10 bit 编码器。

相位补偿 FIFO 不能被旁路掉，总共有 4 个字的深度，带来 2～3 个时钟周期的 Latency，FIFO 的写时钟为 tx_clkout 或 coreclkout，读时钟则来自发送 PLL 产生的低速时钟。

字节串化器就是在并行数据很宽的时候进一步将数据串化，提高了数据频率，反过来说，这个模块可以使得逻辑中的并行数据频率在不太高的情况下实现高速的串行发送数据率。假如没有这个模块，如果希望数据快速地发送出去，势必要提高逻辑中并行数据速度，我们知道逻辑中系统时钟频率是有限制的。当数据率不高的时候，该模块是可以被旁路的。

8 bit/10 bit 编码模块就在转换 8 bit 数据的时候通过添加控制码将其转化成一个 10 bit 数据，该模块也可以被旁路。笔者建议最好使用这个模块。如果使用该模块,有一个在 GXB 实例化的时候产生的信号 tx_ctrlenable 会经常用到,用于指示当前字节是数据还是控制码。

2. 接收器路径(Receiver Path)

同样的,接收器也有 PCS 和 PMA 两部分,下面分别介绍。

(1) 接收器 PMA

接收器 PMA 主要包含了接收器缓冲器、接收器 PLL、时钟恢复单元(CRU)以及解串器,如图 8-38 所示。

接收器的输入缓冲器同样包含一些可编程单元,比如内置匹配电阻、共模发生器、可编程均衡,而且接收器由于内置了电阻所以 AC 和 DC 耦合都支持,所以外部 PCB 设计的时候只需要串一个电容即可,非常简单。

缓冲器内的可编程匹配电阻在例化模块的时候可以进行设置,有 100 Ω、120 Ω 以及 150 Ω 等选择,共模电压为 850 mV。

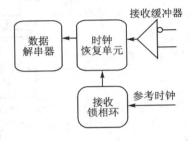

图 8-38 接收器模拟电路

发送器有预加重,这边接收器提供信号均衡电路,预加重可以对相应频率信号进行幅度加强,而均衡可以对一些低频单元进行衰减,相当于提高了高频信号单元,例化接收模块的时候进行相应配置。

接收 PLL 用于训练 CRU,每一个接收通道都有自己的 PLL,PLL 的输出 rx_pll_locked 被置位表明接收器锁定到了参考时钟。

接收器使用 CRU 模块从串行数据中恢复时钟,频率由接收器的 PLL 来训练,有些情况下可以由发送器 PLL 训练。也产生高速和低速时钟,高速时钟用在解串器,低速时钟用在收发器和 FPGA 内部逻辑。

CRU 的锁定模式比较复杂,主要分两大类,第一大类是自动锁定,第二大类是人工锁定。自动锁定是 CRU 根据一系列参数设定自动控制在锁定到数据(lock-to-data)或者锁定到参考(lock-to-reference)两种状态之间切换,同样人工锁定也分为锁定到数据和参考两种状态,只是是由设计者逻辑控制其切换。

CRU 只有锁定了,才意味着 Transceiver 链路的链接已经建立,否则说明该链路还未建立链接或者链路有其他问题;是否锁定,接收模块有一个信号 rx_freqlock 来指示。链路首先是进入 lock-to-reference,在下列两个条件满足的情况下,接收器才会从 lock-to-reference 进入到 lock-to-data 状态:

➢ 参考时钟和 CRU PLL 的输出相位差别在 0.08UI 之内;
➢ CRU PLL 的频率 PPM 位于设置参考时钟的门槛内。

当上述条件不满足的时候,接收器就会重新从 lock-to-data 返回到 lock-to-reference,如果此时参考时钟有问题,那么链路就会彻底失锁。

解串器是发送器串化器的逆过程，这里就不赘述。

（2）接收器 PCS

接收器的 PCS 包含的模块较多，其中就有 Word alinger、Rate matcher、8 bit/10 bit 解码器、字节解串器、字节重排模块以及相位补偿 FIFO 等。

Word aligner 模块对于接收器来说很重要，例化的时候不能被旁路；这个模块是用于在串行比特流中找到字节的边界，内部包含一个同步状态机，通过寻找设计者例化时设定的对齐码来寻找字节边界。用户可以手动设计自己的同步状态机，笔者一般使用模块内置的状态机。

Rate matcher 顾名思义就是速率匹配器，可以为异步系统提供时钟补偿。例如有两个独立的 GXB 通道（笔者的项目中就存在这样的情况，其中一片 FPGA 要接收从其他 22 片 FPGA 通过 GXB 发送过来的数据），那么接收端这两路建立链接的时刻肯定不一样，假如发送一样的数据，那么到达的时间肯定有先有后，那么这时候可以使用本模块来尽量匹配两路通道，可以在起始阶段经过在通道内插入或者删除设定的 K 码来达到补偿相互之间的时间差。

8 bit/10 bit 解码器是发送端编码器的逆过程，这里不再赘述。该模块和编码器一样是可以被旁路的，相应的接收端如果使能解码器，则会有一个 rx_ctrldetect 信号用于指示当前收到的数据是 K 码还是普通数据。

字节解串器对应于发送端的字节串化器。而字节重排（Byte ordering）模块是接收器一个比较重要的模块，只是该模块不能和 Rate matcher 一同使用，在 Basic 模式下，也只能在 Double - width 下使用。而笔者使用的 Arria GX 根本就不能使用这个模块，因为 Arria GX 其实是 Stratix II GX 的简化版本。之所以说这个模块比较重要是因为在 Basic 模式下，我们经常会碰到字节颠倒的情况，就是收到的数据经常和发送的数据字节相互颠倒，使用这个模块时系统会自动调整；如果不能使用这个模块，那么就必须设计者手动来调整，Arria GX 器件手册里就明确告诉用户需要自己设计逻辑来调整字节颠倒的问题。图 8-39 是该模块工作示意图，数据中的 A 是 Byte re - ordering 的特征码，这个码在发送端是为最低字节位置的，所以 byte ordering 模块就是通过插入 PD 码把这个 A 码调整到最低字节，从而达到了字节重排目的。

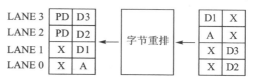

图 8-39 字节重排

接收器的补偿 FIFO 和发送器的补偿 FIFO 功能相似，深度也是 4 个字，这个 FIFO 确保 GXB 和 FPGA 内部逻辑之间有正确的时序关系。FIFO 的读端口在 rate macher 未使用的时候自动使用 rx_clkout 作为读时钟，而在使用 rate macher 的时候 FIFO 读端口在任何 x1 模式下均使用 tx_clkout 作为读时钟，x4 模式下使用 coreclkout 作为读时钟。写端口使用恢复出来的时钟。

3. 复位和 Power Down

GXB 分为数字复位信号 tx_digitalreset、rx_digitalreset 和模拟复位信号 rx_analogreset，还有一个 Power Down 信号 gxb_powerdown。所有这些信号都是独立并且是异步信号。

➢ tx_digitalreset 复位信号用于复位发送器所有的 PCS 逻辑，至少需要两个时钟周期脉冲宽度。rx_digitalreset 复位接收器所有 PCS 逻辑。

➢ rx_analogreset 复位接收器 PMA，该复位驱动 rx_clkout 为低电平，且重置 rx_freqlocked 信号。

➢ gxb_powerdown 用于 Power down 整个 GXB，复位所有的 GXB 逻辑，至少需要 100 ns 的脉冲宽度。

图 8-40 为复位和 Power down 时序波形图。注意上述复位信号都是高电平有效，开发 GXB 的设计者必须依据图 8-40 来给每一个 GXB 模块设计复位逻辑。图中 1 和 2 之间高电平复位整个 GXB 模块，即所谓的 Power down。同时 3 个数字和模拟复位被置有效，图中 3 处为发送器 PLL 锁定，发送器数字复位和接收器模拟复位信号在发送器 PLL 锁定后被释放，如图 8-40 的 4 处。图中 5 是接收器 PLL 锁定，接着在图中 6 处 rx_freqlocked 置位，表示链路建立，那么接收器数字复位在 6 之后 4 μs(图中时间 T，这里 4 μs 是 ArriaGX 的参数，不同器件会有差异)被释放。

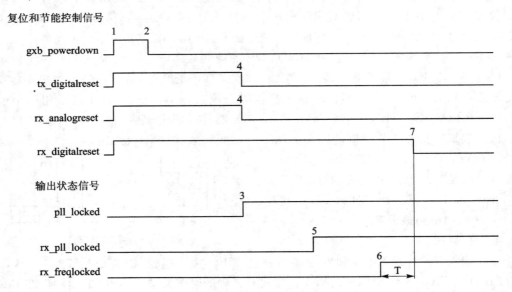

图 8-40 复位时序图

以上复位关系在不同系列略有差别，但大体相似。至此，整个 GXB 模块介绍完了，后面笔者给出一个 GXB 模块例化实例。

第8章 设计实例应用分析

4. GXB 的时钟

这里要讲的"时钟"是指 GXB 的外部参考时钟,即发送器和接收器 PLL 的输入时钟。从图 8-37 可以看到,GXB 的参考时钟可以来自于专用参考时钟引脚、邻居 GXB 模块时钟线或者 FPGA 逻辑全局时钟。建议使用 GXB 模块的专用参考时钟引脚进来的时钟来作为 GXB 的参考时钟。

每一组 GXB 模块一般有两组参考时钟引脚,但是只能有一个参考时钟驱动 IQ 线。所谓的 IQ 线是可以给 FPGA 所有 GXB 通道提供时钟的时钟线,好处是,假如所有 GXB 的通道速率是一样的,那么只需要一个参考时钟即可。

8.4.2 GXB 应用实例

我们来看看点对点的高速设计中利用 Altera GXB 的 Basic 模式的实现,这里给出一个在 Basic 模式下实现 6.25G 速率实例。这里以 Stratix II GX 器件来介绍 GXB 的设计和仿真,特别需要提到的是笔者一直在使用 Arria GX,这个系列和 Stratix II GX 一样最高可支持 32 bit 位宽,只是 Arria GX 无法使能 Byte Ordering 模块,所以笔者拿 Arria GX 的"母集"Stratix II GX 来进行实例说明,就是为了仿真和说明 Byte Ordering 模块。笔者的产品应用中并没有使用这个模块,所以字节对齐都是通过手动完成,通过这个例子我们可以看到 GXB 是可以自动完成字节对齐,仿真没有问题,还是需要进一步上板子进行验证。这里只关心仿真,后续的上板验证结果是将本例进行修改然后在 Arria GX 上实现。注:ModelSim 版本为 ModelSim SE PLUS 6.5a。

1. 实例简介

例子中的 GXB 包括发送和接收各一个通道,一起例化,工程顶层如图 8-41 所示。收发通道的主要配置参数满足下列条件:

- 156.25 MHz 的 32 bit 并行数据,双工通道;
- 使能 8 bit/10 bit 编解码;
- Word alignment 的控制码是 K28.5;
- Byte ordering 控制码是 K27.7。

设计包含一个数据发生模块(data generator),重复产生 32'hBCBCBCBC 控制符(K28.5)后跟一个 32'hFBFBFBFB 控制符和 32'h00000000,32'h01010101,32'h02020202…32'hFFFFFFFF 数据。

另外,必须包含一个复位和上电控制逻辑模块,用于确保收发器得到正确的复位流程。

2. GXB 参数设置

这里详细介绍 GXB 的参数设置。图 8-42 是通用参数设置界面,选择 Basic 协

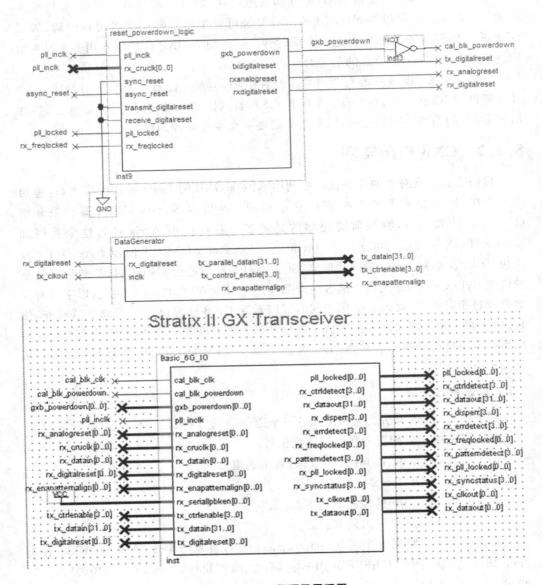

图 8-41 工程顶层原理图

议,双工模式,所以操作模式设置为 Receiver and Transmitter,通道数选择 1,位宽 32 bit,输入时钟 156.25 MHz,并设置速率 6 250 Mbps。

图 8-43 是收发器的 PLL 配置界面,图中 train the receiver PLL 被使能,说明 RX 和 TX 使用同一个输入时钟,否则 TX 和 RX 分别有独立的时钟输入端口。另

第 8 章　设计实例应用分析

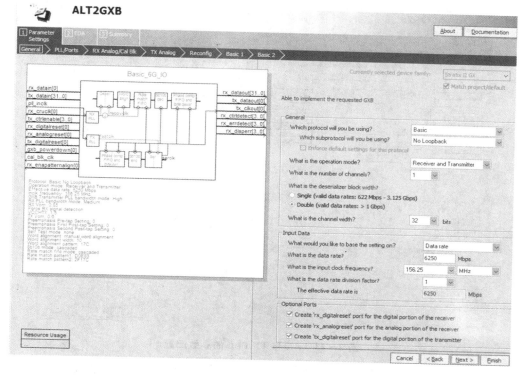

图 8-42　Transceiver 通用参数设置界面

外，最好使能接收的 rx_pll_locked 和 rx_freqlocked 端口，调试的时候会用到，而且在设计复位模块的时候根据图 8-40 的复位时序图，上述信号也是要用到的。

图 8-44 为接收端模拟和校准模块配置界面，该界面基本默认设置即可。图 8-45 是发送端模拟设置，除非想使用高级的应用比如预加重或者接收端均衡等，否则也请默认设置。

图 8-46 是协议设置之 Basic1 设置界面，使能 8 bit/10 bit 编解码和 byte ordering 模块。对于 byte ordering 模块使能基于 The sync status signal from the word aligner。

注：这意味着当 word aligner 一旦发现字节边界后就立即自动触发字节重排。

另外，byte ordering 模块的 pattern 码和 pad pattern 码默认即可，这其实就是本文开始时提到的 K27.7 码。

图 8-47 是协议设置的 Basic2 设置界面，由于之前已经使能了 Byte Ordering 模块，所以这里的 word alignment 模块已经被自动使能了。其他默认即可，控制码默认就是 K28.5。

到此，GXB 设置基本完成了，请记住 Stratix II GX 在 Single width 模式即位宽 16 bit 以内无法使能 Byte Ordering 模块，而笔者在使用 Stratix IV GX 的时候是可以的。

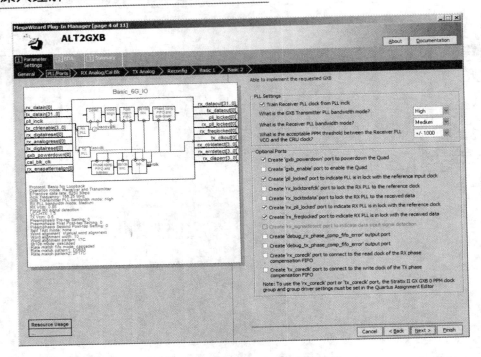

图 8-43　RX 和 TX PLL 的参数配置

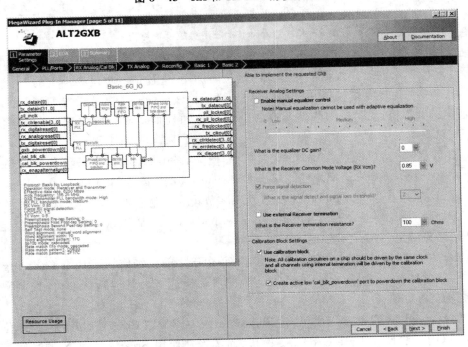

图 8-44　接收端模拟和校正模块配置

第8章 设计实例应用分析

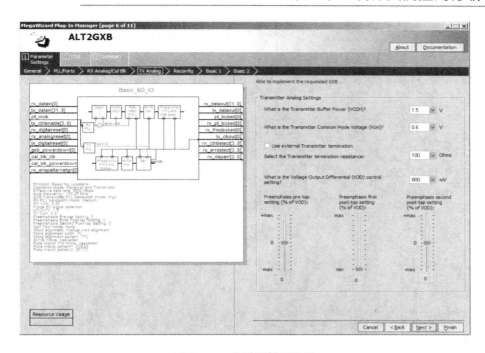

图 8-45 发送端模拟设置

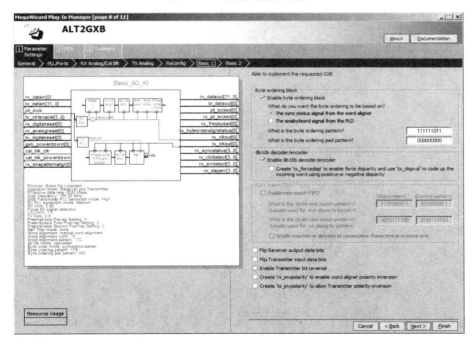

图 8-46 协议设置之 Basic1 设置界面

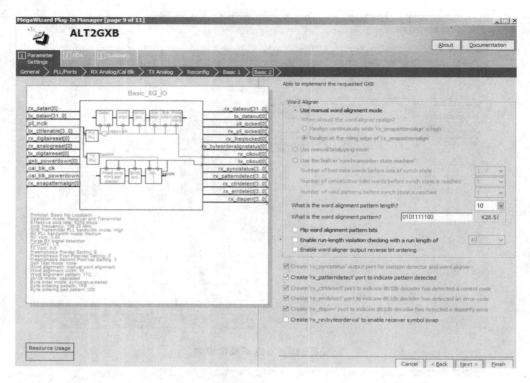

图 8-47 协议设置之 Basic2 设置界面

3. 仿真结果说明

查看仿真结果,放大波形图如图 8-48 所示,0～160 ns 这段为收发器复位和上电控制流程：

- 60 ns 左右,gxb_powerdown 信号被复位逻辑 de-assert 了。
- 74 ns 左右,pll_locked 信号变高显示发送器 PLL 锁定到输入时钟了。由此,在 80 ns 左右的时候,tx_digitalreset 被复位逻辑 de-assert 了。
- 同时,在 gxb_powerdown 变低以后,rx_analogreset 被复位逻辑在 67 ns 左右置低。
- rx_analogreset 被置低后,rx_pll_locked 信号在 80 ns 左右变高,表示接收器 PLL 已经锁定到输入参考时钟。
- rx_pll_locked 信号变高以后,在 183 ns 左右 rx_freqlocked 也被拉高,显示输入参考时钟和接收 PLL 时钟之间的 PPM 差异在规定的限制范围内。在 390 ns 或者 32 个周期后,rx_digitalreset 被释放,这样接收器才能正常操作了。

经历以上流程后,发送器和接收器可以开始准备发送和接收工作了。

查看仿真波形图 380～500 ns,如图 8-49 所示。从图 8-48 和图 8-49 可知,发送器在复位阶段是发送 idle 码 K28.4(十六进制的 9C),此时 tx_ctrlenable 为高。

第 8 章 设计实例应用分析

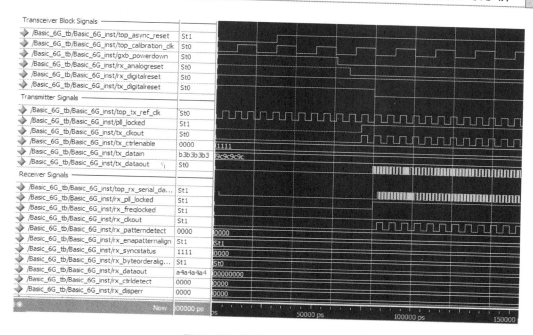

图 8-48 仿真结果波形图(一)

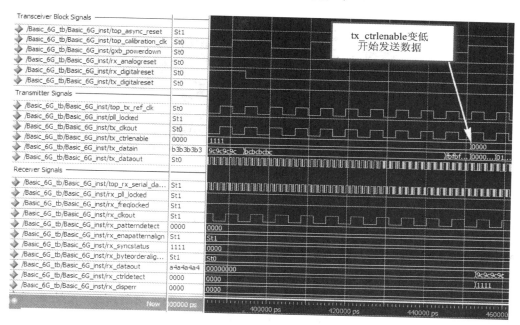

图 8-49 仿真结果波形图(二)

> 在 394 ns,发送器停止发送 idle 码,转而开始发送字对齐控制符,即 K28.5(十六进制 BC),注意此时 tx_ctrlenable 依然为高。

- 445 ns，发送 K27.7 控制符（十六进制 FB），用于接收器中 Byte Ordering 模块，注意此时 tx_ctrlenable 依然为高。
- 450 ns，tx_ctrlenable 为低，发送器开始发送数据。

查看仿真波形图 470～560 ns，如图 8-50 所示，注意接收器的 rx_patterdetect、rx_syncstatus、rx_byteorderalignstatus、rx_dataout、rx_ctrldetect、rx_disperr 和 rx_errdetect 信号。

- 在 485 ns，当 word aligner 发现 K28.5 控制符的时候，它通过 rx_syncstatus 标示并对齐字边界。同时，rx_patterdetect 表示在 16 bit 半字边界找到了对齐码。需要注意的是，一旦对齐码消失，rx_patterdetect 会自动拉低，而 rx_syncstatus 变高后会一直保持不变直到重新复位。
- 同时在 485 ns，注意到 rx_dataout 的值为 BCBC9C9C。由于发送器发送的是 9C9C9C9C 和 BCBCBCBC，所以这就意味着 16 bit 半字对齐失败，不过用户可以通过逻辑对齐或者 Byte Ordering 模块自动对齐。
- 在 535～550 ns 之间可以看到，接收器收到了 byte ordering 控制符 K27.7，并且正确地对齐了输出数据的 32 bit 边界。可以看到，此时 rx_byteorderalignstatus 信号被拉高，同时上一个字的 MSBs 处被插入了 0000。
- 在 550 ns 处，接收器开始将计数器值放置到 rx_dataout 端口，同时 rx_ctrldetect 为低。

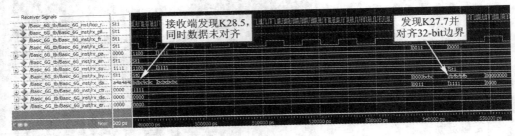

图 8-50　仿真结果波形图（三）

通过实践笔者发现 GXB 字节颠倒并不是总是会发生，是在 GXB 上电后随机发生的，也就是说，字节颠倒是否发生，取决于上电瞬间 GXB 的内部状态。

8.5　教你如何在 FPGA 中设计 TDC

笔者也是最近才接触 TDC，主要是由于项目上需要测量精确的时间，查阅了许多资料得知德国的 ACAM 公司提供专门的 TDC 芯片，并且根据这些信息分析可以知道设计 TDC 主要有 3 个方向：

- ASIC 定制；
- 购买类似 ACAM 这样公司的芯片；

第8章 设计实例应用分析

> 进行基于 FPGA 的 TDC 设计。

可以确定的是 TDC 是个比较"小众"的设计及应用,笔者能想到的应用领域应该有激光测距、超声波应用、高能物理研究以及核物理和核医学方面等,示波器的设计领域也可以应用 TDC 技术。

8.5.1 告诉你到底什么是 TDC

TDC 即 Time-to-Digital Convertor,用来完成时间间隔测量。按照测量时间方法的不同可以将 TDC 分为以下几种:

> 起始停止计数器型 TDC;
> 基于时间内插技术(Time Interpolating)的 TDC;
> 基于时间戳(Time Stamp)技术的 TDC;
> 基于时间放大技术的 TDC。

笔者在 FGPA 中设计的 TDC 应该是属于前面 3 种技术的混合体(后面会详细介绍),结构上有起始(Start)和结束(Stop),同时应用了时钟周期内的内插技术。由于在实际应用中有涉及前 3 种 TDC 类型,所以有必要先简单介绍下这 3 种 TDC,而最后一种 TDC 类型笔者并未研究,所以这里就不介绍了。

1. 起始停止计数器型 TDC

如图 8-51 所示,待测的起始 Start 和停止 Stop 两个信号分别输入到触发触复器(FF)的 S 和 R 两端,FF 输出信号 T 的宽度应该为两个输入信号的时间间隔,用 T 来控制时钟门 AND,时钟振荡器的时钟脉冲加到时钟门输入端,因此通过时钟门的脉冲个数 m 将正比于信号 T 的宽度,即正比于 Start 和 Stop 两个输入信号的时间间隔 $t_m = t_{stop} - t_{start}$,那么

$$m = \left[\frac{t_{stop} - t_{start}}{T_0}\right]_{取整数}$$

T_0 为时钟脉冲周期。再将此系列脉冲输入到计数器,进行串一并转换,经过译码后以二进制数码并行输出。目前计数器多采用格雷码设计。自然二进制码可以直接由数/模转换器转换成模拟信号,但在某些情况,例如从十进制的 3 转换为 4 时二进制码的每一位都要变,能使数字电路产生很大的尖峰电流脉冲。而格雷码则没有这一缺点,它在相邻位间转换时,只有一位产生变化,大大地减少了由一个状态到下一个状态时逻辑的混淆。格雷码仅改变一位,这样与其他编码同时改变两位或多位的情况相比更为可靠,即可减少出错的可能性。

直接计数器型 TDC 的优点是电路简单,大尺度时间测量范围,而且全数字化,易于集成。但是我们也看到测量时间精度(一个 LSB 代表的时间间隔)受到时钟频率以及它的稳定度限制,因为高时钟频率(比如 1 GHz 以上)在工艺和电路结构上要付出高昂的代价,而且尽管如此也不一定能实现,所以这种 TDC 的时间精度只能在 ns 级别。而采用自激时钟振荡器会造成两个 T_0 的误差,采用它激时钟振荡误差可

图 8-51 起始停止计数器型 TDC

以减小到一个 T_0，但是一般情况下，振荡器起振阶段频率和幅度不稳定，也会带来误差。

2. 基于时间内插技术的 TDC

时间内差（Time Interpolating）技术是笔者设计基于 FPGA 的 TDC 的基本理念之一。当前如果要满足高时间精度和大尺度测量范围，那么 TDC 的设计就要采用所谓的粗计数（Coare Counting）和细时间测量（Fine Measurement）相结合的技术。笔者将其分别称为粗时间和细时间。

这种方法中，所谓的粗时间，一般是由高性能直接计数器型 TDC 完成，实际笔者在 FPGA 中就是对系统时钟的计数来得到该值的。所以粗时间的最小分辨率就是时钟周期，几百兆的时钟可以得到数纳秒的精度；而细时间测量的实现则依靠时间内插技术，在一个时钟周期内对时间进行内插，这样细时间可以达到亚纳秒（100～10 ps）的时间分辨率。

时间内插技术的基本思想是采用适当的方法将"粗"计数使用的参考时钟的周期细分为 M 个等分，并利用其将被测时间间隔与"粗"计数器记录的时间（nT0）之差记录下来，等效于将时钟信号的频率提高了 M 倍。一个直接的方法就是利用若干个等分的时间延迟单元，如 M 个抽头"延迟线"来实现时间内插。

图 8-52 是一个时间内插示意图。受 Start 和 Stop 控制的 250 MHz 频率的时钟信号对 n 位计数器计数，产生 4 ns 时间分辨的"粗"计数。同时在时钟通道中插入一个 8 抽头"延迟线"，各抽头组成 0.5 ns 的延迟单元，其输出被送入各符合电路的相应输入端；Stop 信号则作为一个公共信号送入各符合电路的另一输入端，与延迟线上传输的信号进行符合（coincidence）检测，记录下当 Stop 信号到来时时钟信号在"延迟线"上传输的位置，即延迟的时间量。

该信息经译码电路给出时间数据的最低 3 位数据，相当于将"粗"时间计数的时钟周期细分了 8 个等分，实现了 0.5 ns 的时间分辨。

可以看到，时间内插技术的关键技术还在于延迟线的实现上，下面是传统使用的几种延迟线技术。

> 门电路组成的延迟电路；
> 锁相环（Phase Locked Loop，简称 PLL）技术；

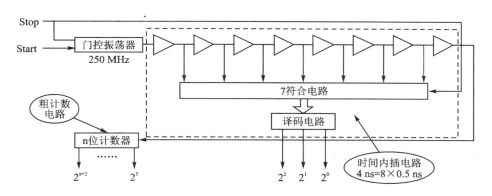

图 8-52 时间内插技术

- 延迟锁定环(Delay Locked Loop,简称 DLL)技术;
- 无源 RC 延迟线。

首先我们来看门电路组成的延时线,如图 8-53 所示,通常是由两个 CMOS 反向器门电路构成一个延迟单元。时间分辨则由一个延迟单元的延迟时间所决定。这种方法电路简单,占用较少的资源,易于与其他电路部分集成为单片的 TDC 集成芯片。缺点是门电路的延迟时间容易受到供电电压波动和温度变化的影响而产生变化,需要经常进行刻度。

图 8-53 所示的结构在 FPGA 也容易实现,这是传统的利用 Altera 的 LCELL 来作为延时单元的方法,但是一个 LCELL 带来的延时时间也有不稳定以及容易受到电压波动、温度变化的影响而产生变化的缺点,另外就是 LCELL 的延时时间不够小,大概在几百皮秒,所以精度不高。

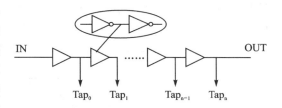

图 8-53 门电路组成的延时线

利用 PLL 的原理可以提出一种实现延时线的方法。如图 8-54 所示,在时间内插电路应用中,门电路延迟线是作为 VCO(Voltage Controlled Oscillator)的一部分放在环中,构成一个环形振荡器;振荡周期由门电路的延迟时间所决定。当供电电压变化或者是温度变化时,利用负反馈机制改变各门电路单元的供电电流,调整和稳定各门电路单元的延迟时间,稳定 VCO 的输出频率。因此,消除了由于供电电压变化和温度变化带来的延迟时间变化。另外,这种电路还具有易于集成、功耗小的优点。

还有一种和 PLL 类似的技术,就是 DLL,即延迟锁定环技术。利用 DLL 原理也可以提出一种实现延时线的方法。如图 8-55 所示,也是将门电路延迟线放在反馈环中,通过相位检测调整各门电路单元的供电电压,调整和稳定各门电路单元的延迟时间。在 DLL 电路中,输入参考时钟直接与其通过门电路延迟线后的信号进行相位

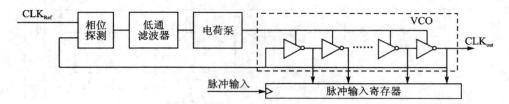

图 8-54 基于锁相环技术的延时线

检测。门电路延迟线并不形成闭环结构，所以不存在 VCO 电路,而是形成一个所谓的 VCDL(Voltage Controlled Delay Line)电路。

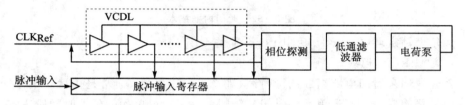

图 8-55 基于 DLL 技术的延时线

图 8-56 则是无源 RC 延时线的实现框图。DLL 电路的每个延迟单元输出都同时送入各 Hit 寄存器的相应 D 输入端,当一个物理事例信号产生时,Hit 信号经一个 RC 延迟线,产生 M 个不同相位延迟的信号将当前 DLL 的时钟沿状态记录下来。设 RC 延迟线的单元延迟时间等于 t_N/M,则所得到时间精度为：$T_{bin} = T_{Ref}/N \times M$,其中,$N$ 为 DLL 的延迟单元个数,M 为 RC 延迟线的延迟单元个数。

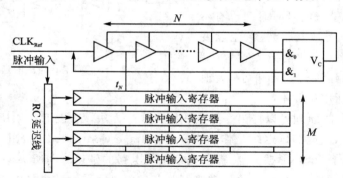

图 8-56 无源 RC 延时线

3. 基于时间戳技术的 TDC

传统的 TDC 测量时间间隔采用所谓的"Start-Stop"技术,即用 Start 信号启动 TDC 计数,用 Stop 信号停止计数。

把 Start 和 Stop 都作为一个击中(Hit),时间邮戳(Time Stamp,或称为时间标记)技术是通过记录每个 Hit 发生的时刻,再由数据处理电路(如 DSP)计算得到 Hit

之间的时间间隔,这已成为比较通用的方法。

　　Hit 发生时刻的记录是采用"粗"计数和"细"时间测量相结合方法,"细"时间测量采用"延迟线"时间内插和符合方法。笔者最初采用的 ACMA 公司的 TDC 芯片 TDC-GPX 就是属于时间戳技术类型的 TDC。

8.5.2　基于 FPGA 的 TDC 那些事儿之 3 大难题

　　利用 FPGA 的逻辑来实现 TDC 功能面临几个难题,我们先来主要探讨其中最重要的 3 个方面。如何解决这 3 大难题,其实就是如何在 FPGA 内实现 TDC 功能的问题。

1. 难题之一

　　难题之一:FPGA 逻辑单元延时差异的问题,即逻辑走线延时差异。因为编译器(比如 Altera 的 Quartus II)会将逻辑"随机"的布局布线到 FPGA 内部的任何地方,所以逻辑路径不容易被预估。其实这个问题就是如何在 FPGA 内实现延时链的问题,如果手动布线,那工作量很繁重,而且最终效果还不一定理想。解决的办法就是利用 Altera 的 Cascade Chain、Carry Chain 和 Register 阵列等。下一节将会详细介绍 Altera 器件逻辑单元的详细结构。如图 8-57 所示,可以利用 LE 或者 ALM 内的那些"链"资源将众多 LE"串"起来,从而实现延时链的目的。

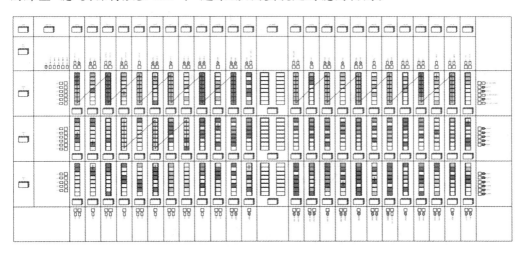

图 8-57　利用逻辑内的"链"将逻辑单元串起来

2. 难题之二

　　逻辑延时很容易随着电压波动或者温度变化的影响而变化,这个问题这里不展开介绍了,前面在介绍延时线实现方法的时候也有涉及,详细情况笔者在后面的 TDC 校准的时候还会有介绍。

3. 难题之三

最后一个难题是实现出来的延时单元的 Bin Width 是一个变量，FPGA 逻辑实现的 Delay Line 延时单元的延时时间收敛性不是特别理想，图 8-58 是实际测量的结果，延时链上延时单元的延时时间变动范围从十几皮秒到一百七十几皮秒，故需要进行平滑。

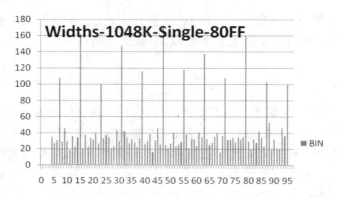

图 8-58 实测延时链 BIN 宽

前面说了图 8-58 所示测得的 BIN 宽一致性（uniformity）不是很完美，需要进一步提高。我们来总结下图 8-58 所示 BIN 宽的规律，即每 8 个 BIN 有一个 BIN 宽到达 100 ps 左右；而每 16 个 BIN 有一个 BIN 宽达到 140 ps 左右，剩下的都低于 60 ps（绝大部分低于 40 ps）。由于这种超大 BIN 的存在，所以 TDC 的精度就由这些 BIN 来决定了，精度很难提高，那么是什么原因造成这种"ultra-wide"的 BIN 呢？

下一节会介绍 LAB 的结构，如果是 LE 组成的 LAB，那么是 16 个 LE 组成一个 LAB，其中 LAB 内部前 8 个 LE 和后 8 个 LE 之间有一定物理距离；同样，ALM 组成的 LAB 有类似的间隔，如图 8-59 所示。

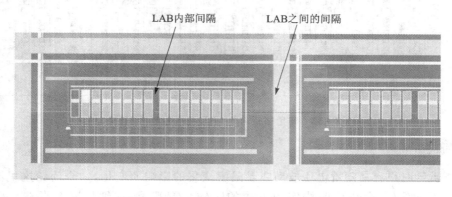

图 8-59 LAB 内部以及 LAB 之间的间隔

其实如果我们通过 TimeQuest 去查看这条延时链的路径，则会看到类似图 8-58

所示的结论，如图 8－60 所示。看第二列的“Incr”时间，和图 8－58 中的规律一模一样，只是 TQ 报告出来的时间比较理想化，除了 Ultra－Wide 点，其他点都是 51 ps。

Report Path

Command Info　Summary of Paths

	Delay	From Node	To Node
1	8.729	trig[1]|combout	inst2|inst1|TCH0|RGT1|lpm_add_sub_component|auto_generated|op_1~69|cin

Path #1: Delay is 8.729

Path Summary　Statistics　Data Path

	Total	Incr	RF	Type	Fanout	Location	Element
3	7.596	0.443	RR	CELL	1	LCCOMB_X27_Y29_N0	inst2|inst1|TCH0|RGT1|lpm_add_sub_component|auto_generated|op_1~1|cout
4	7.596	0.000	RR	IC	2	LCCOMB_X27_Y29_N2	inst2|inst1|TCH0|RGT1|lpm_add_sub_component|auto_generated|op_1~5|cin
5	7.647	0.051	RR	CELL	1	LCCOMB_X27_Y29_N2	inst2|inst1|TCH0|RGT1|lpm_add_sub_component|auto_generated|op_1~5|cout
6	7.647	0.000	RR	IC	2	LCCOMB_X27_Y29_N4	inst2|inst1|TCH0|RGT1|lpm_add_sub_component|auto_generated|op_1~9|cin
7	7.698	0.051	RR	CELL	1	LCCOMB_X27_Y29_N4	inst2|inst1|TCH0|RGT1|lpm_add_sub_component|auto_generated|op_1~9|cout
8	7.698	0.000	RR	IC	2	LCCOMB_X27_Y29_N6	inst2|inst1|TCH0|RGT1|lpm_add_sub_component|auto_generated|op_1~13|cin
9	7.749	0.051	RR	CELL	1	LCCOMB_X27_Y29_N6	inst2|inst1|TCH0|RGT1|lpm_add_sub_component|auto_generated|op_1~13|cout
10	7.749	0.000	RR	IC	2	LCCOMB_X27_Y29_N8	inst2|inst1|TCH0|RGT1|lpm_add_sub_component|auto_generated|op_1~17|cin
11	7.800	0.051	RR	CELL	1	LCCOMB_X27_Y29_N8	inst2|inst1|TCH0|RGT1|lpm_add_sub_component|auto_generated|op_1~17|cout
12	7.800	0.000	RR	IC	2	LCCOMB_X27_Y29_N10	inst2|inst1|TCH0|RGT1|lpm_add_sub_component|auto_generated|op_1~21|cin
13	7.851	0.051	RR	CELL	1	LCCOMB_X27_Y29_N10	inst2|inst1|TCH0|RGT1|lpm_add_sub_component|auto_generated|op_1~21|cout
14	7.851	0.000	RR	IC	2	LCCOMB_X27_Y29_N12	inst2|inst1|TCH0|RGT1|lpm_add_sub_component|auto_generated|op_1~25|cin
15	7.902	0.051	RR	CELL	1	LCCOMB_X27_Y29_N12	inst2|inst1|TCH0|RGT1|lpm_add_sub_component|auto_generated|op_1~25|cout
16	7.902	0.000	RR	IC	2	LCCOMB_X27_Y29_N14	inst2|inst1|TCH0|RGT1|lpm_add_sub_component|auto_generated|op_1~29|cin
17	8.080	0.178	RR	CELL	1	LCCOMB_X27_Y29_N14	inst2|inst1|TCH0|RGT1|lpm_add_sub_component|auto_generated|op_1~29|cout
18	8.080	0.000	RR	IC	2	LCCOMB_X27_Y29_N16	inst2|inst1|TCH0|RGT1|lpm_add_sub_component|auto_generated|op_1~33|cin
19	8.131	0.051	RR	CELL	1	LCCOMB_X27_Y29_N16	inst2|inst1|TCH0|RGT1|lpm_add_sub_component|auto_generated|op_1~33|cout
20	8.131	0.000	RR	IC	2	LCCOMB_X27_Y29_N18	inst2|inst1|TCH0|RGT1|lpm_add_sub_component|auto_generated|op_1~37|cin
21	8.182	0.051	RR	CELL	1	LCCOMB_X27_Y29_N18	inst2|inst1|TCH0|RGT1|lpm_add_sub_component|auto_generated|op_1~37|cout
22	8.182	0.000	RR	IC	2	LCCOMB_X27_Y29_N20	inst2|inst1|TCH0|RGT1|lpm_add_sub_component|auto_generated|op_1~41|cin
23	8.233	0.051	RR	CELL	1	LCCOMB_X27_Y29_N20	inst2|inst1|TCH0|RGT1|lpm_add_sub_component|auto_generated|op_1~41|cout
24	8.233	0.000	RR	IC	2	LCCOMB_X27_Y29_N22	inst2|inst1|TCH0|RGT1|lpm_add_sub_component|auto_generated|op_1~45|cin
25	8.284	0.051	RR	CELL	1	LCCOMB_X27_Y29_N22	inst2|inst1|TCH0|RGT1|lpm_add_sub_component|auto_generated|op_1~45|cout
26	8.284	0.000	RR	IC	2	LCCOMB_X27_Y29_N24	inst2|inst1|TCH0|RGT1|lpm_add_sub_component|auto_generated|op_1~49|cin
27	8.335	0.051	RR	CELL	1	LCCOMB_X27_Y29_N24	inst2|inst1|TCH0|RGT1|lpm_add_sub_component|auto_generated|op_1~49|cout
28	8.335	0.000	RR	IC	2	LCCOMB_X27_Y29_N26	inst2|inst1|TCH0|RGT1|lpm_add_sub_component|auto_generated|op_1~53|cin
29	8.386	0.051	RR	CELL	1	LCCOMB_X27_Y29_N26	inst2|inst1|TCH0|RGT1|lpm_add_sub_component|auto_generated|op_1~53|cout
30	8.386	0.000	RR	IC	2	LCCOMB_X27_Y29_N28	inst2|inst1|TCH0|RGT1|lpm_add_sub_component|auto_generated|op_1~57|cin
31	8.437	0.051	RR	CELL	1	LCCOMB_X27_Y29_N28	inst2|inst1|TCH0|RGT1|lpm_add_sub_component|auto_generated|op_1~57|cout
32	8.437	0.000	RR	IC	2	LCCOMB_X27_Y29_N30	inst2|inst1|TCH0|RGT1|lpm_add_sub_component|auto_generated|op_1~61|cin
33	8.678	0.241	RR	CELL	1	LCCOMB_X27_Y29_N30	inst2|inst1|TCH0|RGT1|lpm_add_sub_component|auto_generated|op_1~61|cout
34	8.678	0.000	RR	IC	2	LCCOMB_X27_Y28_N0	inst2|inst1|TCH0|RGT1|lpm_add_sub_component|auto_generated|op_1~65|cin
35	8.729	0.051	RR	CELL	1	LCCOMB_X27_Y28_N0	inst2|inst1|TCH0|RGT1|lpm_add_sub_component|auto_generated|op_1~65|cout

图 8－60　TimeQuest 中看到的延时链路径

回到问题，关键是如何解决这种由于 Ultra－Wide 造成的不一致性呢？有人发明一种叫作“Wave Union”的模块，利用延时链的不一致性来让其自我切割，从而达到平衡其 BIN 宽的目的。一般的 Hit 只有一个上升沿，Hit 进入链内，假如正好落入 Ultra－Wide BIN，TDC 这时候是不会知道 Hit 在此 BIN 内的微小移动。有了 Wave Union 模块，每个 Hit 会产生多个沿在延时链内传递，可以设计各沿之间的间隔（已知因素），所以当上述情况发生，其他沿就会移出那些小的 BIN。所以当信号移动很小距离的时候，就相当于其他一个或多个沿从其原始 BIN 中移出，如图 8－61 所示。使用越多的沿，那么 TDC 的灵敏度就越高，TDC 的精度也就越高。

图 8－62 是笔者实测的经过双沿切割之后的测量结果，可以看到大部分 BIN 都小于 40 ps，只有两个 BIN 稍稍超过 60 ps。

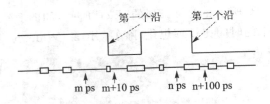

图 8-61　Wave Union 理论

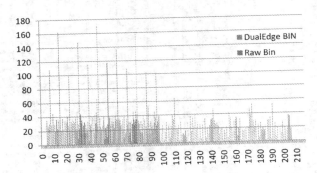

图 8-62　原始 TDC 的 BIN 和经过 Wave Union 平衡后的 BIN

8.5.3　基于 FPGA 的 TDC 那些事儿之设计资源 LAB

笔者一直以来使用的是 Altera 的器件，所以要谈到设计基于 FPGA 的 TDC 要使用的逻辑资源主要是 LAB。这一小节作为利用 FPGA 设计 TDC 的准备，我们重点来解构 LAB。

1. 认识 LAB

LAB 即 Logic Array Blocks，由数个 LE、LE 进位链、LAB 控制信号、寄存器链以及本地互连信号等组成。Altera 最早的 FPGA 是由 10 个 LE 组合成一个 LAB，比如 Cyclone。从 Cyclone II 开始，16 个 LE 组成一个 LAB，高端器件从 Stratix II 开始最小逻辑单元不叫 LE 而叫 ALM，8 个 ALM 组成一个 LAB。图 8-63 是 10 个 LE 组成的 LAB，Cyclone II 等由 16 个 LE 组成的 LAB 和图 8-63 所示的结构一样。

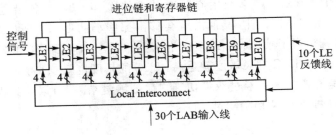

图 8-63　10 个 LE 组成一个 LAB

只是本地互连线以及反馈连线的数量有区别而已,而 Stratix II 及之后的高端器件的 LAB 结构如图 8-64 所示。

2．ALM 和 LE

ALM 即 Adaptive Logic Module 的缩写。我们知道一个 LE 就是由一个 4 输入查找表和一个寄存器组成,而一个 ALM 可以如图 8-65 所示进行功能自适应,其中图中间的 4 输入功能向后兼容 LE(一个 ALM 等同 2 个 LE)。

图 8-65 这种自适应功能在 TDC 设计中不是我们关注的焦点,反而由于这样自适应的存在,增加了 FPGA 编译器的灵活度,进而增加了 TDC 设计的难度(TDC 设计的精髓就是 simplicity 和 linearity)。TDC 的关键部件是 Delay - Line,利用 LE 来实现 Delay Line 要比用 ALM 实现 Delay Line 要方便得多。所以需要深入了解 LE 特别是 ALM 的内部结构,然后才能着手进行 TDC 的设计。

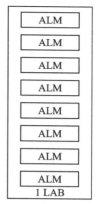

图 8-64　由 8 个 ALM 组成一个 LAB

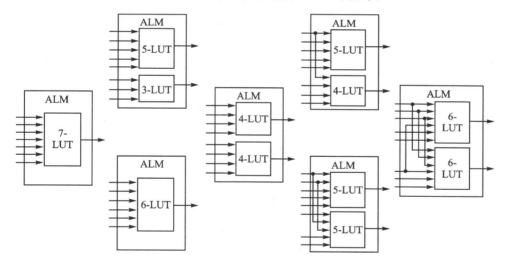

图 8-65　8 输入 ALM 的可分割且自适应结构

LE 的操作模式只有普通模式(Normal)和算术模式(Arithmetic)两种,而 ALM 的操作模式有 4 种,分别是普通模式、扩展 LUT 模式、动态算术模式以及共享算术模式。目前还不清楚这些操作模式对 TDC 设计的影响,做到有个了解即可。

图 8-66 展示的是 LE 的内部结构,需要关注的是 LE 内部没有如 ALM 里那样的专门加法器;如果要实现加法器,则通过 LUT 完成。这里需要关注 LE 的一个特点是图中的 4 个 data 输入端口;LUT 的这 4 个输入路径相对较简单,再加上 4 输入 LUT 功

能简单，所以在实现 TDC 功能的时候也比较简单，基本无需人工干预。图 8-67 是在 Quartus II 里的 ChipPlanner 工具里观察一个 LE 的视图，进一步验证了 LE 简单的功能结构。

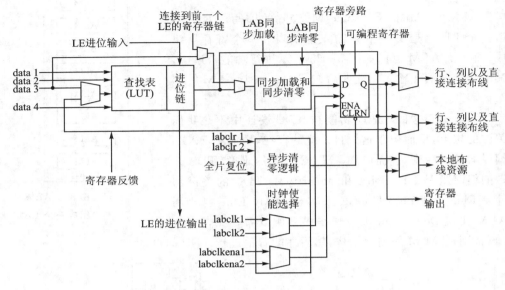

图 8-66 LE 的内部结构

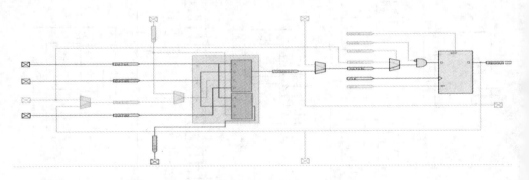

图 8-67 在 ChipPlanner 里观察到的 LE 结构

图 8-68 是 ALM 的示意图，对比图 8-66、图 8-68 可以看到，一个 ALM 除了相当于两个 LE 以外，中间还特别增加了两个专用加法器。

图 8-69 是 ALM 的内部结构细节，图上方是 Altera 内部培训资料上给出的一个性能指标，这个 55~383 ps 的指标对于 TDC 设计至关重要，资料中没有解释这个时间参数具体含义，而且 Altera 的公开资料上也很难查到类似这样的参数。我们可以想象一下，假如用户要在 FPGA 内部实现一个 Delay Line，其每个延时单元的延时时间如果是 55 ps，那么利用 FPGA 实现 TDC 是不是成为了可能了呢？事实上这确实是事实。已经有人在 Cyclone 系列 FPGA 上实现了精度达到 10 ps 的 TDC，笔者

第 8 章 设计实例应用分析

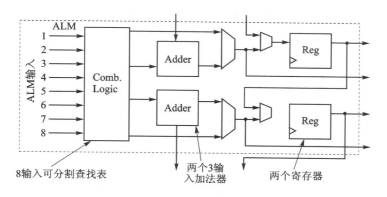

图 8-68 ALM 结构示意图

也在高端器件 Arria GX 上实现了相同的功能。所以回过头来理解这个 55 ps 应该是 Carry-in 到 Carry-out 等进位链延时时间,而几百皮秒的时间应该是 ALM 输入到输出端口的延时时间。由于 ALM 有各种不同的输入及输出,所以这个时间参数才会有不同的数值,就算路径相同,如果位置不同,那么这个时间也应该有微小的差别。

仔细观察图 8-69 可以总结出,ALM 的输入包含了 8 个数据输入,一个进位链,

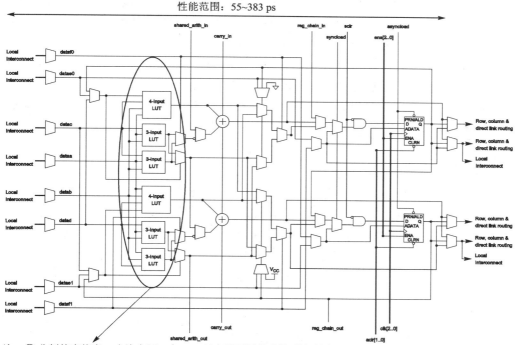

注:① 分割的查找表 => 允许在同一个 ALM 里实现不同的功能(所谓的自适应)
② 总共 64-bit 查找表 => 实现完整的 6 输入函数定义

图 8-69 ALM 内部结构细节

·283·

一个共享算术输入,一个寄存器链输入以及寄存器控制信号;而 ALM 的输出则包含了图 8-69 最右方的两路数据输出,每路数据输出提供了 3 个驱动(一个信号只驱动通用路径,另一个信号可驱动通用和本地路径),每一个 ALM 最多可有 4 个逻辑输出(2 个组合逻辑输出,2 个寄存器输出),另外还有进位链输出、共享算术输出以及寄存器链输出。图 8-70 示意了图 8-69 中所有可能的输入和输出。

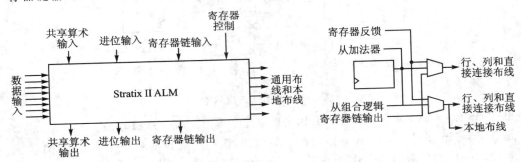

图 8-70 ALM 的输入输出示意图

比较图 8-69 和图 8-66 可以发现,ALM 的数据输入路径要比 LE 的数据输入路径复杂一些,所以在进行 TDC 设计的时候经常需要进行部分人工干预,通常用户可以通过 Quartus II 软件里的 ECO 模块手动修改某些路径以调整 Delay Line 的输入路径。这种手动干预,特别是在单 FPGA 多 TDC 通道的时候更加重要,否则各 TDC 通道之间"Skew(偏斜)"会非常大。

最后介绍图 8-69 中的时间参数。利用 Altera 的 TiemQuest 工具可分析出这个时间,前面图 8-60 已经有所展示,这里笔者再给出另外一个不同编译后分析的结果,如图 8-71 所示。我们看到这个时间的范围比图 8-69 所示都要大得多,根据数

Path #1: Delay is 9.442

Path Summary | Statistics | Data Path

tal	Incr	RF	Type	Fanout	Location	Element
9.442	9.442					data path
0.000	0.000			1	PIN_G29	trig[1]
1.137	1.137	RR	CELL	6	IOC_X6_Y52_N2	trig[1]|combout
8.192	7.055	RR	IC	2	LCCOMB_X33_Y37_N0	inst2|inst1|TCH0|RGT1|lpm_add_sub_component|auto_generated|op_1~1|datac
8.817	0.625	RR	CELL	1	LCCOMB_X33_Y37_N0	inst2|inst1|TCH0|RGT1|lpm_add_sub_component|auto_generated|op_1~1|cout
8.817	0.000	RR	IC	2	LCCOMB_X33_Y37_N2	inst2|inst1|TCH0|RGT1|lpm_add_sub_component|auto_generated|op_1~5|cin
8.868	0.051	RR	CELL	1	LCCOMB_X33_Y37_N2	inst2|inst1|TCH0|RGT1|lpm_add_sub_component|auto_generated|op_1~5|cout
8.868	0.000	RR	IC	2	LCCOMB_X33_Y37_N4	inst2|inst1|TCH0|RGT1|lpm_add_sub_component|auto_generated|op_1~9|cin
8.919	0.051	RR	CELL	1	LCCOMB_X33_Y37_N4	inst2|inst1|TCH0|RGT1|lpm_add_sub_component|auto_generated|op_1~9|cout
8.919	0.000	RR	IC	2	LCCOMB_X33_Y37_N6	inst2|inst1|TCH0|RGT1|lpm_add_sub_component|auto_generated|op_1~13|cin
8.970	0.051	RR	CELL	1	LCCOMB_X33_Y37_N6	inst2|inst1|TCH0|RGT1|lpm_add_sub_component|auto_generated|op_1~13|cout
8.970	0.000	RR	IC	2	LCCOMB_X33_Y37_N8	inst2|inst1|TCH0|RGT1|lpm_add_sub_component|auto_generated|op_1~17|cin
9.021	0.051	RR	CELL	1	LCCOMB_X33_Y37_N8	inst2|inst1|TCH0|RGT1|lpm_add_sub_component|auto_generated|op_1~17|cout
9.021	0.000	RR	IC	2	LCCOMB_X33_Y37_N10	inst2|inst1|TCH0|RGT1|lpm_add_sub_component|auto_generated|op_1~21|cin
9.072	0.051	RR	CELL	1	LCCOMB_X33_Y37_N10	inst2|inst1|TCH0|RGT1|lpm_add_sub_component|auto_generated|op_1~21|cout
9.072	0.000	RR	IC	2	LCCOMB_X33_Y37_N12	inst2|inst1|TCH0|RGT1|lpm_add_sub_component|auto_generated|op_1~25|cin
9.123	0.051	RR	CELL	1	LCCOMB_X33_Y37_N12	inst2|inst1|TCH0|RGT1|lpm_add_sub_component|auto_generated|op_1~25|cout
9.123	0.000	RR	IC	2	LCCOMB_X33_Y37_N14	inst2|inst1|TCH0|RGT1|lpm_add_sub_component|auto_generated|op_1~29|cin
9.302	0.179	RR	CELL	1	LCCOMB_X33_Y37_N14	inst2|inst1|TCH0|RGT1|lpm_add_sub_component|auto_generated|op_1~29|sumout
9.302	0.000	RR	IC	1	LCFF_X33_Y37_N15	inst2|inst1|TCH0|RGT1|lpm_add_sub_compo...|auto_generated|pipeline_dffe[7]|datain
9.442	0.140	RR	CELL	1	LCFF_X33_Y37_N15	SEP_TDC_6ch:inst2|tdc1ch_won:inst1|TDC1...sub_30k:auto_generated|pipeline_dffe[7]

图 8-71 TimeQuest 分析的 ALM 内部延时时间参数

据路径不同会有不同,图 8-60 显示的最大延时时间是 443 ps,最小延时时间是 51 ps,而图 8-71 显示的最大延时时间为 625 ps。图 8-71 的数据路径是从 datac 到 ALM 的输出,通过手动改变数据路径,比如将 datac 改为 dataa 或者 datab,那么这个延时时间超过 700 ps;如果将 datac 改成 dataf,那么这个延时时间是 400 多 ps,即如图 8-60 所示。图 8-71 中最小的延时时间是 51 ps,比较符合图 8-69 给出的时间参数。另外,需要说明的是,图 8-69 培训资料针对的是 Stratix II 器件,而上述利用 TimeQuest 分析的是基于 Arria GX。根据 Altera 的信息,物理上这二者没有分别,因为这二者的 DIE 是一样的,只是有可能因为工具对二者处理的不同才导致这个参数的差别。

8.5.4 基于 FPGA 的 TDC 那些事儿之粗细时间

在 8.5.1 小节里介绍了各种 TDC 实现方法,笔者使用 FPGA 实现的 TDC 应该说是上述方法的综合。首先,笔者是通过延时线在一个时钟周期中进行内插而把时钟周期等分成若干等份来获取细时间,这是时间内差的概念;其次,外部输入的 trigger 信号作为 Start,高速时钟作为 Stop 信号,测量这个 Start 和 Stop 之间的时间间隔,这又符合起始结束测量理念;而上述时间间隔的测量又是基于时间戳的概念。所以基于 FPGA 的 TDC 似乎揉合了各种 TDC 实现方法。

本小节在 TDC 基本实现的情况下,给读者介绍 TDC 的测量结果的形成。TDC 的测量结果由粗时间和细时间组成,而 TDC 的关键技术是如何在 FPGA 内实现延时线。

1. 延时线内插结构

前面讨论传统使用 LCELL 实现延时线的弊端,尽管设计者可以通过位置约束将 LCELL 放在相邻位置,但是我们知道延时线的长度一般是几十甚至上百个 LE,这绝对是一项繁杂工作,即便成功实现基于 LCELL 的延时线,测量精度也必将限制在几百 ps。图 8-72 是典型的基于 FPGA 的延时线结构。

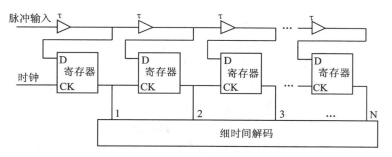

图 8-72 基于 FPGA 的延时线结构

理想情况下每个延时单元的延时时间 τ 是一样的,而且非常小。Altera 器件的组合逻辑的延时一般都是几百皮秒,不太适合于实现 TDC 的延时线。比如 Altera 的 LCELL 模块一般作为寄存器或者逻辑模块之间插入增加延时的基本模块,根据器件以及等级不同 LCELL 产生的延时时间会不同,根据笔者测试数据基本都是在 300 ps 左右,甚至更大。

实际实现 TDC 的时候延时线不能通过逻辑直接实现,利用 Altera 器件内部逻辑的特殊结构,可以使得图 8-73 中延时单元的延时保持在几十皮秒之间,并且整个延时线具有一定的一致性,如笔者前面给出的图 8-58 所示。

图 8-58 是延时线的 DNL 测试结果,可以看出各个延时单元的延时时间具有一定规律,但是可以肯定的是图 8-72 中 τ 不是一个恒定值,其数值表现形式正如图 8-58 一样;利用统计学还可以将图 8-58 的 DNL 进行进一步平滑,图 8-62 就是这种平滑后的结果。仔细观察图 8-58 可以发现,延时线的头 4 个延时单元没有延时时间,这是因为头 4 个延时单元在实现 TDC 功能的细时间编码的时候根本就没有使用。在实际测试的时候发现如果细时间编码从第一个延时单元开始,那么会出现一些问题,后面介绍 Hit 捕获的时候会分析到底会出现什么问题以及出现这些问题的具体原因。

2. 粗计数和细计数

所谓粗计数就是统计时钟周期的计数器。通常为了减少 Delay-Line 的级数,TDC 的粗计数时钟频率会比较高,笔者的系统采用的就是 250 MHz。

所谓细计数就是某个 Hit 与相邻时钟沿的间隔,假如 250 MHz 时钟的一个周期中内插 100 个延时单元,那么每个延时单元表示 40 ps。那么细计数就相当于表示了 Hit 和相邻的时钟上升沿之间存在的延时单元个数。

比较常用的粗时间计数方法在 TDC 系统中的位置如图 8-73 所示,我们的 TDC 系统架构基本与图 8-73 类似,主要的两点区别在于:一是不需要 InvClock;二是 Coarse Time Counter 的控制信号不同。图 8-73 的控制信号是 Selector,是一个根据 Hit 解码出来的选择信号。

图 8-74 是 Coarse Time Counter 的具体实现,图 8-74(a)是该 Counter 的结构框图,由两个时钟来产生两个 Counter,然后根据 Hit 到达的时间位于前半周还是后半周来选择哪一个 Counter 作为本 Hit 的 Coarse Time Counter 值。所以信号 Selector 是根据 Fine Time 测量结果产生的选择信号,可以很好地解决 Hit 和系统时钟之间的异步关系造成的粗计数器不稳定问题。

图 8-75 显示了 Hit 从 FPGA 引脚到延时链的走线距离,当然这是工具自动走线结果,实际也可以通过位置约束使距离尽量近,不过这个引脚到延时链的走线延时时间为 ns 级别是无法改变的事实。所以才需要图 8-74 所示的 Coarse Time Counter 结构来解决这种不确定性。

实际在具体实现 TDC 的时候,我们的 TDC 结构已经很好地解决了上述粗时间

第8章 设计实例应用分析

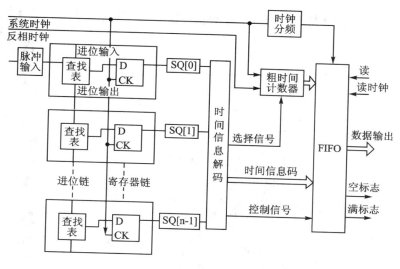

图8-73 传统粗时间计数器在TDC系统中的位置

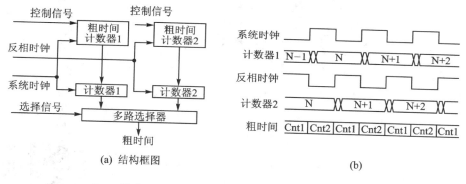

图8-74 Coarse Time Counter的具体实现

和细时间之间的异步问题。如前所述,传统的基于ASIC的TDC一般都采用双计数器或者格雷码计数器来获取粗时间,而基于FPGA的TDC的粗时间可以使用普通的计数即可。如图8-72所示的基于FPGA的TDC的基本原理告诉我们,Hit和计数器时钟之间的不确定性经过Delay Line后面的寄存器阵列已经被很好地定义。所以,我们可以采取这些被系统时钟定义好的信号来组合粗时间和细时间,这其实已经是典型的同步逻辑设计,如图8-76所示。

图8-76中的关键在于信号HITOK,这是一个标志Hit被延时链成功捕获的信号,且此信号是寄存器输出,符合时钟的建立保持时间,所以此后的逻辑设计都是基于pipeline的,这样就不存在所谓的不确定性了。由于Hit探测逻辑(产生HITOK信号)是利用了寄存器阵列的输出,即使用的是同步后的信号进行Hit探测判决,所以判决条件满足了系统稳定所需的建立保持时间,所以Coarse Time Counter就不

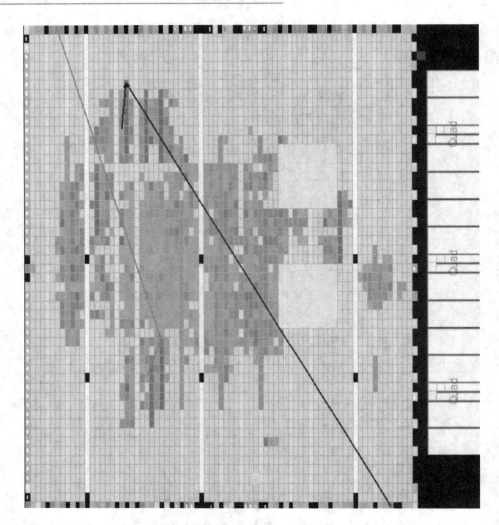

图 8-75　Hit 从 FPGA 的 PIN 到 TDC 的延时链走线

需要使用 Gray 码以及所谓的双计数器架构了。

3. 延时线捕获 Hit

按照正常逻辑,延时线的起始肯定是从第一个延时单元开始,由于延时线内部各个延时单元的延时时间是基本固定且均比较小,而临界位置,即第一个延时单元在捕获 Hit 的时候存在很大的不确定性,从而导致第一个延时单元的延时时间超大,如图 8-77 所示。

图 8-77 中第一个延时单元的延时时间达到 700 ps 左右,而剩下的延时单元和图 8-57 几乎无异。为了顺利"捕获"Hit,利用第五个和第六个延时单元里数值变化产生一个捕获信号即 HITOK,如图 8-78 中信号 inst25 所示。前面图 8-76 已经显

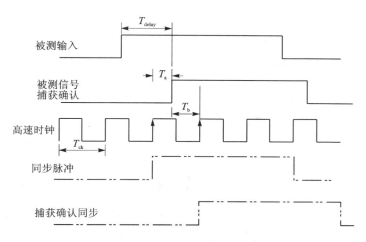

图 8-76 FPGA 内部 TDC 信号时序关系

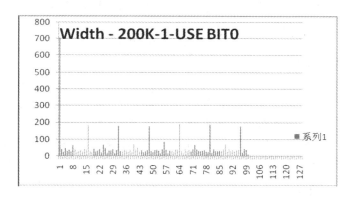

图 8-77 首个延时单元异常

示了 HITOK 和 Hit(Trigger)以及时钟之间的关系。

　　Hit 从进入 FPGA 引脚直到被延时线捕获，这中间的逻辑布线路径以及走线延时不受控制，而且延时时间相对较长，一般都以 ns 级计算，图 8-76 中的 T_{delay} 示意出 Hit 从 FPGA 引脚到被延时线"捕获"之间的时间。这段路径(path)又大致分为两大部分，一部分是从 FPGA 引脚到延时线所在的第一个 LAB(如图 8-79 所示)；第二部分是从 LAB 里 LUT 的输入端口(input port)到第一个延时单元的输入(如图 8-80 所示)。图 8-80 中的最左边圆圈是 Hit 到达 LAB 中 LUT 的端口，从此端口到图 8-80 中间圆圈即为上述路径的第二部分，由此 Hit 才算进入到延时线，最右面圆圈住的即为延时线后面的 Register 阵列中的一个。Hit 进入延时线后为了稳定地"捕获"它，所以在编码 Fine Time 的时候不使用头 4 个延时单元的数据，因为如果使用就会出现图 8-77 所示的状况。如果使用第一个延时单元，我们无法严格切割上述第二段路径和第一个延时单元，所以干脆将头 4 个延时单元一同切割掉，这样保

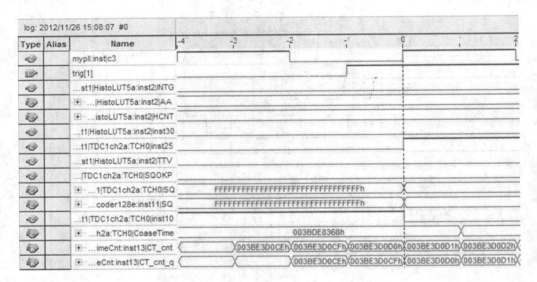

图 8-78 实际运行的 TDC 测试

留的延时线段是非常纯粹的"延时线"。

依据不同的 LUT 端口，图 8-80 所示的路径的延时时间会有不同，但是基本都在几百皮秒以上，所以必须要将其和延时线切割。图 8-81 显示了这段路径的具体延时时间，以及相邻部分延时线的各个延时单元的延时时间。可以看到这段路径的延时时间是 782 ps，而且延时单元的延时时间为 51 ps，当然这是 TimeQuest 报告出来的结果，实际运行出来的结果大同小异。

4. Fine Time 调整

图 8-76 显示了细时间，即 T_b 或 T_a。如果 TDC 直接测量出来了 T_a，那么完整时间就是直接把粗时间和细时间合并即可；如果 TDC 直接测量出来的是 T_b，那么需要先利用 T_b 计算得到 T_a 然后再合并粗细时间，即 $T_a = T_{ck} - T_b$，不能直接合并粗时间和 T_b。

那么是否可以直接用 TDC 测量得到 T_a 呢？答案是肯定的，这里先解释为何需要直接使用 T_a 而不能直接使用 T_b。在 PET 系统中是通过测量事件（或者说 trigger）和时间参考之间的间隔而得到该事件的时间信息，所以某个事件的时间信息（event time，T_e）表示如下：

$$T_e = T_{stop} - T_{start}$$
$$T_{stop} = T_{Cstop} + T_{Fstop}$$
$$T_{start} = T_{Cstart} + T_{Fstart}$$

由于 T_F 的满量程范围是 4 000 ps(250 MHz，即 4 ns)，如果直接取 T_b 组合时间信息，那么经过上述运算后本来不符合的事件会变成符合，本来符合的事件会变成不

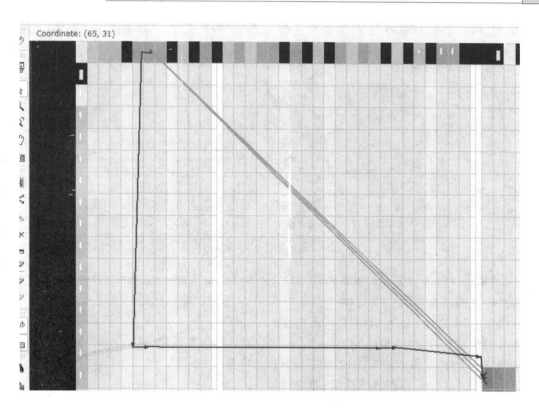

图 8-79 Hit 从引脚到 LAB 的路径

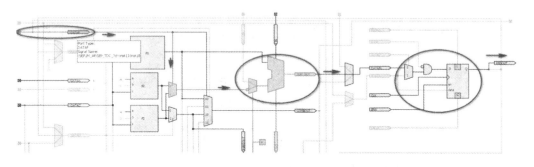

图 8-80 Hit 从 LAB 的 LUT 端口到延时单元路径

符合(实际误差范围可能接近 8 ns)。所以为了正确进行符合处理,要么修改 TDC 测量算法,要么在现有算法基础上对 TDC 的细时间进行调整。图 8-82 给出了一个简单的例子,假设获得了两个事件的时间信息,那么在进行符合运算的时候,如果 TDC 直接测量结果是 T_b,那么是否调整细时间将会得到不同的符合结果。如果符合窗口是 8 ns,那么左边(未调整)结果是不符合,而右边(调整)结果却是符合的。

图 8-82 中 T_c 是粗时间,T_b 和 T_a 分别为调整前后的细时间,细时间为低 8 bit。

图 8-81 TimeQuest 分析的 Hit 从 ALUT 的 DATAA 进入延时线后的延时时间参数

这里直接测量的是 T_b，所以图左边事件 A 的细时间 $T_b=$FE，粗时间 $T_C=9$；而事件 B 的细时间 $T_b=5$，粗时间 $T_C=7$。所以调整前事件 A 和 B 之间的时间间隔为 2FB，即接近 12 ns，而右侧调整后（即细时间 $T_a=$FF$-T_b$，FF 为 8 bit 满量程，表示 4 000 ps）事件 A 和 B 的时间间隔只有 4 ns 多一点。

图 8-82 是否调整细时间对符合结果的影响

8.5.5 基于 FPGA 的 TDC 那些事儿之自动校准及测量精度

通过前述介绍我们知道了设计基于 FPGA 的 TDC 是可行的，但是也提到了此方式实现 TDC 的一些缺点，比如测量精度受限于 LSB（为百皮秒量级）。其误差来源主要包括以下 4 方面：一是量化误差，即一个延迟单元的时间，减少量化误差带来的是延迟单元的增加、设备量的庞大。二是延迟线集成非线性，由于在集成过程中不可能做到各个延迟单元完全一致，导致各个延迟单元的延迟时间不相等，对外表现为非线性效应，矫正的方法有平均法、矢量法等。三是随机变化，由延迟单元的自身温度和供电电压变化引起。四是时间抖动，包括时钟的抖动和延迟单元信号触发开关的时间抖动。

这一小节笔者就上述问题提出一些解决方法，同时讨论了 TDC 的精度。从图 8-58 实测出来的 TDC 的 Raw BIN 来看，延时链上延时单元的延时时间变动范围从十几 ps 到一百七十几 ps，如果不做进一步处理，那么由于这种非线性问题直接决定了这时候 TDC 的精度最大到 170 多 ps。图 8-62 展示了经过平滑后，TDC 的 BIN 宽度大大减小，最大 BIN 宽只有 65 ps 左右，远远小于 Raw BIN 的最大值。这只是双沿切割,如果采取多沿切割,那么可以得到更加精细的结果。实验证明,如果采取 6 沿切割,BIN 宽度的平均值减小到 10 ps 左右,而最大值也只有 20 ps 左右,所以我们设计精度达到 10 ps 的基于 FPGA 的 TDC 是可以实现的。

上面处理方法是解决 TDC 延时线非线性的方法,下面看看如何解决 TDC 受外部温度和电压波动而产生的影响,即 TDC 的自我矫正。

1. 平均延时和 BIN-by-BIN 方式

目前数字校准在 FPGA 中至少有两种实现方式,分别是平均延时和 BIN-by-BIN 方式。所谓的平均延时校准结构,简单点说就是获得图 8-58 中所有 BIN 的平均值,具体在 FPGA 中实现的方法展现在图 8-83 中。Delay Line 总的延时时间长度被设计成大于一个时钟周期,所以某些 Hit 会被 Delay Line 捕获两次,那么两次捕获之间的时间间隔就正好等于一个时钟周期,而两次捕获之间延时单元的个数是可以知道的,即如图 8-83 中的 N_2-N_1,那么 $N_2-N_1=T_{ck}/\tau$,由此公式可以算出 τ 的数值,即延时单元的平均延时时间。

实际情况下,这个 N_2-N_1 不是一个固定值,甚至有时候应该要用小数来表示,所以实际设计中 τ 也应当是经过多次测量得到,从而提供更高精度的校准。

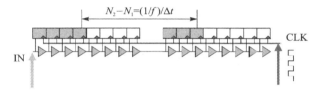

图 8-83 平均延时数字校准

平均延时校准方式的优点是系统反应时间快,可以快速地对 TDC 系统进行校准。前面提到了,τ 只表示 Delay Line 的延时单元的平均延时时间,所以这种方式无法提供 BIN-by-BIN 的校准,特别是每一个 BIN 的宽度都不一样的时候。对于基于 FPGA 的 TDC 强烈推荐使用基于 BIN-by-BIN 的校准方式,因为 FPGA TDC 的 BIN 在一个很大范围内变动。

2. 将 TDC 的 BIN 校准到 BIN 的中间位置

这其实是一个对齐的问题,所有的 BIN 经过校准以后,应该是以 BIN 的上限(某个 BIN 其实就是一个时间范围,所以这里有时间"上限"和"下限"的概念)对齐呢,还是以下限对齐呢,或者是以 BIN 的中间对齐呢?

我们假设所有 BIN 的宽度已经测量好,并且存在阵列 ωk 中,那么第 n 个 BIN 正对其中间校准好的时间 tn 的公式如下所示:

$$tn = \frac{\omega n}{2} + \sum_{k=0}^{n-1}\omega k \qquad (8-1)$$

需要强调的是,第一个 BIN 的半个 BIN 宽度值不能被忽略掉。上面公式右边的求和其实就是将 BIN 校准到 BIN 的边沿,加上半个 BIN 宽度正好校准到 BIN 的中间位置。校准到 BIN 中间位置的好处是这样做的时候测量的 RMS 误差是最小的,只有当所有延时单元的延时时间都一样的时候,校准到边沿或者中间效果是一样的。

实际逻辑校准就是合成 LUT(查找表)的过程,这个过程可以分为下面几个关键步骤:

① 第一个 BIN 的一半宽度成为其中间位置时间;

② 第一个 BIN 的剩下的一半加上第二个 BIN 的一半组成了第二个 BIN 的中间位置时间;

③ 同样的方式获得剩下的 BIN 的中间位置时间。

下面给出了从 DNL 直方图数据中合成 LUT 的整个过程。

假定直方图中地址 0 中的数据为 Q_0,则 Q_0' 为 Integrate 后更新到此地址的数据,即 Q_0' 为新 LUT 地址 0 的数据,依次类推。Dt_0 为积分(Integrate)产生查找表地址 0 时外部累加器产生的中间结果,用以查找地址 1 Integrating 时使用,以此类推。下面分解整个 Integrating 的过程:

$Q_0 + 0 = Q_0'$; $Q_0' + Q_0 = Dt_0$

$Q_1 + Dt_0 = Q_1'$; $Q_1' + Q_1 = Dt_1$

$Q_2 + Dt_1 = Q_2'$; $Q_2' + Q_2 = Dt_2$

....

$Q_{n-1} + Dt_{n-2} = Q_{n-1}'$; $Q_{n-1}' + Q_{n-1} = Dt_{n-1}$

$Q_n + Dt_{n-1} = Q_n'$; $Q_n' + Q_{n-1} = Dt_n$

那么,我们来看 Q_n' 到底等于多少呢,即 LUT 中某个地址中的数值

$Q_n' = Q_n + Dt_{n-1} = Q_n + Q_{n-1}' + Q_{n-1} = Q_n + 2Q_{n-1} + Dt_{n-2}$

$= Q_n + 2*Q_{n-1} + 2*Q_{n-2} + \cdots + Q_3 + Q_3'$

$= Q_n + 2*Q_{n-1} + 2*Q_{n-2} + \cdots + 2*Q_3 + Q_2 + Q_2'$

$= Q_n + 2*Q_{n-1} + 2*Q_{n-2} + \cdots + 2*Q_3 + 2*Q_2 + 2*Q_1 + 2*Q_0$

所以

$$Q_n' = Q_n + 2 * \sum_{k=0}^{n-1} Q_k \qquad (8-2)$$

注意公式(8-2)和公式(8-1)其实没有分别。经过校准后的结果获得了很好的效果,如图 8-84 所示。

图 8-84 中红线为对单沿测量到 BIN 进行校准,蓝线为双沿校准。其实就是将图 8-62 中的直方图合成(Integrate)一个查找表(LUT)。在具体操作过程中会随时对直方图进行更新,达到某种条件时又能对 LUT 更新调整,所以笔者称其为实时半连续自动校准。

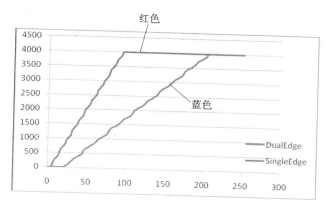

图 8-84　BIN-by-BIN 数字校准效果

8.6　利用 FPGA TDC 测量 PLL 核抖动实例

最后我们利用第 7 章介绍的 ECO 以及本章的 FPGA TDC 技术来试着测量一下 Altera PLL 的内核抖动(Core Jitter)这个参数。

PLL 的输出有两种，一种是内核输出，另外一种是外部输出，由于 Altera 只给出了 PLL 的输出到外部引脚的抖动，并没有给出 PLL 的 core 输出抖动，这里试图通过基于 FPGA 的 TDC 来测量该抖动。从 Altera 的器件手册只能查到 PLL 的外部输出的抖动参数，笔者使用的 Arria GX 系列，在输出时钟频率大于等于 100 MHz 的时候只给出这个参数的最大值即 250 ps；当时钟频率低于 100 MHz 的时候也只给出最大值，即 25 mUI。

1.　为什么要了解 PLL 的 core 输出抖动呢

在进行基于 FPGA 的 TDC 设计的时候系统时钟的抖动肯定会影响 TDC 的精度，这里的抖动包括时钟源(即晶振)以及时钟分配器和 PLL 所产生的抖动。时钟分配器的抖动可以查厂家手册获取，而且一般都很小，基本都是飞秒级别。由于在设计 TDC 的时候需要 FPGA 里的 PLL 倍频得到一个相对高速的时钟，那么 PLL 引入的抖动又是多少呢？Altera 并没有给出答案。

2.　测量方法

FPGA 的输入时钟是 100 MHz，通过第一个 PLL 产生一个 250 MHz 的时钟作为 TDC 的高速采样时钟，另外第二个 PLL 从 250 MHz 降频得到一个 25 MHz 的时钟作为 TDC 的输入 Hit(如图 8-85 所示)。这个 25 MHz 时钟跟 TDC 的高速采样时钟只有一种相位关系，所以可以通过 PLL 的移相功能大致测量出不同相位下该 TDC 的测量结果，再通过测量结果以及 TDC 的 Raw BIN 结果来进行分析。

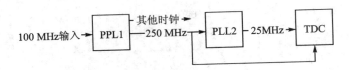

图 8-85　PLL 核抖动测量示意图

TDC 的 Raw BIN 是通过外部随机 Hit 测量得到的,另外,TDC 的延时线位置进行了锁定,这样随机 Hit Raw BIN 和 PLL 产生的 Hit 测量的时候使用的是相同的延时线,从而尽量保证减小测量的误差。还有一点,是在更改 PLL 的 Hit 的相位的时候使用了 ECO 的方法,即手动修改,这样工程没进行重新全编译,只是进行了 FIT,从而尽量保持了工程的一致性。

ECO 修改 PLL 的输出相位的原理第 7 章进行了详细的介绍,这里介绍如何进入 PLL 的属性编译器。如图 8-86 所示,可以在 Project Navigator 下找到需要编辑的 PLL,右击该 PLL,从弹出级联菜单中选择 Locate→Locate in Resource Property Editor。之后弹出 PLL 的属性编辑窗口,如图 8-87 所示。PLL 可以产生多个输出,找到需要修改的输出时钟区域,修改其初始值和 V_{co} Tap 来改变其输出相位。

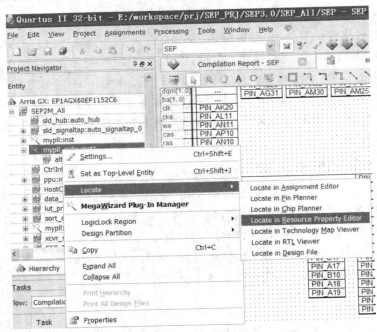

图 8-86　进入属性编辑器查看 PLL 的编辑属性

我们假定 PLL 的输出不存在抖动,那么 TDC 测量出来的结果肯定具有唯一性特点,即某个相位测出来的结果肯定只有一个值,这个可以通过直方图的方法轻易得出。前面的假设肯定是不成立的,所以直方图的结果就一定在某个中心值附件左右

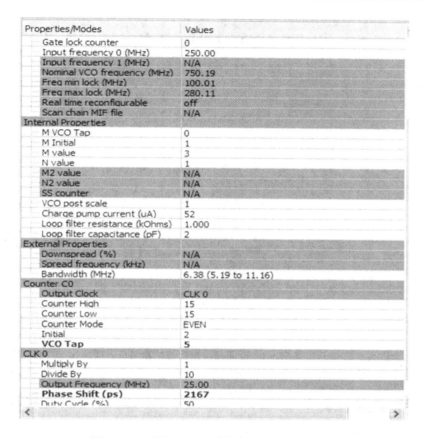

图 8-87　利用 ECO 手动修改 PLL 输出的相位

偏移,而我们所需要知道的就是这个偏移的大小即抖动。

3. 测量结果

我们的 TDC 使用了 128 级延时线(delay-line),在使用 PLL 产生的 Hit 进行测量之前,使用随机 Hit 来测量该 TDC(主要是延时线)的基本属性。图 8-88 显示的是延时线每一级延时单元的延时时间,这里称为 TDC 的 Raw BIN。

Arria GX 的 PLL 的 VCO 最大只能到 840 MHz,而从 250 MHz 产生 25 MHz 的时候,VCO 只能是 750 MHz,所以最小相移是 167 ps,即 $1/(750\times8)$ ns。那么从 0 相位开始每次步进 167 ps 测试各个不同相位 25 MHz 作为 TDC 输入 Hit 时的结果,由于 250 MHz 的周期是 4 000 ps,所以相移到 4 000 ps 即可完成一周测量。

图 8-89 和图 8-90 分别显示了 0 相位和 167 ps 相移后的测量结果,这是不同的相移对应的测试结果,图的左边是对应 Hit 在延时线中的位置,而右边对应的是这些延时线单元在随机 Hit 测得的延时时间。这里不一一列出每个相位点测试结果图,将所有相移的测量结果总结到一张表中,如表 8-2 所列。

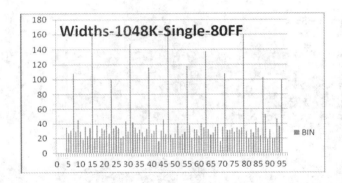

图 8-88 TDC 的 Raw BIN

53	0
54	0
55	985 852
56	62 723
57	0
58	0

53	25.543 24
54	28.839 14
55	117.389 8
56	38.486 52
57	21.186 85
58	32.375 37

50	0
51	30 600
52	950 346
53	67 628
54	1
55	0

50	26.855 49
51	40.672 34
52	23.384 12
53	25.543 24
54	28.839 14
55	117.389 8

图 8-89 0 相移测量结果及对应位置 Raw BIN 数值

图 8-90 167 ps 相移测量结果及对应位置 Raw BIN 数值

表 8-2 不同移相对应测试结果

不同相移/ps	跨延时单元	测量所得最多不确定时间/ps	
0	55～56	117.4+38.5	155.9
167	51～54	40.7+23.4+25.5+28.8	118.4
333	47	169.9	169.9
500	45～47	45.8+26+169.9	241.7
667	39～42	115.7+26.8+30.2+38.3	211
833	36～38	28.4+22.6+33.4	84.4
1 000	31～33	147.2+42.2+34.8	224.2
1 167	30～31	29.7+147.2	176.9
1 333	24～26	33.98+37.2+34.3	105.48
1 500	21～23	40+27+99.5	166.5
1 667	16～18	19.7+37.7+22.4	79.8
1 833	15	162.2	162.2
2 000	9～11	45.6+29.8+18.9	94.3
2 167	6～7	31+108	139
2 333	95	99.8	99.8
2 500	90～93	31.9+20.4+19.9+46.4	118.6

第8章 设计实例应用分析

续表 8-2

不同相移/ps	跨延时单元	测量所得最多不确定时间/ps	
2 667	87~88	102.5+52.7	155.2
2 833	83~85	28.1+41.7+34.4	104.2
3 000	79	159.7	159.7
3 167	74~77	33.6+28.6+34.7+32	128.9
3 333	71	107.9	107.9
3 500	66~68	27.8+35.3+39.7	102.9
3 667	63	137.3	137.3
3 833	59~62	31.9+24.1+40.5+34.9	131.4
4 000	55~56	117.4+38.5	155.9

4. 分析及结论

从表 8-2 可以看出，所有不同相位测量结果的不确定性的范围是 84.4~241.7 ps 之间。这里之所以叫不确定性而不是直接冠以 jitter，是因为这个数值范围是由两个时钟的不确定性来决定的，而非单一时钟决定，即这个测量结果应该由 25 MHz 和 250 MHz 这两个时钟的抖动共同来决定。如果不能证明 25 MHz 和 250 MHz 这两个时钟相位是严格对齐的，就不能直接将上述测量所得的结果简单地认为就是 PLL 的内核输出抖动。前面也有提到，25 MHz 时钟和 250 MHz 时钟之间的相位关系只有一种组合，这是在相对宏观的角度来说，如果考虑到 PLL 内部引起的 jitter，那么这个两个时钟沿是否还是"严丝合缝"地对齐呢？手册里似乎给出了一个唯一可以作为参考的答案，即在 Normal Mode 下 PLL 的时钟之间的相位关系图，如图 8-91 所示。

这里分析的基础就是假定如图 8-91 所示 PLL 的输入时钟和内部寄存器时钟的沿是严格对齐的，而我们实际也正好是使用 Normal 模式。有了这个基础再来分析这个最大不确定性值范围，最小是 84.4 ps，最大达到 241.7 ps。仔细看这两个测量结果发现，84.4 ps 是相位偏移 833 ps 的测量结果，直方图落在 3 个延时 cell 单元里，且 3 个 cell 的延时时间均较小。而这个最大值是相位偏移 500 ps 时候的测量结果，直方图也是落在 3 个延时 cell 单元里，只是这 3 个 cell 单元中有个 cell 的延时时间超级大，称之为 ultra-wide 延时单元。另外，从表 8-2 同时可以看到相移 333 ps、1 833 ps、2 333 ps、3 000 ps、3 333 ps 以及 3 667 ps 的测量结果直方图均落在一个 cell 里，而这些 cell 均为 ultra-wide 延时单元，查看这些 ultra-wide 延时单元的延时时间可以知道其最大延时时间为 169.9 ps，而其中最小的延时时间也有 99.8 ps。所以，84.4 ps 可以认为是本实验测量到 PLL 的 core 输出最大的 jitter 值范围，即±42.2 ps。

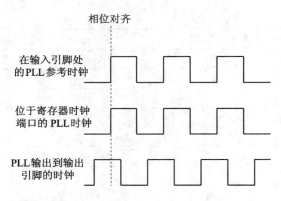

图 8-91 Normal Mode 下 PLL 的时钟相位关系

8.7 小 结

  本章介绍了几个实例开发,虽然每章笔者都尽量安排实例,但本章的例子都是比较重要的实例开发。SDRAM 和 FIFO 等都是比较通用的实例,但是笔者结合自身开发经验介绍它们的一些特殊应用。而用 FPGA 开发 TDC 则属于 FPGA 本身比较特殊的应用,首先利用逻辑延时来设计并不符合现在流行的同步逻辑设计方法,但是 TDC 的设计就是需要利用逻辑延时来达到设计目的。这种"特殊"实例应用介绍希望给读者打开 FPGA 设计不一样的思路。

第 9 章
Altera FPGA 高级设计技巧

FPGA 的设计很多时候面临速度和面积的抉择，不过大部分设计者都希望尽可能有效地利用 FPGA 的资源。但是根据笔者的经验，FPGA 的资源一旦消耗率达到百分之七八十以后就很容易遇到布局布线困难。这并不是意味着剩下的百分之二十几左右的资源就这样白白"浪费"掉，造成这种困境的原因往往是设计者不了解 FPGA 的结构或者自己的代码风格本身有问题所致。另外，前面也有介绍过，Altera 的 Quartus II 软件默认编译设置是一种比较"均衡"的设置，某些时候设计者可以通过深挖软件的潜能来提高器件的利用率。

本章结合上一章开始的 FPGA 逻辑结构，开始介绍 FPGA 的器件结构对于设计者代码风格的影响。最后介绍一些 Quartus II 软件提供的高级设计技巧；所谓"高级"，笔者的理解是一般普通设计不需要用到，而在某些设计比较"紧张"的时候可以帮助设计者渡过难关的方法和工具。

9.1 器件结构对代码风格的影响

FPGA 的结构和传统 ASIC 结构有着很大的区别，FPGA 一般是由各种宏单元（LE、ALM）组成，宏单元内部的元件一般包括查找表、时序单元、进位链等资源。编译软件将设计者的 HDL 代码综合成布局布线工具认识的网表文件，最后由布局布线工具将设计者想要实现的电路通过上述资源不同组合来达到。

FPGA 设计者要实现的电路和我们通常看到的电路在一定意义上没有任何差别，电路的性能取决于电路的延时，而 FPGA 的设计延时主要包括器件的延迟和逻辑布线延迟。FPGA 的器件延迟又反映在电路所用的元件的级数上，比如用了多少级的查找表、用了多级的进位链等。上一章基于 FPGA 的 TDC 设计就是一种特殊的需要利用器件延时达到设计目的案例。而 FPGA 的线延迟反映在宏单元的互连上面，当一个逻辑采用的逻辑单元的级数越多，就需要越长的互连线，结果线延迟就越大。同样拿上述 TDC 来说明,在图 8-83 中,每一级延时 cell 之间的线延迟 TimeQuest 分析出来都是 0,说明有线延迟但是由于特别微小,所以报告为 0。

在 FPGA 的设计过程中,怎样合理有效地利用宏单元的特性,达到减少使用宏单元的数量是提高设计性能的最有效手段。而对于 ASIC 来说,是完全基于门阵列(或者说标准单元)的设计方法。ASIC 的线延迟主要由后端设计控制,前端设计过程中 ASIC 的速度瓶颈主要体现在门的级数上面。所以 ASIC 设计过程中减少逻辑个数是提高设计速度的主要手段。

上面简单认识了 FPGA 和 ASIC 的器件结构,比较之下不难发现,要实现更高性能的设计,在器件结构不同的情况下,采用不同的代码风格还是有必要的。经过前面几章的介绍,应该接受这样一个观点,即 FPGA 器件的设计性能在很大程度上是依赖于代码风格的。

如果器件的资源足够,自不必说,更多时候设计者会纠结与速度和面积。所以对于 FPGA 而言,获得较高速度和节省面积,是以减少宏单元的个数为主要手段的,减少逻辑级数,不一定能提高速度和降低面积,有时候反而会降低速度和增加面积。

很多例子发现,FPGA 的成本不是主要因素,性能往往是设计者或者项目负责人关注点。我们看到很多研究所项目,很多时候在完成项目、实现预定目标的情况可以"尽情"地从一个规模器件切换到更大一个规模器件,还好 Altera 提供这种移植的支持。

9.2 基本逻辑结构分析

在第 8 章关于基于 FPGA 的 TDC 设计实例中,笔者介绍了基于 Stratix II 的 LAB 的基本结构。这里回忆总结一下 ALM 具体特性。

一个 ALM 包含有两个自适应查找表(ALUT),可以用来实现自适应组合逻辑功能。两个寄存器、两个专用全加器以及两组输出,分别是组合逻辑输出或者是寄存器输出,包括加法进位、共享算术进位以及寄存器进位在内的 3 种不同的进位链。

ALUT 有各种不同的自适应组合功能,下面给出一个例子来说明不同代码是如何影响实际实现结果的。下面是一个关于两个 4 bit 数据比较器的实现,先来看看不恰当的描述方法:

```
Process (clk)
begin
    if (clk's event and clk = '1') then
        if(in = "00000") then
            out <= clk_en;
        else
            out <= '0';
        end if;
```

第9章　Altera FPGA 高级设计技巧

```
    End if;
End process;
```

经过 Quartus II 软件综合,这个比较器一共使用了 3 个 5 输入 ALUT,共 3 个 ALM。如果我们了解 ALUT 的自适应特性,那么可以按照下述代码进行修改。

```
Process (clk)
begin
    if (clk's event and clk = '1') then
        if(clk_en[0] =  '1')
            if(in[3:0] == "0000") then
                out_0 <=  '1';
            else
                out_0 <=  '0';
            end if;
        end if;
    end if;
end process;
Process (clk)
begin
    if (clk's event and clk = '1') then
        if(clk_en[1] =  '1')
            if(in[7:4] == "0000")
                out_1 <=  '1';
            else
                out_1 <=  '0';
            end if;
        end if;
    End if;
End process;
```

按照上述修改的代码,在 Quartus II 综合后,编译报告的结果是一共使用了两个 4 输入 ALUT,所以一共只消耗了一个 ALM。

第 6 章给出一个 Quartus II 软件编译报告资源消耗率的例子,如图 6-37 所示。那个例子未采用任何优化手段,任由软件自由布局布线,正如往一个空的仓库里堆放物品一样,如果在不了解仓库结构,且堆放没有任何规则,那么能堆放进去的物品数量肯定和对仓库结构进行了解以后、并在了解基础上按照一定的规则进行堆放之后的结果是不一样的。进一步了解 ALUT 的特性,我们知道其输入有一个可共享的特点,那么上述代码也可以这样修改:

```
Process (clk)
begin
```

```
        if (clk's event and clk = '1') then
            if(clk_en = '1')
                if(in[4:0] == "00000")
                    out_0 <= '1';
                else
                    out_0 <= '0';
                end if;
            end if;
        end if;
end process;
Process (clk)
begin
        if (clk's event and clk = '1') then
            if(clk_en[1] = '1')
                if(in[7:3] = "00000")
                    out_1 <= '1';
                else
                    out_1 <= '0';
                end if;
            end if;
        End if;
End process;
```

按照上述修改的代码,在 Quartus II 综合后,编译报告的结果是一共使用了 2 个 5 输入 ALUT,一共只消耗了一个 ALM。而 ALUT 输入共享的结构如图 9-1 所示。

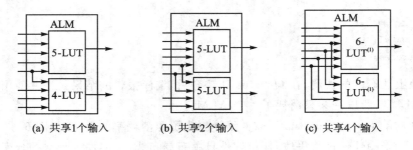

图 9-1 ALUT 输入共享结构

上面这个例子主要是针对 ALUT,所以属于组合逻辑设计。我们知道 ALM 还有 2 个寄存器,而 ALM 的 4 个逻辑输出就有 2 个寄存器输出,而且还有一个寄存器链存在。对于 ALM 寄存器的控制可以用于时钟和时钟使能、同步和异步清零信号、同步和异步置位和数据信号、以及异步的 Preset 信号等。一个 ALM 寄存器的结构示意图如图 9-2 所示。

第 9 章　Altera FPGA 高级设计技巧

前面介绍了 Altera 的寄存器打包特性,在图 6-37 所示的资源编译报告中我们可以看到有众多的 ALM 只有 ALUT 或者只有寄存器被使用了,所以如果使能了寄存器打包选项,可以大大提高资源利用率。在类似前面提到的 4 bit 比较器的例子中,其实只使用了 ALM 的 ALUT,那么这些被使用了的 ALM 中的寄存器在默认情况下,且在时序满足的情况下被利用到的机率或者说优先级就有可能比那些完全空的 ALM 里面的寄存器要低。图 9-3 展示了 ALM 中 ALUT 和剩下的寄存器之间的关系。

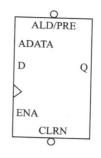

图 9-2　寄存器结构示意图

注意,不是任何未被使用的寄存器都可以被打包再利用的,如图 9-3 所示,这个 ALM 正好有两个输入端口空闲可以作为两个寄存器的输入;假如 ALM 的所有 8 个输入都已经被组合逻辑占用,那么里面的寄存器就会因为没有输入端口而无法被利用。下面我们来看看 ALM 所支持的扩展 LUT 模式,这种模式支持特定的 7 输入功能,这种结构解释了为什么 if-else 最好不要超过 7 级,如图 9-4 所示。

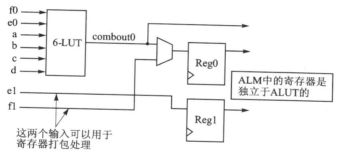

图 9-3　ALM 中可以用于打包的寄存器

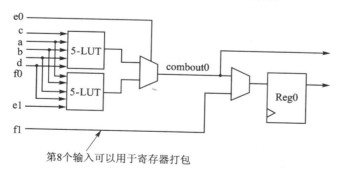

图 9-4　扩展 LUT 模式

来看这个例子:

```
Process (clk)
begin
    if (clk's event and clk = '1') then
        if(sel[0] = '1') then
            out <= in[0];
        elsif(sel[1] = '1') then
            out <= in[1];
        elsif(sel[2] = '1') then
            out <= in[2];
        elsif(sel[3] = '1') then
            out <= in[3];
        elsif(sel[4] = '1') then
            out <= in[4];
        elsif(sel[5] = '1') then
            out <= in[5];
        elsif(sel[6] = '1') then
            out <= in[6];
        end if;
    End if;
End process;
```

上述代码编译的结果是一共使用了 3 个 5 输入 ALUT、两个 4 输入 ALUT、占用了 3 个 ALM，其中还有 3 个寄存器可以用作 Register Packing，正如图 9-4 所示，这 3 个 ALM 的 6 个寄存器只有其中的 3 个可以被再利用。假如在上述代码中增加一级"if-else"，情况会如何呢？代码如下所示：

```
Process (clk)
begin
    if (clk's event and clk = '1') then
        if(sel[0] = '1') then
            out <= in[0];
        elsif(sel[1] = '1') then
            out <= in[1];
        elsif(sel[2] = '1') then
            out <= in[2];
        elsif(sel[3] = '1') then
            out <= in[3];
        elsif(sel[4] = '1') then
            out <= in[4];
        elsif(sel[5] = '1') then
            out <= in[5];
        elsif(sel[6] = '1') then
```

```
        out <= in[6];
    elsif(sel[7] = '1') then
        out <= in[7];
    end if;
End if;
End process;
```

编译后一共使用了一个 7 输入 ALUT、一个 6 输入 ALUT、两个 5 输入 ALUT、一个 4 输入 ALUT 以及一个 3 输入 ALUT，一共占用了 5 个 ALM。同时有 6 个寄存器不能进行寄存器打包操作。大家看这么简单的修改造成的资源消耗大不相同。

前面提到 ALM 里包含有两个专用的全加器，如果全加器被使用到了，那么这个 ALM 就被认为配置成算术模式(Arithmetic Mode)。利用 ALM 的算术模式可以实现加法器(Adder)、计数器(Counter)、累加器(Accumulators)以及比较器(Comparator)等，也可以反过来说，上述功能模块需要 ALM 工作在算术模式。Altera 的 MegaWizard 里提供了丰富的函数，其中包括加法器、累加器以及各种计数器等。大家可以实例化这些函数，编译后看看消耗的资源，特别看看用到 ALM 被配置的模式，具体可以通过 ChipPlanner 找到相应的 ALM，然后在属性编辑器里查看 ALM 具体配置属性(关于属性编辑器内容可以查看第 7 章内容)。图 9-5 显示了 ALM 中的专用加法器结构。

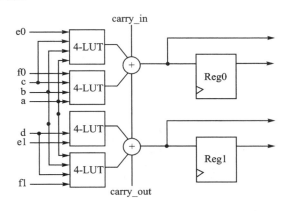

图 9-5 ALM 中专用加法器

"穿行"于加法器之间的 Carry-In 和 Carry-Out 可以形成跨 LAB 的 Carry Chain，在第 8 章笔者介绍 FPGA TDC 设计的时候这是一个非常关键的设计资源。

对于 Altera 的高级器件来说，其 ALM 的算术模式还可以细分出一种共享算术模式，所以 ALM 结构里还有一种称为共享算术进位链的资源。共享算术模式使得 ALM 实现 3 输入加法成为可能，这对于实现大规模加法树来说是一个非常有用的结构；另外，在雷达的算法处理以及现在正在发展的望远镜雷达或者宇宙观测雷达数据处理上应用到的相关算法也非常有用。图 9-6 是 Stratix II 器件手册提供的一个

ALM 支持的加法树的例子。

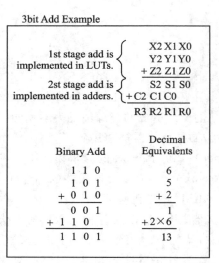
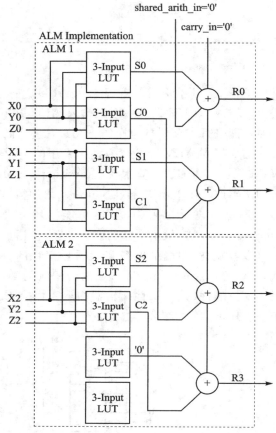

图 9-6 ALM 支持的加法树

前面笔者提到,可以将一个 ALM 看作 Altera 比较老的器件里的两个 LE(一个 ALUT 等于两个 LUT),所以我们来比较下 ALM 和 LE 实现出来的加法树的区别,如图 9-7 所示。

可以看到相同规模的加法树,Stratix 器件需要 127 个加法器、7 级加法树结构,消耗约 8 600 个 LE 资源;而 Stratix II 器件只需要 64 个加法器、5 级加法树结构,要消耗约 2 500 个的 ALM 资源。

最后,笔者要提到的 ALM 寄存器的一个特性是其反馈特性。ALM 的寄存器输出可以驱动本 ALUT 的输入,这样就可以减少设计中 ALM 的使用量,缓解设计布局布线中的拥挤程度。

根据以上介绍的 Altera 器件的逻辑结构,我们可以来为图 6-37 所示的工程进行优化或者为以后的设计提供恰当的指导。首先来分析图 6-37 所示编译报告反映出来的可能的设计问题,这里笔者推测有下述可能:

第9章 Altera FPGA 高级设计技巧

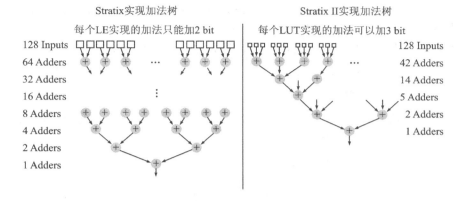

图9-7 ALM 和 LE 实现加法树的区别

- 大量使用了超过 4 输入的 ALUT，同时没有合理利用 ALM 输入引脚，使得 ALM 的使用率降低；
- If-else 语句超过 7 级；
- 没有合理使用专用的加法器来实现累加器等功能；
- 输入引脚没有合理使用，使得寄存器打包不能实现。

这些判断是根据上述分析推测出来，通过查看原始的工程以及代码设计可以看到，大部分符合实际。如果要对该工程进行优化，基本的优化方向应该是：

- 判断条件的使用要尽量考虑利于软件进行判断条件拆分操作，有效地利用 ALUT 资源；
- 每一个判断条件尽量少于 4 个输入变量，这样能有效增加 ALUT 的使用；
- 尽量考虑判断条件的复用，这样可以有效增加 ALUT 的使用；
- 每一个 if-else 语句最好不要超过 7 级；
- 尽量采用综合工具能识别的加法操作，而不要试图通过真值表的描述方式来完成本来可以通过加法操作符就能描述的功能，这里强烈建议使用 Altera 提供的宏函数。

9.3 可采用的设计技巧

在了解上述逻辑结构的基础上，那么在设计代码时候是否有一些技巧可以用来指导呢？答案是肯定的。

1. 合理选择加法电路

同样的功能，如果改变赋值语句的顺序和使用信号或者变量，那么所得到电路设计的结构很可能会不一样。进程外的每一条赋值语句相当于一个单独进程，每个进程和元件的引用都对应着特定的逻辑，每一根信号代表着一个信号线。我们可以通过分析语句实现的实际电路功能,可以达到控制实现电路的不同结构的目的。下面我们来看看加法器进位链电路两种不同的可能描述方法。

首先来看串行进位链,下面两个赋值语句,综合出来的电路如图9-8所示。

c0 <= (a0&b0)|((a0|b0)&cin);
c1 <= (a1&b1)|((a1|b1)&c0);

如果改变赋值的顺序,上述串行进位链可以变成并行的进位链结构,也有人叫其超前进位结构,如图9-9所示。

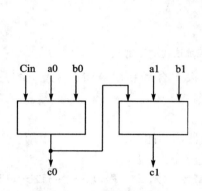

图9-8 加法器串行进位链　　图9-9 超前进位链

```
signal p0,p1,g0,g1: std_logic;
attribute keep : boolean;
attribute keep of p0,p1,g0,g1: signal is true;
p0 <= a0|b0;
g0 <= a0&b0;
p1 <= a1|b1;
g1 <= a1&b1;
c0 <= g0|(p0&cin);
c1 <= g1|(p1&g0)|(p1&p0&cin);
```

如果是进行ASIC设计,无疑并行进位链结构的加法器可以获得更快的速度,但是会占用更大的面积。如果是进行FPGA设计,则串行加法器可以获得更快的速度,并且占用最少的面积,这是因为它可以在同一个ALM内实现。

实现加法器的时候除了要注意进位链的结构,有的时候可能涉及多个数据的加法,这时候如果合理利用圆括号来控制逻辑的分组,可以获得意想不到的结果。下面是一个4输入加法器的实现。

z <= a + b + c + d;

编译后,实现的加法结构如图9-10所示,很明显这就是上述的串行加法器。如果将上述加法实现修改如下所示,那么编译后的加法结构如图9-11所示。

z <= (a + b) + (c + d);

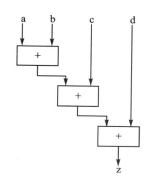

图 9-10 4 输入串行加法实现

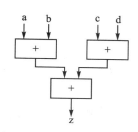

图 9-11 用圆括号重新构建的加法器

图 9-10 中的加法器实现面积小,但是整体速度偏慢。不过如果信号 d 是关键路径,而其他信号是非关键路径,或者说设计中的关键路径与 a、b、c 和 d 无关,则应该采用这种方法。图 9-11 中的加法器实现面积大,但是整体速度较快。如果 a、b、c 和 d 的时序要求比较苛刻,那么就应该采用这种方法。笔者在实际 FPGA 设计过程中多采用第二种方法。

2. if 和 case 语句的选择

在 HDL 代码设计的时候 if 和 case 语句都必须放到进程中,很多时候 if 语句和 case 语句之间是可以置换的,光从代码或者纯软件角度来说,二者似乎实现的是一样的"意思"。但是 if 语句是指定了一个优先级的编码逻辑,而 case 语句生成的是并行逻辑,各入口之间不具有优先级。

if 语句各级不同的 if 或 elsif 中包含不同的表达式,而 case 语句比较的是一个公共的控制表达式。一般情况下,case 结构速度较快,但是会占用更多的面积;而 if 结构速度较慢,但是占用的面积又相对较小。另外,需要特别注意的是不恰当地使用 if 语句嵌套多半会导致设计需要更大的延迟。下面我们来看分别用 if 语句和 case 语句实现的 8 选一多路选择器的代码实现,首先来看 if 语句:

```
always @(sel or in)
begin
    if(sel == 3'b000)
        out = in[0];
    else if(sel == 3'b001)
        out = in[1];
    else if(sel == 3'b010)
        out = in[2];
    else if(sel == 3'b011)
        out = in[3];
```

```
        else if(sel == 3'b100)
            out = in[4];
        else if(sel == 3'b101)
            out = in[5];
        else if(sel == 3'b110)
            out = in[6];
        else
            out = in[7];
    end
```

接着来看 case 实现的代码:

```
always @(sel or in) /* synthesis full_case */
begin
    case(sel)
    3'b000:
        out = in[0];
    3'b001:
        out = in[1];
    3'b010:
        out = in[2];
    3'b011:
        out = in[3];
    3'b100:
        out = in[4];
    3'b101:
        out = in[5];
    3'b110:
        out = in[6];
    default:
        out = in[7];
    endcase
end
```

如果在 Stratix II 器件中编译,if 语句编译结果的关键路径延迟为 4.83 ns,使用了一个 7 输入 ALUT,4 个 5 输入 ALUT,一共占用了 4 个 ALM。而 case 语句的编译结果是关键路径延迟 4.462 ns,使用了一个 6 输入 ALUT,一个 5 输入 ALUT,两个 4 输入 ALUT,一共占用了 3 个 ALM。

3. 减少关键路径的逻辑级数

关键路径上的每一级逻辑都会增加路径上的延时,减少关键路径延时的最常用办法就是给最迟达到的信号以最高的优先级,具体的做法首先是可以调整 if 语句中条件的先后次序，其次是可以合并 if 语句以提高设计速度。

即便在没有优先级要求的情况下很多时候都会用到 if 语句，如下所示：

```
if 条件 1
    Do action1;
else if 条件 2
    Do action2;
else if 条件 3
    Do action3;
```

如果条件 1、2、3 不可能同时成立，则无所谓谁优先。如果条件 3 延时较大，那么此时它就成为了关键路径，在这种无所谓谁优先的情况下，我们可以调整条件 3 的优先级最高，那么上述描述可以修改成这样：

```
if 条件 3
    Do action3;
else if 条件 1
    Do action1;
else if 条件 2
    Do action2;
```

同样在没有优先级要求的情况下，为了描述的方便，设计者通常都会采用类似于下面的描述方法。

```
if 条件 1
    信号置 0;
else if 条件 2
    信号置 1;
else if 条件 3
    信号置 0;
else if 条件 3
    信号置 1;
……
```

如果条件没有优先级的要求，那么可以将上述代码修改成这样：

```
if 条件 1 or 条件 3
    信号置 0;
else if 条件 2 or 条件 4
    信号置 1;
……
```

4. 资源共享

这里看看几个关于资源共享的小例子，平时设计的时候多采用这种代码风格，并培养成良好的代码习惯,往往可以达到事半功倍的效果。

首先我们来看看 if 语句中的资源共享,和上面介绍的合并 if 语句类似,设计者通常都喜欢这样描述自己的电路:

```
If(…(size = = 4'b0000)…)
    count = count + 4'b0001;
else if(…(size = = 4'b0010)…)
    count = count + 4'b0010;
else if(…(size = = 4'b0011)…)
    count = count + 4'b0011;
else if(…(size = = 4'b0100)…)
    count = count + 4'b0100;
```

上述代码一共要消耗 4 个加法器,如果将上述代码修改成如下:

```
If(…(size = = 4'b0000)…)
    count = count + 4'b0001;
Else(…)
    count = count + size;
```

那么最后一个加法器加上"size"就相当于共享了加法器,这样总共只须两个加法器。如果设计中有很多这样的代码,那么可以预想到节约的资源是不少的。

我们再来看一个 IF 语句中节约加法器的例子,代码如下所示:

```
If(sel)
    sum = a + b;
Else
    sum = c + d;
```

上述代码没有进行资源共享,需要消耗两个加法器,其实现后的电路如图 9-12 所示。

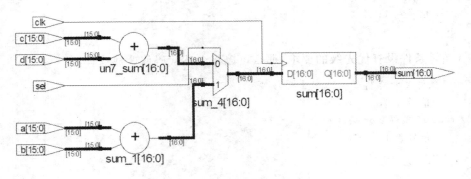

图 9-12 加法器未共享电路

加法器在器件资源中是比较宝贵的,笔者将上述代码进行如下修改:

```
If(sel)
    tmp1 = a;
    tmp2 = b;
Else
    tmp1 = c;
    tmp2 = d;
Assign sum = tmp1 + tmp2;
```

那么修改后的代码就只消耗了 2 个选择器和一个加法器,实现后的电路如图 9 - 13 所示。

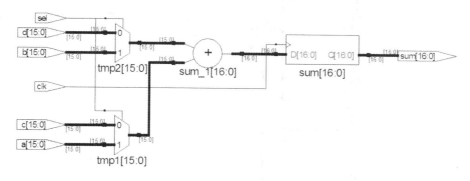

图 9 - 13 实现加法器共享的电路

同样的道理可以在循环语句中进行资源共享,与选择信号相比,运算符占用更多的逻辑资源,如果循环语句中有一个运算符,综合工具必须对所有的条件求值。下面的设计中综合工具用 4 个加法器和一个选择器实现,只有当 req 信号为关键路径时才建议采用这种描述方法,实现的电路如图 9 - 14 所示。

```
for(i = 0;i<= 3;i = i + 1)
    begin
        if(req[i])
            sum <= vsum + offset[i];
end
```

下面的代码进行了加法器共享。我们看到,运算符被放置在循环语句的外面,这样如果 req 不是关键路径,在执行加法操作之前先对数据信号进行选择,用一个多路选择器和一个加法器就可以实现上述功能。其实现后的电路如图 9 - 15 所示。

```
always @(posedge clk)
begin
    for(i = 0;i<= 3;i = i + 1)
        begin
            if(req[i])
                offset_1 = offset[i];
```

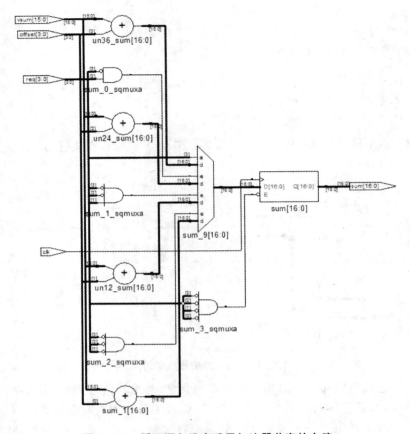

图 9-14 循环语句没有采用加法器共享的电路

```
        end
end
assign    sum = vsum + offset_1;
```

还有一种资源共享的例子,即在一个表达式中,如果子表达式包含了两个以上的变量,同时相同的表达式在多个等式中出现,这时候应当共享这些运算,从而减少电路的面积。设计的时候可以通过定义一个临时变量来保存这个子表达式,然后在任何需要重复使用这个子表达式的地方用临时变量替代。如以下代码所示:

```
assign tmp = a + b;
assign x = tmp;
assign y = tmp + c;
```

5. 流水线

流水线能够动态地提升器件性能,第 6 章介绍了一种逻辑级数过多的优化方法,那其实就是在组合逻辑之间插入一级流水的做法。其基本思路就是对经过多级逻辑

第9章　Altera FPGA 高级设计技巧

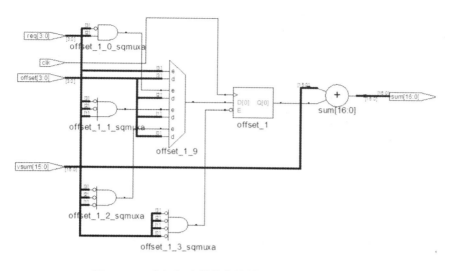

图 9-15　进行加法器共享的循环语句实现的电路

的长数据通路进行重新构造,把原来必须在一个时钟周期内完成的操作分成多个周期来完成。我们看到 Altera 的乘法和除法函数都可以在实例化的时候设置流水级数,笔者通过实践发现增加流水可以增加除法器的性能。

由于 FPGA 的寄存器资源相当丰富,因此采用流水线结构通常为一种既提高设计性能,又不耗费过多器件资源的设计方法,某些时候加入流水可以使得布线更加容易。当然,加入流水意味着数据处理的延时增加,这在同步逻辑中不是什么问题,但是某些特殊场合,比如对数据处理有特定时效性要求的场合就需要综合考虑使用。

6. 组合逻辑和时序逻辑分离

包含寄存器的同步存储电路和异步组合逻辑应该分别放在独立的进程中完成。组合逻辑中关联性较强的信号应该放在一个进程,这样在综合后面积和速度指标都较高。这种设计方法我们在米勒状态机设计中经常看到。

米勒状态机一般由次状态逻辑(Next State Logic)、当前状态寄存器(Current State Register)和输出逻辑(Output Logic)3 部分组成。其中,次状态逻辑和输出逻辑为组合逻辑,当前状态寄存器为时序逻辑,因此米勒状态机一般由 3 个进程来实现。

7. 利用电路的等价性巧妙分配延时

在功能相同的情况下,设计者可以根据时序需要安排组合逻辑电路在寄存器前后的位置,合理分配延时。这与 Altera 的优化手段 Retiming(重定时)类似,区别是 Retiming 是工具来完成,而这里是设计者在设计之初,或者编译后根据编译的时序结果进行手动调整。这其实就是将关键路径中的部分延时转移到其他非关键路径上去了。如图 9-16(a)所示,假如 a 和 b 信号的延迟都非常大,这时候可以将组合逻辑调整到寄存器的后面；如果 a 和 b 信号的延时并不大，反而寄存器 c 信号经过的逻辑比较多，延时较大的时候可以把组合逻辑放置在寄存器的前面，如图 9-16(b) 所示。

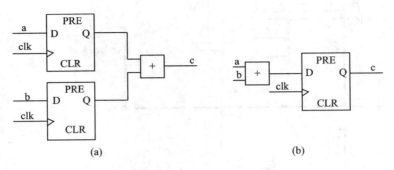

图 9-16　调整组合逻辑在寄存器前后的位置

8. 复制电路减少扇出

逻辑复制（Duplication）是一种用面积换速度的交换手段，Quartus II 工具中有相关的选项，笔者后面会介绍到。如果设计之初就已预见到某些关键信号的扇出较多，可以通过手动复制逻辑来减少这些关键路径上的扇出。因为当一个信号网络所带的负载增加的时候，其路径延时也相应增加，确保一个网络的扇出少于一定值是很重要的。关于扇出的某些约束可以参见第 6 章。

9.4　专有资源利用以及优化关键路径

前面主要介绍的是 FPGA 的逻辑结构，我们知道 FPGA 内部还包含有众多的专用资源，如果设计逻辑资源紧张，而其他专用资源有富余，可以考虑使用专用资源代替逻辑资源实现部分功能，从而解决逻辑资源紧张局面，也不会浪费这些专用的资源。

(1) 针对 LAB 的结构进行设计调整

每一个 LAB 附近都有比较丰富的互连线，主要包含 local 和 direc link 两种。FPGA 内部线延时主要体现在布线过程中经过的开关数量，如果可以减少关键路径上使用的布线开关数量，就可以有效地降低布线延时。

Stratix II 的每一个 ALM 可以通过 fast local 和 direc link 直接驱动 24 个 ALM，利用这个特性可以指导我们进行流水线、寄存器复制以及 Retiming 等优化工作。

(2) 充分利用 ALM 特性进行设计

前面已经介绍了 ALM 各种模式下的应用，这些简单例子可以指导读者的 FPGA 设计。另外，ALM 的各种链路资源利用的好可以实现意想不到的功能，比如前面介绍的 TDC 功能。

（3）高效利用 IOE 资源

注意，Altera 的每一个 IOE 中都包含寄存器资源，利用相关约束，比如 fast input register 和 fast output register 约束，可以让输入第一级以及输出的最后一级寄存器放在 IOE 中。这样做的好处一方面可以减少 ALUT 的使用，当然也可以减少 ALM 中寄存器的使用，另一方面有时候可以优化 I/O 的时序。

所以设计的时候，进出 FPGA 的信号都要尽量地经过寄存器（在进行增量式编译介绍的时候也注意模块之间也需要寄存后输出），这么做能够放宽对外部电路或者其他芯片的时序要求，提高单板的设计速度。

处理双向口的时候，输入输出应采用同样的异步、同步置位或者清零信号；每一个输出信号都有独立的输出使能信号；三态控制的时候低电平有效。

（4）片内 RAM 和逻辑资源之间的置换

比如移位寄存器非常适合使用片内 RAM 来实现，如果用逻辑实现，那么会过分消耗逻辑资源。当然，使用 RAM 实现各种存储器功能的时候也需要合理指定片内 RAM 的类型，因为现在 FPGA 内部有大小不同的各种 RAM，指定不合理会造成 RAM 资源的大量浪费。

（5）优化关键路径的方法

与增量编译一样，我们在优化关键路径的时候，最好不要让关键路径跨模块或者说分区，这样综合的时候可以得到最佳的效果。增量编译的时候可以使用逻辑锁对关键路径模块采用不同的优化策略，可以单独进行综合和布局布线。

可以针对关键路径模块进行位置约束，减少线延迟。也可以对关键信号进行约束，使用特殊的走线资源。比如有些全局信号由于扇出较多，在不进行逻辑复制的情况可以考虑约束其走全局时钟布线资源。

最后，可以采取迂回策略，降低非关键路径模块的面积，为关键路径腾出空间和特殊走线资源。

9.5 使用 Quartus II 的物理综合对设计进行优化

这一节本来应该属于第 6 章关于优化的内容，将其放在这里是因为笔者觉得使用物理综合来优化设计应该是不得已而为之的手段，不到万不得已一般建议先不要打开这个选项，后面介绍的 DSE 也有类似缘由。

物理综合优化在老版本 Quartus II 中是全局设置的，从 Quartus II 9.0 开始支持对模块（module）、节点（node）等局部进行物理综合优化设置，这个新的特性稍稍解除了笔者的上述顾虑，读者可以尝试对一些关键模块使用物理综合设置。

随着设计规模越来越大，设计的复杂程度越来越高，外围接口也越来越复杂，逻辑设计时序收敛的挑战也越来越严峻。在保证代码效率等其他手段的前提下，Altera 的 Quartus II 软件提供一种叫物理综合（Physical Synthesis）的优化手段来提高设计的时序收敛。关于如何提高设计的时序收敛第 6 章已经介绍，另外，Quartus II 手册详细介绍了许多办法，比如：关键性模块做好规划、好的设计及代码风格、层次化设计方式以及对于目标器件的了解，最后就是对设计施加恰当且正确的约束也很重要。

Quartus II 软件中有很多设置，默认的设置都基于"平均效果"，综合考虑了速度（speed）、面积（area）以及成本（cost）等因素。不同的设计需要不同的设置，从来没有一种最优设置可以符合所有的设计项目。同样，物理综合也是这样的一种设置，不同的设计需要进行不同的设置，甚至要考虑是否需要使能。对于设计优化来说，软件还提供一种指导来帮助设计者进行工程项目的设置，即 Timing Optimization Advisor，如图 9-17 所示。

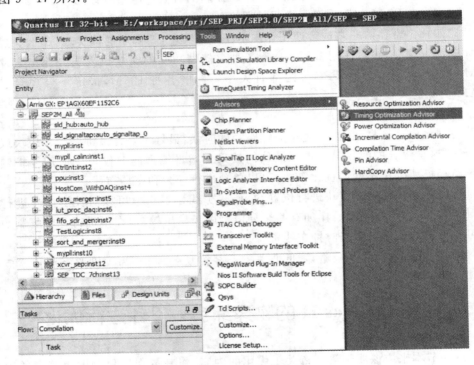

图 9-17　设计优化助手

开始进入正题之前，先弄清楚两个概念物理综合和逻辑综合。所谓逻辑综合是将 HDL 描述语言转换成不含布局布线信息且能够映射（map）到物理器件的门电路过程，如图 9-18 所示。

因为逻辑综合没有包含布局布线的信息，所以对于逻辑综合后的时序信息仅限于转换后的门级电路或者器件内部逻辑单元或者节点间逻辑单元级数等时延信息（这些仅跟具体器件相关，是事先已确定的参数），而对于内部互联时延这时候是无法

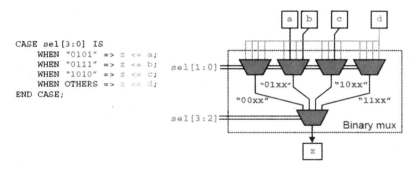

图 9 - 18 逻辑综合转换示意图

加以分析的。

其次来看物理综合。所谓物理综合是通过改变网表的布局（placement）从而获得不错的综合结果。传统设计的时延可能大部分取决于逻辑时延，但是最新的器件设计时延更多取决于内部互联时延。如此一来，节点的位置以及各个节点之间的布线（route）就显得非常重要。厂家的综合工具了解自己器件的物理特性（比如时序、面积、功耗、布线资源、PLL、RAM 及全局信号等），所以会在不改变设计功能的情况下调整网表的布局或者修改、增加部分节点，从而达到改变设计性能、设计资源利用率等目的。记住一点，即设计在布局完之前节点间的时延预估都是毫无意义的。

对于何时使用物理综合，笔者建议是在修改代码以及约束等因素无果的情况下可以开始考虑物理综合。因为物理综合带来性能提高或者面积利用率提高的同时会带来编译时间的增加，所以需要综合考虑衡量。

启动物理综合设计方法是在 Quartus II 中选择 Assignments→Settings 菜单项，在弹出的对话框中选择 Compilation Process Settings→Physical Synthesis Optimizations，如图 9 - 19 所示。

如图 9 - 19 所示，主要分两大部分，一部分用来优化性能（performance），另外一部分优化用于优化面积（area）。注意各个物理综合优化单项可以发现，其和笔者上面介绍的逻辑设计技巧类似，所以如果事先可以预见到哪些地方需要优化，可以通过代码设计来实现相同的功能；如果无法预见，那么物理综合可以为你的设计添加类似的优化手段。详细介绍各个优化选项之前，先来介绍一下之前提到的从 Quartus II 9.0 开始的针对单个模块或节点物理综合的实现，如图 9 - 20 所示。

如图 9 - 20 所示，在 Assignment Edtor 里的 Logic Options 可以针对特定的 module 设置物理综合优化，这种方式非常适合于增量编译设计模式，因为基于团队的设计中，有些模块可能设计完成，而有的模块可能还未完成，如果使能全局物理综合优化不但增加编译时间，而且对于未设计完成的模块也根本毫无效果。下面开始具体介绍各个物理综合优化选项。

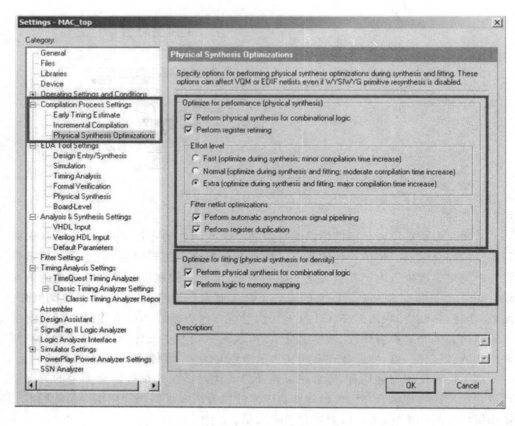

图 9-19 物理综合优化设置界面

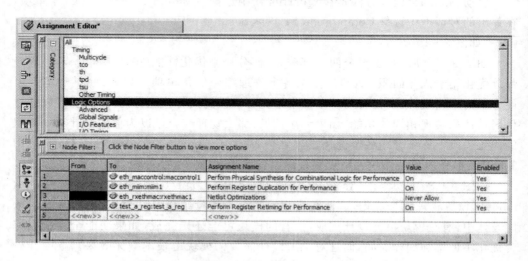

图 9-20 针对单个模块施加物理综合优化设置

9.5.1 针对性能的物理综合优化选项

1. 对组合逻辑施加物理综合

FPGA 中的主要逻辑资源是 LE 或者 ALM,组成 LE 和 ALM 的除了寄存器以外就是查找表(LUT)。本选项就是优化组合逻辑关键路径所经过的逻辑层数,如图 9-21 所示。

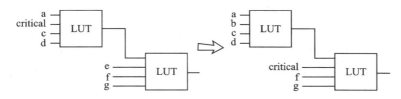

图 9-21 物理综合改变组合逻辑关键路径经过的逻辑级数

图 9-21 从左到右转换,使得关键信号 critical 所经过的路径减少,另外,本选项仅影响相应逻辑单元中的 LUT,对于寄存器并无影响。

该选项对于 Memory Block、DSP Block 以及 IOE 的输入无法改变,对于驱动全局信号也无法改变,另外对于被约束布局于同一个 LAB 的信号不产生影响。

2. 执行寄存器 retiming(重定时)

通过移动寄存器之间组合逻辑的位置来平衡寄存器之间的路径时延,前面笔者也介绍了一种通过修改代码设计来平衡寄存器前后延迟的方法。这里通过物理综合可以达到相同的功能,如图 9-22 所示。

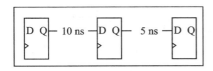 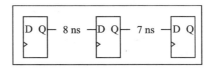

图 9-22 寄存器 retiming

图 9-22 左半边,第一个寄存器和第二个寄存器之间逻辑时延为 10 ns,而第二个和第三个之间组合逻辑时延是 5 ns,我们考虑在一个时钟周期为 9 ns 的系统中,那么第二个寄存器的建立时间就会出现问题。通过使能该选项调整寄存器位置如右半边所示 3 个寄存器之间的时延分别是 8 ns 和 7 ns,虽然关键路径总时延未变,但是系统性能却获得了提升,可以稳定 run 在 9 ns 的系统中。

我们知道,通过加流水(pipeline)也可以解决大组合逻辑延时问题,但是 pipeline 和寄存器 retiming 不同,pipeline 是通过增加 pipeline 寄存器来达到目的,同时增加了路径时延,而寄存器 retiming 只是调整各级之间逻辑位置。当然,如果设计中进行了 pipeline 设计,使能本选项的时候也会对 pipeline 增加的寄存器进行 retiming。

以下列出的是寄存器 retiming 的例外情况，也就是说在下述情况下寄存器 retiming 是不起作用的：
- 驱动硬逻辑（hard logic）的寄存器；
- 影响时序约束的寄存器；
- 驱动混合信号的寄存器；
- 被约束位于同一 LAB 的寄存器等。

3. 执行自动异步信号流水

异步信号时序问题，一般叫 recovery timing issue 和 removal timing issue，多出现在高速时钟域的异步负载（load）和清零（clear）信号上。先来明确两个概念：
- 恢复时间（Recovery time）：即异步信号在时钟沿到来前必须稳定的最小时间；
- 移除时间（Removal time）：即异步信号在时钟沿到来后必须稳定的最小时间。

这两个概念有点类似于同步设计中的建立时间和保持时间。我们来看一个问题，所有的寄存器都有异步复位信号，当异步复位释放的时候，该异步信号很难保证同时到达所有的寄存器，这就有可能导致有些寄存器会"错过"一个时钟沿，那么在这一个时钟周期内这些寄存器的状态就是不可控了，这时就出现了在 TimeQuest 报告中的恢复错误或者移除错误。本优化选项就是通过自动在异步信号路径上插入流水寄存器来改善这些错误路径上的恢复时间或者移除时间问题，如图 9-23 所示。

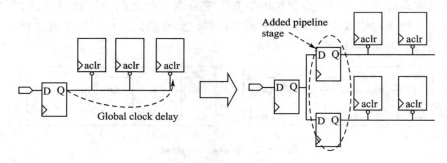

图 9-23 自动异步信号流水示意图

4. 寄存器复制

与之前介绍的手动逻辑复制类似，通常 FPGA 的缓冲器都允许高扇出网络，但是由于每个扇出的路径不同，所以在某些关键路径上就容易出现时序问题。记住一句话："一个信号从哪里扇出常常比它扇出的数量多少更容易出现时序问题"，最差路径一般都是最远的路径，本选项通过寄存器复制优化多扇出长路径上的时序，如图 9-24 所示。

注意，在复制寄存器的时候，有必要也会复制一些组合逻辑，如图 9-25 所示。

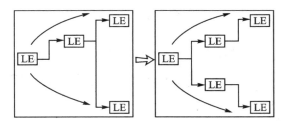

图 9-24　寄存器复制

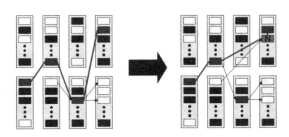

图 9-25　复制寄存器的同时复制一些组合逻辑

下面来看看本选项的一些例外情况,下面列出的就是寄存器复制例外情况,在应用的时候要多加注意:
- 跨时钟域的寄存器;
- 影响时序约束的寄存器;
- 被约束位于同一个 LAB 中的寄存器;
- 被看作虚拟 I/O 的寄存器。

9.5.2　布线的物理综合优化

这个方法适用于布线(fitter)阶段的优化手段,功能就是使得设计优化可以 fit 进目标器件,其实就是针对面积的优化。

(1) 面积物理综合之组合逻辑

即在布线的时候针对组合逻辑的优化,本选项只会在布线失败事件发生的时候才会起作用,尽可能地减少逻辑使用,提高资源使用率。

(2) 面积物理综合之用存储器代替逻辑实现功能(Logic to Memory Mapping)

顾名思义,其就是在布线的时候将部分逻辑移到未使用的存储器块里,同样也是在资源紧张和布线失败出现的时候该选项才起作用。

9.6　了解什么是寄存器打包

Quartus Ⅱ 软件一直以来支持一个选项叫作寄存器打包 packing 处理,只是根据

Quartus II 版本不同，其默认设置也有差异。最新的 Quartus II 12.1 版本，默认设置是 Auto。具体设置在 Quartus II 的 Assignments→Settings→More Settings→Auto Packed Registers，打开的设置界面如图 9-26 所示。

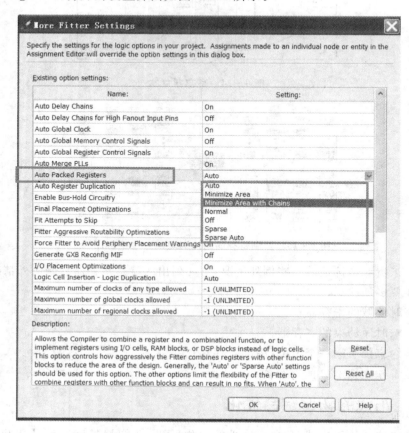

图 9-26 寄存器打包设置

　　寄存器打包是指允许编译器将一个寄存器和一个组合逻辑功能合并在一起，或者是利用 I/O 单元、RAM 块或者 DSP 块来实现寄存器，而不是逻辑资源。图 9-26 的设置是用来控制布线在合并寄存器和其他组合逻辑并减少面积时的"干劲"程度，或者说努力程度。前面提到默认情况下使用 Auto 设置，通常情况下 Altera 建议客户也使用默认设置或者 Sparse Auto 设置，因为其他设置一般会限制布线在合并寄存器和其他组合逻辑功能时的灵活性，从而比较容易会导致布线失败事件发生。

　　Auto 即默认设置被选择时，布线会朝着更佳性能情况下获取最好面积消耗的方向努力，如果需要，一些额外逻辑也会被合并以减少面积，使得设计可以 fit 进给定的器件中。当选中 Sparse Auto 时，在给定器件资源范围前提下，布线朝着最高性能方向努力，所以会导致比 Auto 设置多一些面积的增加。Off 选项意味着寄存器打包关闭,布线不会合并寄存器和其他组合逻辑。所以说 off 设置将严重增加设计面积,很容易导致设计布线失败。如果设置为 Sparse,布线只会朝着提高设计性能的方向来进行寄存器打包。如果设置为"normal",布线合并功能朝着最大化性能和最大化减小面积方向努力。当选中 Minimize Area 时,在牺牲性能的情况下,布线会积极合并一些不相关的逻辑以达到最大化减小面积的目的。当设置为 Minmize Area with Chains 时,布线会积极合并那些已经实现为寄存器链或者将要被实现为寄存器链上的寄存器,这样一来就打破了本来需要实现成寄存器链的功能。

只要不被设置为 off,寄存器打包都可以在优化 I/O 单元寄存器布局时序选项的允许下使用 IOE 中的寄存器,以提高 I/O 时序收敛。同样,也可以使用 RAM 和 DSP 块实现寄存器功能来节约逻辑资源,并提高时序收敛。

前面介绍 Stratix II 器件逻辑结构的时候已经介绍了逻辑中的寄存器打包,下面来看看什么 I/O 寄存器打包呢。图 9-27 是 Cyclone 器件 IOE 的基本结构。

如图 9-27 所示,寄存器嵌入进 IOE,IOE 中有 3 种寄存器类型,分别是输入寄存器、输出寄存器以及输出使能寄存器。所以在进行 I/O 寄存器打包的时候也分为 3 种。由上述介绍我们知道,新版本 Quartus II 似乎能自动完成 I/O 寄存器打包,之前版本都是可以通过在 Assignment Editor 里进行设置来完成 I/O 寄存器打包,或者指定特定 I/O 进行 I/O 寄存器打包,如图 9-28 所示。

下面笔者给出一个简单的例子来说明怎么使用 I/O 寄存器打包。如图 9-29 所示的原理图设计,一共有 6 个寄存器,5 个引脚,我们在 Quartus II 12.1 下编译这个设计。

编译报告如图 9-30 所示,我们看到这个设计消耗了 6 个逻辑单元,因为使用到 6 个寄存器,说明这 6 个寄存器是使用了位于 LE 中的寄存器。虽然上述布线里的 Auto Resister Packed 提示是能自动寄存器打包到 IOE 中,但是似乎还是需要添加相关约束来配合。

那么我们现在给这个 5 个引脚分别添加 I/O 寄存器打包的约束。由于上述设计分别有输入、输出以及双向引脚,所以本例分别能体现笔者前面介绍的 3 种 I/O 寄存器打包,添加的约束如图 9-31 所示。或者也可以直接对需要进行打包的寄存器进行相关的约束,如图 9-32 所示。

约束后重新编译,类似图 9-30 的编译报告中的逻辑单元消耗量变成 0,专用逻辑寄存器也为 0,只报告了总的寄存器消耗量还是 6 个,说明这个 6 个寄存器被打包进 IOE 中去了。我们可以在布线的报告中找到 Netlist Optimizations(网表优化)报告,查看详细的寄存器打包优化结果,如图 9-33 所示。

注意,不是所有的寄存器都可以打包进 IOE 之中,一定要搞清楚 IOE 中的寄存器和 LE 中的寄存器的区别。另外,连接全局布线资源的寄存器不能被寄存器打包吸收。下面是一个无法被寄存器打包吸收的实例。

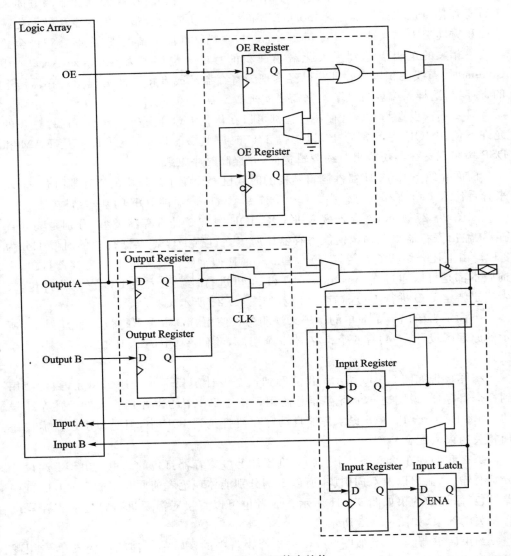

图 9-27 IOE 基本结构

第 9 章 Altera FPGA 高级设计技巧

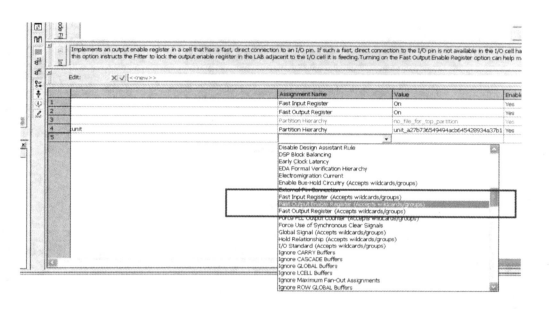

图 9-28 I/O 寄存器的逻辑选项约束

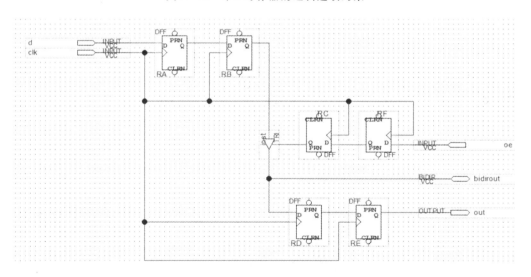

图 9-29 I/O 寄存器打包实例

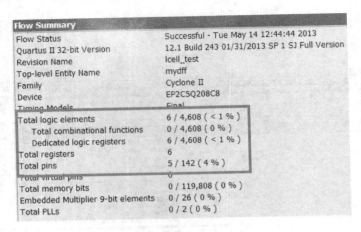

Flow Summary	
Flow Status	Successful - Tue May 14 12:44:44 2013
Quartus II 32-bit Version	12.1 Build 243 01/31/2013 SP 1 SJ Full Version
Revision Name	Icell_test
Top-level Entity Name	mydff
Family	Cyclone II
Device	EP2C5Q208C8
Timing Models	Final
Total logic elements	6 / 4,608 (< 1 %)
Total combinational functions	0 / 4,608 (0 %)
Dedicated logic registers	6 / 4,608 (< 1 %)
Total registers	6
Total pins	5 / 142 (4 %)
Total virtual pins	0
Total memory bits	0 / 119,808 (0 %)
Embedded Multiplier 9-bit elements	0 / 26 (0 %)
Total PLLs	0 / 2 (0 %)

图 9 – 30　编译报告汇总

	To	Assignment Name	Value	Enable
	out	Fast Output Register	On	Yes
	bidirout	Fast Input Register	On	Yes
	bidirout	Fast Output Enable Register	On	Yes
	bidirout	Fast Output Register	On	Yes
	d	Fast Input Register	On	Yes
	oe	Fast Input Register	On	Yes
	<<new>>	<<new>>		

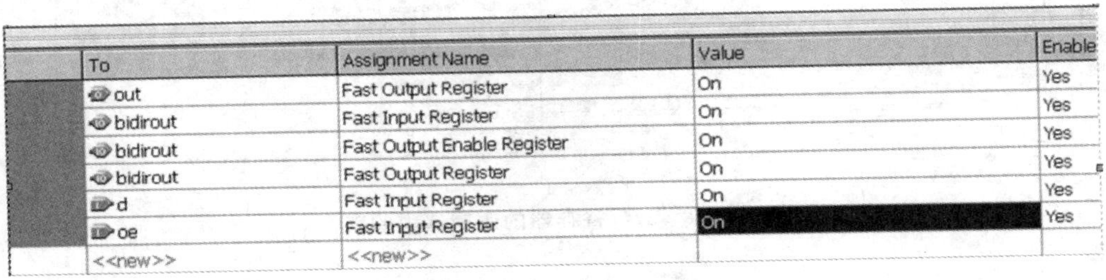

图 9 – 31　对 I/O 添加寄存器打包约束

8		RA	Fast Input Register	On	Yes
9		RB	Fast Output Register	On	Yes
10		RC	Fast Output Enable Register	On	Yes
11		RD	Fast Input Register	On	Yes
12		RE	Fast Output Register	On	Yes
13		RF	Fast Input Register	On	Yes

图 9 – 32　对需要进行打包的寄存器进行约束

Fitter Netlist Optimizations

	Node	Action	Operation	Reason	Node Port	Node Port Name	Destination Node	Destination Port
1	RA	Packed Register	Register Packing	Fast Input Register assignment	REGOUT		d	COMBOUT
2	RB	Packed Register	Register Packing	Fast Output Register assignment	REGOUT		bidirout	DATAIN
3	RC	Packed Register	Register Packing	Fast Output Enable Register assignment	REGOUT		bidirout	OE
4	RD	Packed Register	Register Packing	Fast Input Register assignment	REGOUT		bidirout	COMBOUT
5	RE	Packed Register	Register Packing	Fast Output Register assignment	REGOUT		out	DATAIN
6	RF	Packed Register	Register Packing	Fast Input Register assignment	REGOUT		oe	COMBOUT

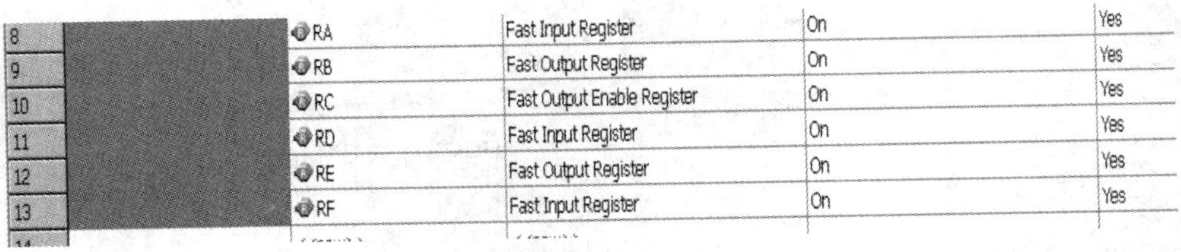

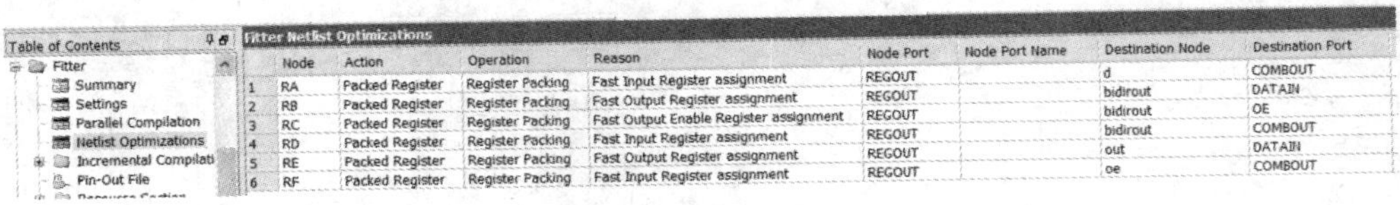

图 9 – 33　I/O 寄存器打包优化结果

第 9 章 Altera FPGA 高级设计技巧

```
input      din, clk, rst;
output     qout;
reg        qout;
reg        rtmp;
always @ (posedge clk)
  if (rst) rtmp <= 1'b0;
  else rtmp <= din;
always @ (posedge clk)
if (rst) qout <= 1'b0;
  else qout <= rtmp;
endmodule
```

该设计中如果想强行让输入寄存器 rtmp 和输出寄存器 qout 打包到 IOE 中,进行如图 9-34 所示的设置。同时编译后,软件提示无法进行打包。

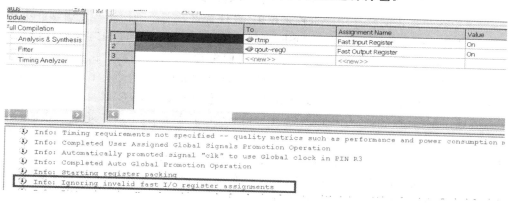

图 9-34 无法进行寄存器打包的实例

通过属性编辑器来查看这两个寄存器,如图 9-35 所示,左边的寄存器是输入寄存器 rtmp,我们发现 rtmp = rst&din;右侧是输出寄存器 qout,我们发现 qout =

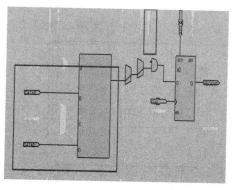 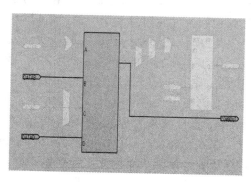

图 9-35 通过属性编辑器查看无法被 IOE 吸收的寄存器

rst&qtmp。所以这两个寄存器都无法被 IOE 吸收,因为 IOE 中不像 LE 中有 LUT 可以实现上述组合逻辑。

9.7 探索设计的高级手段——DSE

DSE 是 Design Space Explorer 的缩写。前面提到,跟物理综合一样,当通过修改代码无法达到设计的某些目的(比如时序收敛)时可以使用 DSE,其名字设计的很有趣——设计空间探索,这个工具除了探索时序、性能还探索设计功耗,后面会一一道来。

以前的设计也许就像图 9-29 所示的那样简单,通过原理图简单搭建就可以实现设计者的目的,但是随着时代的进步,器件的规模也越来越大,设计者要达成自己的设计目标也面临越来越多的挑战。我们渐渐发现 EDA 工具也相应地越来越复杂,厂家给客户提供的软件功能也越来越多,设计者常常需要利用这些专用软件功能来达成自己某些方面的设计目的,DSE 就是其中之一。说白了,DSE 就是一个软件自动为设计寻找最佳优化的布局布线方案,我们常常努力地为设计施加各种不同的优化手段,都是设计者手动完成,其实 DSE 可以自动完成,代价是更长的编译时间,所以只有实在无法找到一个合适的优化手段的时候才建议使用 DSE。

开始了解 DSE 之前,有必要来认识下 Quartus II 软件的布线是如何工作的,这里只是了解下与 DSE 有关的方面。编译设计的时候,布线总是试图找到一个符合设计者设计要求的方案,为此,它不得不需要首先为设计的所有逻辑找到一个合适的布局,接着在此布局的基础上进行布线,就像我们设计 PCB 那样。PCB 走线之前的布局是随机的,逻辑的布局也如此,所以如果布局改变意味着布线也跟着改变,不可否认这种布局布线的组合是千变万化,所以其组合的个数也不计其数。

布线只是从初始的随机布局开始,从而开始启动优化为设计找到一个合理的最终结果。而初始的随机布局和设计的初始条件密切相关,可以说,初始随机布局影响最终的布局布线结果,但是由于这种初始布局的随机性,设计者或者说布线是无法预见到初始条件对布局的影响的。所以如果初始条件改变,很可能意味着最终结果也会发生变化,这就是为什么有时候我们发现相同的设计不同编译之后结果会有差异。

由于布局的可能性空间非常之大,我们不可能穷尽所有的可能来找到一个"最好"的方案。Quartus II 软件的布线算法默认设置已经被调整到最佳工作状态,设计者没有必要为自己的设计寻找这个所谓的"最好"布局方案而给布线施加更大的努力,毕竟设计结果更多依赖于设计者的设计。

在 Quartus II 软件的 Setting 里,布线有一个有关"种子"(Seed)的设置。前面笔者介绍到初始随机布局决定于初始条件,那么什么是所谓的"初始条件"呢?答案是源文件以及各种优化设置。所以任何上述改变都导致最终布局结果的变化,这应该很好理解。Altera 称这些因素为种子影响,一个工程的种子包括上述各种因素。而

第9章 Altera FPGA 高级设计技巧

在一个具体的工程中,用一个非负整数来量化体现这些初始条件,默认值是 1,这个值的改变或许能给工程带来优化,或许不能。不同种子值意味着布线可以在不同的范围里找寻合理的布局结果,理论上说种子似乎越大越好,但也意味找寻范围扩大,增加了找寻的时间,即增加了编译的时间。

下面具体看看如何使用 DSE,可以从 Quartus II 软件选择 tools→Launch Design Space Explorer 菜单项来启动 DSE。当然,也可以通过 TCL 命令行启动,这里不介绍了,需要注意的是,从 Quartus II 软件 GUI 启动 DSE 的 GUI 时会关闭当前工程的 Quartus II GUI 界面。另外,如果读者的工程中如果没有指定 SDC 文件,那么 DSE 是拒绝打开的,如图 9-36 所示。

图 9-36 工程未指定 SDC 文件无法正确打开 DSE

虽然暂时没有正确打开 DSE,但是不妨碍我们认识 DSE 的界面。DSE GUI 界面主要由 Settings 和 Explore 两页组成。在 Project setting 区域会展示被打开的工程的一些信息。注意,在 Seed 选择框中有默认的 5 个数值,设计者可以改变这些数值,数值之间用空格区分,表示设置的不同 seed 数值。重新为工程指定 SDC 文件,正确打开 DSE 如图 9-37 所示。

在工程设置最后有两个重要的复选项,第一个是当使用的是 Altera 自己的综合工具综合工程的时候必须选择这一项,如果使用的是第三方综合工具那么不选择。最后一个如果选中,则允许 DSE 来打破逻辑锁规定的区域约束。在图 9-37 的左下角有一个估算出来的 DSE 编译点数,这里依据当前工程设置估算值是 8。

最后在探索设置区域有 3 种不同设置,分别是找寻最佳面积、找寻最佳性能以及找寻最低功耗,默认为找寻最佳性能。

如果选择 Search for Best Area,那么 DSE 将找寻一个最小的面积方案,如果有符合时序要求的方案,那 DSE 就找出这个方案;如果没有符合时序要求的方案,DSE 也找出一个面积最小尽管其不符合时序要求。

如果选择 Search for Best Performance,那么就比较复杂一点,因为如图 9-37 所示,还有一个 Effort Level 的下拉列表框供设计者选择,一共有 5 个级别,分别是:
- Low(种子范畴);
- Medium(特别努力范畴);
- High(物理综合范畴);

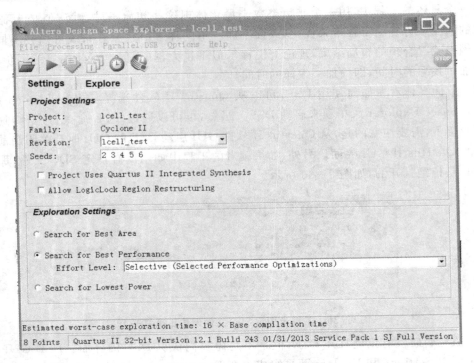

图 9-37 正确为工程打开 DSE

➢ Highest(带重定时的物理综合范畴);
➢ Selective(可选性能优化)。

　　一旦设计改变了,上述"找寻"到的最佳性能方案就有可能不再是最佳方案。DSE 不单单解决几个失败的路径或者指定的时钟域,相反,DSE 针对设计者约束的每一个时钟域的 worst slack 来工作。正确的约束对于 DSE 来说非常关键,否则 DSE 会在工程中"迷失方向",因为有些未约束的非关键路径 DSE 会朝着它自认为的方向进行查找,就像 TimeQuest 对于所有未约束的时钟给以默认 1 GHz 速度来分析。

　　如果选择 Search for Lowest Power,那么 DSE 将寻找一个最小功耗方案,如果有符合时序要求的方案,那 DSE 就找出这个方案;如果没有符合时序要求的方案,DSE 也找出一个功耗最小尽管其不符合时序要求。

　　下面我们来看看 DSE 的 option 菜单,如图 9-38 所示。

　　图 9-38 中第一个选项 Continue Exploration Even if Base Compilation Fails,DSE 会依据设计者原始工程的设置执行基本工程编译,DSE 会内部复制一份这些原始的工程设置,接着会在寻找过程中改变某些设置。这个设置不会因为某次编译遇到错误就停止"探索"。

　　第二个选项很好理解,就是如果之前工程的编译结果正确,选择这个选项是忽略掉上次编译的结果。

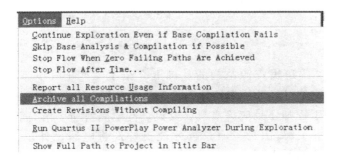

图 9-38 DSE 的 option 菜单

第三个选项则是在 DSE 找到一个合适的方案后立即结束探索，从而节约时间，没有必要再运行不必要的编译，去找寻"最好"方案。

第四个选项 Stop Flow After Time 在指定的时间到了时停止 DSE，不管是否已找到合适的方案。当执行该选项时，会弹出一个如图 9-39 所示的指定时间窗口。

第六个选项是对已经找到的方案进行打包，打包使用的是工程文件，第 2 章介绍了这种打包文件的格式，这些打包后的文件会保存在工作目录下的 DSE 子目录里。

图 9-39 指定 DSE 结束时间

最后再来介绍下并行 DSE 的概念。我们知道，DSE 的过程要耗费大量时间，所以 DSE 支持并行处理。DSE 并行处理又可以分为本地并行和组网并行。本地并行是在同一个计算机上可以同时执行 6 个 DSE 编译，如图 9-40 所示。

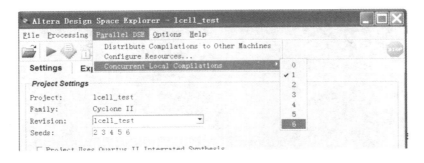

图 9-40 本地并行 DSE

而组网并行 DSE 是笔者自己命名的 DSE 处理，就是利用网格计算产品来执行 DSE，比如 LSF Grid。可以将一堆普通的计算机组成一个超级计算机来运行 DSE，可以在一台计算机创建一个主处理，带动一系列从处理在不同的计算机上一起执行 DSE。

9.8 小　结

本章在深入了解逻辑资源结构的基础上介绍了一些 FPGA 设计的高级技巧。尽管 Altera 现在宣称已经开始支持纯软件工程师开发 FPGA 使用的 OpenCL 工具，但是作为 FGPA 工程师还是应该对自己要设计的电路有所了解，同时应该对 FPGA 的具体结构也有所了解，因为只有这样才能更好地将电路设计出来。物理综合和 DSE 是一种 FPGA 设计工程师不轻易使用的工具，除非已经到了"山穷水尽"的地步，而需要探索下一个"柳暗花明"。

参考文献

[1] Altera. Quartus II Version 12.1 Handbook. 2012.
[2] Altera. Arria GX Device Handbook. 2009.
[3] http://www.alterawiki.com/wiki/Main_Page.
[4] Altera. lpm_divide Megafunction. 2007.
[5] Altera. SCFIFO and DCFIFO Megafunctions. 2010.
[6] Altera. Virtual JTAG (sld_virtual_jtag). 2008.